台灣航空決戰

美日二次大戰中的第三者戰場

Formosa Air Battle in WWII:
Islanders under Crossfire

鍾堅 著

作者於 1993 年公訪南沙太平島時，攝於日遺國界碑前，惜興建太平島機場時，此碑遭搗毀。
（作者圖）

2018 年參訪宜蘭市科學園區內，日遺宜蘭飛行基地八角形耐爆指揮所古蹟，1943 年興建。（作者圖）

日本取台時期，財團在台灣各地建設糖廠以及聯外糖鐵五分車軌，這些糖廠都具有製造酒精燃料的能力，因此成為美軍的打擊目標。

台灣首次啟用島內民航線紀念明信片，1936年9月，日本航空輸送 10 人座雙翼民航機，首開台北—屏東客運航線。（許俊男提供）

日本對台灣的基礎建設有成，除了民用航線之外，北有基隆、南有高雄，建設良好的港口，作為對外南來北往運輸的據點。圖中可見高雄港內不少商船以及一艘日軍軍艦。

1944 年 4 月完工投產的海軍第 6 燃料廠，設於高雄市左營楠梓，後有半屏山作為廠區依托，遠方為壽山。（緒方友兄提供）

日本海軍的大編隊九六式陸上攻擊機。同型的轟炸機曾在中國戰區實施多次的大規模轟炸行動。

1944 年 10 月 18 日，美軍第 20 航空軍的 B-29 飛臨北部的八堵，對基隆周圍的目標實施高空投彈轟炸。（US Air Force）

第 5 航空軍所屬的 345 轟炸大隊的 B-25 轟炸機，於 1945 年 4 月 6 日在金門附近擊沉了日軍 134 號海防艦。（US Navy）

馬公港內的千噸級油輪遭受美軍炸彈的直接轟炸，造成很大的濃煙與火焰。（US Air Force）

台灣航空戰期間，美國海軍的艦載機在全台各地針對重點設施發動空襲，目標包括各地軍港、機場等。圖中可見一艘位於港內的油輪，被艦載俯衝轟炸機所襲。（US Navy）

1945 年 4 月 30 日 12:05，美軍陸航 43 轟炸大隊 64 中隊 B-24，於 8,000 呎航高轟炸左營軍港南碼頭側的壽山油庫，沒命中但引爆的 250 磅炸彈卻濃煙沖天（US Air Force/ 中研院）。

1941 年 3 月，馬公要港部防備隊隊員奉命攻略福州，出征前手抱「灣生」幼兒顯露不捨親子情。其海軍帽在 1941 年 12 月開戰前，全統一換成「大日本帝國海軍」字樣。（緒方友兄提供）

面對美軍的強大火力，日軍打算以特工兵器的手段抵禦美軍的步步逼近。從 1945 年開始，台澎地區部署的包括有海軍之乙式一號爆裝震洋艇（左）與櫻花特攻機。（US Navy）

日軍的櫻花特攻機搭配海軍的一式陸攻轟炸機，待去到目標區以後，轟炸機再把裝備火箭的櫻花機給放飛，再往目標衝撞過去。

1945 年 1 月 21 日，從美軍巡洋艦艦艉看出去被特攻機撞擊後的提康德羅加號航艦，可見濃煙從艦內冒出，受傷嚴重。（US Navy）

神風特攻隊出擊前，隊員在座機前舉行出陣式，由神官主持為隊員舉行送行儀典。（緒方友兄提供）

日本海軍的天山艦上攻擊機向美艦撞擊前的一瞬間，日本瘋狂式的撞擊攻擊，讓在二戰後期幾乎不需要直接面對敵艦的美國海軍有了大規模的傷亡。（US Navy）

1945年4月1日，新竹基地的忠誠隊特攻隊員在舉行過出陣式後，由隊長為隊員送上絕命酒為他們送行。（緒方友兄提供）

二戰期間遭受美軍轟炸天數最多的新竹海軍飛行基地，除了濃煙之外，照片左側可見炸彈正要落下。機場各處可見之前攻擊留下的彈坑。（US Air Force/ 中研院）

1945 年 5 月 17 日 12:15，第 5 航空軍 38 轟炸大隊 823 中隊的兩架 B-25，由南往北超低空飛越竹南車站，對車站及停放火車投擲 19 枚宣傳彈與傘彈之連續畫面。一甲子後作者回到台鐵竹南火車站調度室樓頂（右下），臨摹 60 年前美機飛行高度，鏡頭內已全無戰爭留下的疤痕，只見現代化、電氣化的火車站（US Air Force/ 作者提供）。

位於溪州製糖所的酒精燃料廠被美軍轟炸。除了糖廠被美軍鎖定之外，在附近的北斗飛行場也是美軍的重點鎖定的目標。（US Air Force）

艾塞克斯號航艦的艦載機對台南飛行場發動攻擊,在台灣航空戰第一階段期間,美國海軍是主要的攻擊主力,他們所面對的損失導致了美軍重新評估登陸台灣作戰的可能性。(US Navy)

43 轟炸大隊的 B-24 轟炸機，對當年名為桃子園的日本海軍高雄警備府所在地發動空襲。背後的高雄港、愛河以及旗津等地標明顯可見。（US Air Force/ 中研院）

美機低空滲透後，向鹽水附近的糖廠投彈。目標區廠房頓時被濃煙包圍，廠房可以見到之前焚毀的痕跡。（US Air Force/ 中研院）

阿美族日軍一等兵史尼育唔二戰結束 29 年才步出叢林，印尼政府特為他在摩洛泰島立銅像紀念。（作者提供）

「江之浦丸」部分盟軍戰俘骨灰，位置約在今日高雄市旗津區旗津三路風車公園北側，戰後我政府在原址立碑紀念。（US Army）

戰爭結束之後，步出位於台北戰俘營的盟軍官兵。相對於原本羈押他們的日軍監視員，前者歡慶的笑容溢於言表。（NARA）

目錄

第一章　南方共存——躍進台灣（1896 年至 1937 年）————— 031

日本為了將台灣建設成掠奪南洋資源加工的中繼站，開始加速台灣的工業化。為了與南方共榮，更以台灣民眾的資金透過金融業，逐步在南洋各地開辦台資企業，替爾後的「大東亞共榮」埋下伏筆。

第二章　圖南飛石——基礎建設（1907 年至 1944 年）————— 047

1914 年，野島銀藏在台北首度舉行了飛行表演，開啟了台灣航空事業新紀元。日本擇定台澎為南進基地，交通建設當為這塊「圖南飛石」的優先發展項目。緊隨著科技發展，順勢將台灣的交通建設同步提升到世界先進國家水準。

第三章　武運長久——不沉空母（1917 年至 1945 年）————— 059

1917 年夏，陸軍航空部隊開始進駐台灣，將台灣軍備帶入三度空間作戰的紀元。將台灣建為南進基地，揮軍進出外南洋，台灣勢必得加強航空基地整備，使其成為不沉的航空母艦。同時也是理想的航空部隊訓練、整備、轉場基地。

自序

　　為了採集環境指標樣本，進行核爆落塵研究，作者於 1983 年至 2015 年之間跨海造訪蘭嶼多達五十回。在奧本嶺山腰的氣象測候所採樣時，赫然在傾塌的日遭紅頭嶼測候所歷史殘蹟牆壁上，發現密密麻麻地滿佈彈孔，孔中是一顆顆銹蝕多年的 50 機槍彈頭！達悟族倖存的耆老說，那是太平洋戰爭末期的 1945 年 7 月 7 日，103 架美機炸射紅頭嶼留下來的疤痕，掠襲而過的飛機未及脫離，擦撞天葬達悟族祖先的饅頭山墜海。他更遙指山下的野銀部落外退輔會永興農莊，亦曾是日軍飛行跑道的舊址，神風特攻機從那兒轉場出擊海平面外的美軍艦隊；而岸外的軍艦岩，連同跑道均遭美軍濫加轟炸。這趟震撼之旅，激起了作者對太平洋戰爭期間台灣夾擠在美日雙雄爭戰中，所處尷尬地位的好奇。

　　多年前偶然機遇下，作者多次造訪美國奧立岡大學（University of Oregon），有機會在校區總圖書館內彙整研究資料，無意中翻到了美國陸軍情報部（Military Intelligence Corps）所屬的航空情報單位解密之二戰圖片資料，赫然發現我在高雄港服役的辦公大樓，曾遭美軍臨空投彈直接命中，圖片內命中剎那的港池海水震波，清晰可辨！這種衝擊悸動，成為作者撰寫這本書的原動力。對於一個業餘的軍事迷而言，輪到真正動筆時，才發現自己懂得太少而要學的又太多。為此，作者還利用在國防大學兼任授課期間，在圖書館鑽研軍事史、三軍作戰與國防管理學，期以增進自己的視野、提升評析的水準。

　　這些年來，點點滴滴的文獻收集持續彙整，迄今資料堆滿了研究室整張桌面，但作者卻頹然地發現日、美、中三方的戰史涉及台澎地區真可謂鳳毛麟角；即使有，也是片斷的、破碎的。所幸除了這些走過歷史的間接資訊，還是有很多機緣與當年參加台灣周邊航空戰的前輩訪談，紀錄下歷史忠實的見證，作為撰寫

的直接資訊,也讓這段慘烈的戰爭記憶重現。

由於台灣周邊航空戰涉及中、美、日三方面,所發生記事的人、時、地、物均混雜交錯,為了撰寫方便,以當事者的第一人稱記述。所有的圖表均註明出處,並明列熱心提供照片的機關及個人。

本書接續23年前拙著《台灣航空決戰》(麥田軍事叢書第50冊,1996),增補、修刪這些年來爆發性的資料;為避免「日據時期」與「日治時期」用語意識形態的紛擾,本書爰用「日本取台期間」,來表徵割讓台灣50年期間尷尬的年代。

近來坊間有關日軍在台構築飛行場站的論述與專書,汗牛充棟於書架上,掀起一股同好懷舊追憶戰時的熱潮;唯要一窺太平洋戰爭交戰雙方航空兵力在台澎的關鍵角色,需從列強在全球的佈局、亞太殖民利益的掠奪、台澎戰場經營的規劃與日、美對撞引發爭戰同時切入。在燎原出版主編區肇威先生力邀下,本書經重撰再度付梓出版,書中出現的「台灣沖」是日本語,泛指台灣及周邊海、空域;書名仍以《台灣航空決戰》重新詮釋,也是日軍逆轉敗

作者於 2008 年 12 月 25 日參訪蘭嶼奧本嶺山腰的日遺紅頭嶼測候所歷史殘蹟,可見美機炸射留下的 50 機槍留下的碗口大的彈痕,內崁鏽蝕的彈頭。(陳貴民提供)

亡的前奏。美、日兩國的台灣航空戰，雙方共出擊 7,464 架次，損耗 851 架，是為太平洋戰爭全期規模最大、兵力最密集、損耗最多的空戰。

為了不讓台澎地區慘烈的戰爭記憶留白，區主編在出版業的寒冬中仍以極高的熱忱，鼓勵作者重新整理文稿檔卷，配合二戰結束 75 週年祭，將文稿依時出書；區主編伯樂之情，讓作者終生感激。此外，作者特別對下列長輩、專家致最高的謝忱，沒有他們熱心的協助與資訊提供，本書不可能在二戰結束 75 年後再度出刊：鍾漢波將軍（黃埔海校 27 年班航，前中華民國駐日代表團首席海軍武官）、鍾將軍的日籍摯友緒方友兄大佐（海軍兵學校 51 期畢業）[1] 及其參謀岡田信一少佐、作者同僑許俊男教授（長兄為台籍原日本兵）、24 屆中美文化經濟協會理事長胡為真教授（前國安會秘書長）、前行政院海巡署王進旺署長、陳永豐先生（前總統府公共事務室主任暨文化部政務次長）、黎明文化事業基金會秘書長王明我將軍、前台電公司董事長陳貴民先生及服務於長榮航空的盧景猷飛機達人。在我完稿後，他們都費心地提供許多寶貴卓見。工作伙伴錦珍、文輝賢伉儷的協助，凱西日夜不眠地在電腦前列打、校稿，才得以將近 20 萬字的文稿及時交予出版社付梓。

若交戰雙方均有鋼鐵般的意志力，戰爭不會有輸贏，只會有悲劇；戰爭沒有勝負，只會有遺憾。最無奈的是擠夾在交戰雙方間無辜的民眾，戰爭帶給家庭哀慟與無奈，戰後，也帶給遺眷重建家園的動力。若兵燹下的黎民也有鋼鐵般的意志力，戰爭雖然帶來家園的破壞與毀滅，戰後，也帶來社會的復原與重生。

日本取台 50 年，二戰結束至今已然 75 年，台灣航空戰已成歷史，戰爭的創痕猶烙印在長者前輩內心深處。然而，戰史是鑑古知今最好的借鏡，也是撰寫本文最終的訴求：當前我們應如何防衛台澎金馬領空，備戰但不求戰，避免將戰爭帶進本島；一旦決心要戰，力求主力決戰於遠海空域，避免戰火波及無辜民眾，

1　編註：分別擔任過驅逐艦時雨號、霰號艦長、輕巡洋艦木曾號副艦長。1943 年 10 月 8 日至 1944 年 11 月 2 日間擔任秋月號驅逐艦艦長。

是現階段應慎謀深思的課題。

　　《孫子兵法》謀攻篇：「百戰百勝，非善之善者也；不戰而屈人之兵，善之善者也」。

　　吾輩能不「慎戰」乎？

完稿於海軍西寧軍艦官廳，南海海域

中華民國 108 年 7 月 29 日

前言

　　日本由戰勝而取得台澎，也因戰敗而撤出。日本取台 50 年間，隨著科技昌明順勢邁入航空時代；由於軍國主義的擴張，台灣及澎湖一躍成為日本南進的基地，台澎地區因此要塞化、軍事化。太平洋戰爭期間，雖然並沒有成為美、日雙方島嶼攻防爭戰的焦點，但是居於遠東戰略要津地位之台澎，仍然躲不開兵燹，慘遭連續 10 個月的濫炸。本書以《台灣航空決戰》為名，敘述了太平洋戰爭全期台澎地區夾擠在美、日激烈空戰下爭戰的經緯。

　　以下這些統計資料，75 年前真實地發生在你我熱愛的鄉土上，即使時光飛逝而塗抹掉大部分歷史的疤痕，但是它在長者前輩內心深處烙印下的創痛，恐將永遠無法消除。

- 日軍在台灣本島修築了 63 處飛行場站，離島也有 4 處；
- 岡山的海軍 61 航空廠，被美軍視為重要目標；
- 台灣糖業的副產品酒精航空代用燃料，延續了日軍的航空作戰能量；
- 日軍南進攻奪菲島與印支半島，係由台澎發航出擊；
- 美軍曾擬定登陸奪佔台澎的作戰計畫；
- 兩階段台灣航空戰，美軍出動 5,874 架次戰機襲台，日軍動用 1,590 架次飛機迎戰，互奪制空權；
- 由台灣出航衝撞外海盟軍艦艇未歸航的神風特攻機，高達 227 架；
- 盟軍對台灣及澎湖濫炸，總計出動 15,941 架次，投擲 10 萬枚以上約 23,300 噸的炸彈；
- 盟軍空襲，造成民眾死傷萬人以上，毀民宅 5 萬棟，近 30 萬人流離失所；

- 美軍攻奪太平洋行動中最西陲之島礁，是日軍駐守的高雄警備府所轄管之東沙島。

　　這些條列的史實，在本書均闢專門章節敘述其背景、經過及影響，並佐以圖片及列表，補強了太平洋戰爭期間一段空白的戰史。

　　日本取台期間，由於銳意的經營建設，不但成為圖南飛石、南進基地，本身也變成不沉的航空母艦，屏衛著南方戰略物資運回日本的海上交通線，也是日本絕對國防圈內緣不可或缺的一環。無論從經略、政略或戰略角度來看，這裡都是兵家必爭之地；太平洋戰爭末期的台灣航空戰，驗證了台灣地區戰略價值的不可取代性。

　　即使美軍明知要付出慘重的傷亡，還是擬定了登陸攻奪的作戰計畫，因為台澎的戰略地位至關重要！一旦占領，盟軍不但絞殺了日本戰略物資自外南洋[1]的回運，還可利用現成密如蛛網的飛行場站，作為轟炸日本本土的前進基地；設備完整的港灣泊區，更可作為揮軍直取日本的跳板。台澎地區的戰略價值，凸顯了它在戰爭中的角色，但也因此把血腥殺戮和家園破碎帶給無辜的民眾。

　　除了盟軍對台澎地區的濫炸，造成台灣民眾生命財產浩大的損失外，日軍招募台籍慰安婦、軍農、技術工、學徒兵、少年飛行兵、軍伕、軍屬、高砂義勇隊、特別志願兵及徵召台籍日本兵，更令多少家庭、親族失散，血染異鄉。戰爭期間，日本以各種徵募名義，徵召了近 73 萬台灣民眾參戰，從事戰鬥勤務及勞務。其中，近 7.8 萬人在外南洋及支那戰場殞命或失蹤；太平洋戰爭在 588 萬台灣民眾心中，烙下永遠的創痛。

　　在太平洋戰爭末期，美軍多位空勤組員也遭台澎地區防空火網擊斃，跳傘後倖存的美軍飛行員也遭生俘。美軍轟炸更波及到無辜的盟軍，包括在台灣捕虜監

1　編註：日本把南洋分成外南洋與內南洋。外南洋是指太平洋戰爭爆發後奪取地境如菲律賓群島。內南洋指太平洋戰爭爆發前已取得之地如台澎。

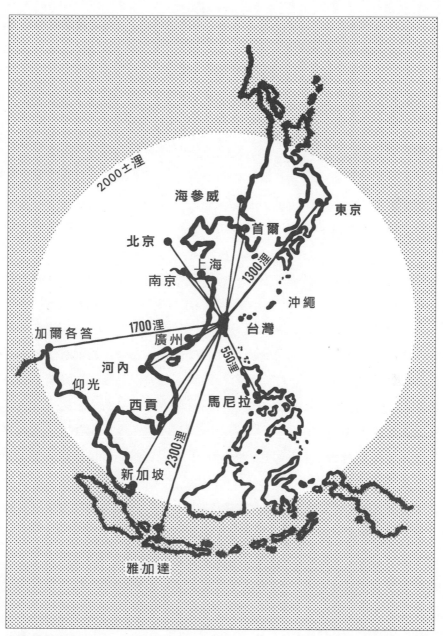

台灣所處的戰略地位，地圖所示是台灣與西太平洋主要城市之間的直線距離。（蔡懿亭繪）

視所 [2] 進出的盟國戰俘，部分遭美軍無差別攻擊而身亡。戰爭期間，在台澎地區及周邊海域殞命的盟軍，合計有 3,393 名。所幸，戰爭與創痛早已走進歷史，回顧過去，展望未來，希望本書對未來台澎防衛作戰，能夠提供省思與參考的空間。

2　編註：日文戰俘營之意。

第一章

南方共存
──躍進台灣

（1896 年至 1937 年）

　　台灣海峽洶湧的波濤，終究抵擋不住日本的垂涎。19 世紀末的日清甲午之役，清朝戰敗割讓台澎予日本。1895 年 5 月，駐台首任總督樺山資紀海軍大將領兵取台，開始了為期 50 年又 3 個月的治理，也將台灣帶進一個快速動盪的時代之中。

　　日本在尚待開發的台澎地區，初定「農業台灣、工業日本」的經濟政策；其後，為了將台灣建設成掠奪南洋資源加工的中繼站，到了大正年代，開始加速台灣的工業化，圖與「南方共存」。因此，在台灣的歷任總督，對土地的分配，勞役的運用，農林事業的興革，以及在能源、營建、化工、金屬及船舶業的開發經營，均投注莫大的心血。

　　為了與南方共榮，日本更以台灣民眾的資金透過金融業，逐步在南洋各地開辦台資企業，替爾後的「大東亞共榮」埋下伏筆。雖然，日本取台早期的銳意經營，的確替台灣的經濟、工業、財政建設立下基石，不過，一切的建設連同軍事設施，卻在二戰時盡成盟軍濫炸的目標，均化為烏有。

農業台灣　日糖興業

　　日本取台早期，日本陸軍所派遣的台灣守備混成旅團忙於平剿抗日志士，直到 1898 年各地區始漸趨穩定，駐台兵力亦隨之減少。1919 年，台灣實施軍民分

治，台灣總督改由文官出任；是年 8 月，陸軍新設台灣軍司令部，直轄於陸軍省，負責台灣本島的陸地防務與治安。台灣軍司令部位於台北市，成立伊始轄有駐防台北的第 1 守備隊及台南的第 2 守備隊；1925 年，兵力再減，裁撤台南第 2 守備隊，另設台灣守備隊；連同憲兵隊，總兵力不及萬人。

台灣軍司令部與駐守日本本土以外的支那駐屯軍、朝鮮軍及關東軍，均直屬陸軍省，四者不論兵力多寡，位階均對等。首任台灣軍司令長官仍由時任台灣總督的明石元二郎[1]現役中將兼任。值得一提的是，陸軍的台灣軍司令長官，管不到也管不動駐守台澎的日本海軍部隊。

台灣軍所轄的憲兵隊是日本高壓治理、實施鐵腕政策的執法先鋒；兇悍的日本憲兵督導地方警察，控制台灣民眾的一切活動。日本憲兵隊司令部設有特高部、警務部與總務部，轄有台北、新竹、台中、台南、高雄、澎湖及花蓮憲兵隊。戰時，日本憲兵冷酷殘暴的統治手法，在台灣民眾心中立下絕對的威權。台澎地區的治安與防衛，分別由憲兵隊與守備隊掌理。駐守的陸軍航空兵力，名義上也是行政納編於台灣軍司令部，唯航空部隊自詡為科技兵種，台灣軍司令部實際上從未直接指揮過駐台的陸軍航空部隊。

日本取台初期，日本海軍另設馬公要港部[2]，以擔任台灣沿岸及周圍海域的警備、防禦、海上作戰為主，並維護聯外航道的安全和負責台灣軍需品的海運補給。馬公要港部在各港灣及沿岸要域設有防備隊、防空隊及基地隊，更轄有特別陸戰隊、航空部隊及艦艇部隊，還另設置海兵團，專司訓練新兵。陸軍的台灣軍所轄部隊的補給，卻要仰賴海軍的馬公要港部安排運輸，兩者間有著微妙的合作關係，但從未和諧過。

為了順應日本國策，天皇命台灣總督府利用在地特殊的地理條件與亞熱帶氣

1　編註：任期 1918 年 6 月 6 日至 1919 年 10 月 24 日。

2　編註：1901 年 7 月 3 日設置馬公要港部，1941 年 11 月 20 日改編為馬公警備府，1943 年 4 月 1 日再改編為高雄警備府。馬公改置特別根據地隊，指揮中心轉移到高雄的左營。

候，種植日本內地所缺乏的農林產物。問題是，要如何驅使台灣民眾連人帶地服膺於日本的殖民政策，加快生產日本亟需的農林產品？因此總督府徹底執行土地調查與重劃分配，以方便掠奪與統治。凡個人土地無地契登記及非個人名義下擁有地契者，如學校公業，宗廟共業或原住民保留地，一律遭「經林野調查整理，土地權所屬不明」的理由充公。到了第三任總督乃木希典陸軍中將[3]卸任時，全島八成以上土地已被充公。這些公有土地不是做為軍營及總督府用地，就是遭日本財團化公為私，併吞佔用。

　　在日本取台初期執行土地調查時，竟然發現台灣第一高山峰頂的海拔，較日本內地的神山富士山還高出 220 公尺，故由明治天皇賜名為新高山（今玉山主峰）；台灣另一山巔較富士山也高出 110 公尺，隨後也由裕仁皇太子（即日後的昭和天皇）巡台時賜名為次高山（今雪山主峰）。

　　日本位處較冷的北方，本土極度缺糖。因此，台灣的殖民農業，當以蔗糖為最高優先。1900 年，日本各財團募集資金在東京成立「台灣製糖」，準備在高雄州岡山郡楠梓庄設置首座製糖所（糖廠）。在第 4 任台灣總督兒玉源太郎陸軍中將[4]主政的 8 年間，肇建了台灣機械化製糖的基礎。兒玉總督以高壓手段，逼使台灣民眾轉種甘蔗且賤價收購蔗糖。若有不從，則被逼以低價售田賣地，撥交予財團農場植蔗。到了 1918 年，台灣蔗田面積擴張到 15 萬甲，佔全島可耕地的兩成。

　　為了讓糖產機械化，日本在內地獎勵財團赴台投資興業，且提供保證年股利 6% 以確保投資獲益。透過獎勵辦法來台投資機械化製糖的財團，包括重量級的三井、三菱、住友、古河、古村、野村、安田、日糖、鹽糖、明治、鐘淵、花王有機及東台製糖等知名企業。1912 年，日資斥建糖廠已達 20 家，來台工作的日本蔗糖技師，多達 8,000 人。在整個期間，日本投資興建的糖廠，總數多達 44 座，

3　編註：任期 1896 年 10 月 14 日至 1898 年 2 月 26 日。

4　編註：任期 1898 年 2 月 26 日至 1906 年 4 月 11 日。

所生產的蔗料、蔗板、粗糖、酒精等產品，除部分自產自用外，餘皆運回內地。日本糖產品的耗量，有三分之一以上是自台灣進口。

日本傾全力在台灣發展的糖業，也替「以農立工」樹立典範。為了有效收集甘蔗，日本在台灣各地遍設糖業鐵路，在濁水溪以南密佈的糖業鐵道網，對爾後的工業建設與軍需運輸提供了必要的支援。而製糖的副產品蔗渣，亦可再製成蔗板建材，有益工商建設。另一個副產品糖蜜，更可提煉酒精，轉化為乙醇（ethonal）製造航空燃料，以解決日軍飛機燃料荒的困境。台灣糖業的盛衰，可以說是這段期間開辦企業興亡的倒影。

此外，在農村的勞動力，經脅迫手段變成日本財團農奴的人數暴增了四倍。太平洋戰爭前夕，農、漁、林業的男性勞動人口已近 150 萬人。戰前稻米的年產量，最高達每年 140 萬噸，其中兩成被運回日本耗用。此外，台灣四面環海，沿岸村落的台灣民眾多以近岸捕撈為業，日本亦將之企業化，由財團壟斷海洋資源。大財團投資的漁產興業，就有日本水產（滿州重工財團投資）及南日本漁業（台灣拓殖（台拓）財團投資）。同樣地，台灣山地的林業，亦被三井農林（三井財團投資）、台灣木材（大川財團投資）及南邦林業（鹽糖財團投資）全面控制。

工業台灣　能源第一

早在清朝光緒十四年（1888 年），台灣巡撫劉銘傳即在台北城內興建小型燃煤火力發電設備，開啟台灣電力供應之先河。1895 年 6 月，日本取台始政，在台北城西門街原大清台灣布政司衙門暫設置的總督府舊事廳舍內，立即建置 4 座燃煤發電機組，自行供電開府辦公。同年，總督府製藥所的鴉片工場，也設置燃煤發電機自行供電生產鴉片。1903 年，總督府開設官辦台北電氣作業所，斥資興建龜山水力發電所，2 年後售電予台北城點燈。

日本認為台澎電力建設需與生產事業同步發展，開創工業更要有廉價穩定的

電力供應方可奏效。為了統籌供需，避免建廠過多造成投資浪費，總督府遂決定逐步併吞台灣民眾投資經營的 17 家小型發電所。1919 年更組織官辦民營「台灣電力」，有計畫地併購民間大型發電所，形成獨佔事業。

　　日本所興建的發電所，利用台灣山多水急地勢之利，以水力發電為主，再以中北部的自產煤，輔之以燃煤的火力發電。全島最大的水力發電所，首推日月潭第 1（大觀）及第 2（鉅工）發電所。日月潭第 1 發電所為全島的發電中樞，1931 年起造，歷時 3 年竣工，是利用日月潭蓄水，經 2 公里引水涵管以 300 公尺落差，帶動 5 部裝置容量各為 2 萬瓩的水輪發電機發電。第 1 發電所的尾水，再帶動 4 公里外第 2 發電所的 2 部水輪機發電。2 座水力發電所發電量，即佔全島電力供應的四成。

　　台灣北部藏煤豐富，估計達 5 億噸，日本取台後財團跟進，設立東亞礦業、三菱礦業、基隆炭礦、台灣石炭及大豐炭礦等企業，壟斷全島 35 處煤坑的開採，僱工高達 6 萬人，年產值最高達每年 300 萬噸煤，其中大部分燃煤供火力發電。同時，三菱、三井、古河、安田、野村等財團，亦紛紛投資興建火力發電所。較大者有高雄前鎮的南部火力發電所，1914 年竣工，裝置容量為 1.3 萬瓩。功率更大的基隆八斗子北部火力發電所，1939 年竣工，裝置容量為 3.5 萬瓩。

　　二戰結束前，台灣電力共興建了 35 座發電所，總裝置容量為 34 萬瓩，其中八成以上為水力發電，餘為火力發電（參見表 1）。全島的電力輸送，主幹線為基隆到高雄長達 370 公里的 15.4 萬千伏高壓迴線；副幹線則由台中州日月潭至花蓮港廳龍澗的 6.6 萬千伏高壓迴線；主幹線、副幹線連同各支幹線，全島高壓電力迴線網路長達 1,000 公里，再經由各地 2 處一次變電所及 24 處二次變電所，將電力供應到全島的用戶中。

　　全球工業化革命，對油品的依賴與日俱增。可惜台灣的原油及油氣蘊藏量十分有限。日本取台期間，幾乎將之挖取殆盡。台灣最早的油井，是於清朝咸豐十一年（1861 年）在苗栗出礦坑發現油苗及天然氣而鑿，惜出油量不多。日本取台後，以海軍預備油田之名將其查封，隨後海軍省又委託商工省的地質調查

台灣電力日月潭第 1 發電所，上池的引水涵管至下池的南投水里日月潭第 2 發電所，
二戰末期曾遭美機轟炸。圖中包括發電站及變電所清晰可見。（US Air Force/ 中研院）

所，測勘全島地層結構，鑽井探油達 250 口之多，然僅有苗栗郡公館庄出礦坑的原油，竹東郡寶山庄、大湖郡蕃地錦水社及新營郡蕃社庄牛肉崎（牛山）等 3 處的天然氣略俱規模，餘皆產量過小。唯台灣拓殖財團投資的帝國石油為染指外南洋列強殖民地的油氣田預作準備，在新竹十八尖山隱密地設置瓦斯研究所。日本取台全期，台灣自產原油與天然氣累計相當於 150 萬噸油當量，產值不大。

自產的原油既不足以自用，遂有蔗糖副產品提煉酒精轉化成航空燃料應急之舉。日本倒是利用石化煉油技術經驗之累積，自外南洋價購之原油，部份先順道轉運台灣煉製成油品，再運返日本使用。淺野財團投資的日本石油，於 1927 年在新竹州苗栗郡苗栗街設置煉油所，煉製出礦坑自產及外南洋進口之原油，油品年產值曾達汽油 8,500 噸及柴油 1,100 噸。隨後帝國石油也在台南州嘉義市設立溶劑廠，提煉特種油品。最浩大的石化工程，是在高雄港苓雅寮碼頭建造的大型煉油所，每年可煉製 14 萬噸的進口原油，於 1943 年興築投產。連同左營楠梓海軍第 6 燃料廠的產量併計，台灣在二戰結束前油品年產值，曾多達每年 34 萬噸，其中多為航空燃料。

躍進台灣　財團領軍

有了電力與能源等基礎建設的必要條件後，日本在台施政即轉由農業發展經濟。首先，三井財團於 1899 年成立台灣銀行，開始控制殖民經濟活動，掌握工業發展命脈。台灣銀行的成立，乃著眼於推動殖民企業融資，聚集資金，提供日本在台開辦企業設廠的優渥環境，並趁勢併購台灣民眾自辦的金融業。台灣銀行在總督府鼎力支持下，業務兼俱商略與政略的需求，全盛時期在台灣設有分行 15 處，辦事所 17 處。此外，財團更襄助成立所謂的民間四大銀行——儲蓄銀行、商工銀行、彰化銀行及華南銀行，來配合官辦台灣銀行以落實殖民經濟。至於民間的中小金融企業，則仰賴遍設各地的信託會社、保險會社、信用組合、農會互助社等予以貸款融資。

表 1　日本在台澎建置之水力、火力發電所及裝置容量（萬瓩）

	發電所名稱	隸屬機關	初始供電年月	發電所地點	水源	容量
水力發電所	小粗坑	總督府電氣作業所	1909 年 8 月	台北新店	新店溪	0.44
	竹仔門	總督府電氣作業所	1910 年 1 月	高雄美濃	荖農溪	0.20
	土壠灣	總督府電氣作業所	1918 年 1 月	高雄六龜	荖農溪	0.31
	北山坑	台灣電力株式會社	1921 年 10 月	南投國姓	南港溪	0.18
	天送埤	電氣興業株式會社	1922 年 5 月	宜蘭三星	蘭陽溪	0.86
	濁水	嘉南大圳組合會社	1923 年 12 月	雲林林內	濁水溪	0.15
	日月潭第一	台灣電力株式會社	1934 年 7 月	南投水里	日月潭	10.00
	日月潭第二	台灣電力株式會社	1938 年 8 月	南投水里	日月潭	4.35
	初英	東台灣電力株式會社	1941 年 2 月	花蓮初英	木瓜溪	0.18
	溪口	東台灣電力株式會社	1941 年 2 月	花蓮溪口	壽豐溪	0.18
	新龜山	台灣電力株式會社	1941 年 2 月	台北烏來	南勢溪	1.30
	清水第一	東台灣電力株式會社	1941 年 9 月	花蓮慕谷	清水溪	0.70
	清水第二	東台灣電力株式會社	1941 年 10 月	花蓮烏帽腳	清水溪	0.50
	員山	台灣電力株式會社	1941 年 12 月	宜蘭三星	蘭陽溪	1.63
	萬大	台灣電力株式會社	1942 年 12 月	南投仁愛	萬大溪	1.52
	銅門	台灣電力株式會社	1943 年 4 月	花蓮銅門	木瓜溪	2.40
	立霧	台灣電力株式會社	1944 年 4 月	花蓮立霧	立霧溪	3.20
	大南	台灣電力株式會社	1945 年 3 月	台東卑南	大南溪	0.10
	其它 8 所	-	-	-	-	0.21
	發電所名稱	隸屬機關	初始供電年月	發電所地點	燃料	容量
火力發電所	澎湖火力	澎湖電燈株式會社	1913 年 2 月	澎湖馬公	燃料煤	0.18
	南部火力	總督府電氣作業所	1914 年 2 月	高雄前鎮	燃料煤	1.30
	松山火力	總督府電氣作業所	1915 年 4 月	台北公館	燃料煤	0.50
	北部火力	台灣電力株式會社	1939 年 6 月	基隆八斗子	燃料煤	3.50
	其它 5 所	-	-	-	-	0.14

註：台澎地區建置之水力發電所計 26 處，裝置容量共 28.41 萬瓩，火力發電所計
　　9 處，裝置容量共 5.62 萬瓩；合計 35 處，總裝置容量 34.03 萬瓩。
　　輸配電系統有 2 處一次電所及 24 處二次電所

（鍾堅製表）

　　日本投資的營建業，是台灣工業的火車頭。由淺野、東洋重工、滿州重工及台灣拓殖等財團投資的水泥廠，年產值近 60 萬噸水泥，提供了工業發展必要的基本建材。重要的企業（所屬財團），有台灣木材（大川）、蔗渣板製作（明治）、東台灣林產製材（台拓）、杉原產業（明治）、拓南合板工業（大川）、台灣石棉（拓殖）、台灣煉瓦（鮫島）、台灣窯業（鮫島）、大倉土木（大倉）、台灣水泥（淺野）及南方水泥，都是營建業的重要成員。

　　殖民地可說是高污染化工業的天堂，台灣也不例外。除了台灣化工界的四大

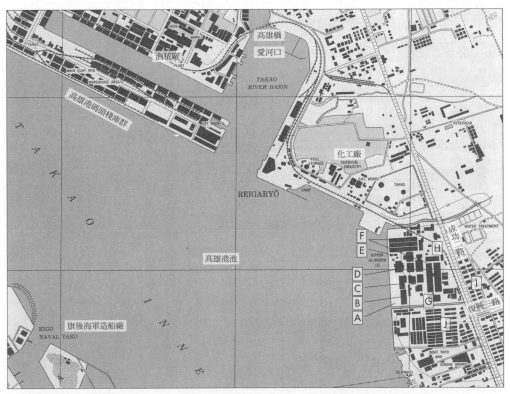

三菱財團的日本鋁業高雄工場之美軍偵照研析圖，圖內 A 鋁土礦料堆，B 鐵礬土棚，C 打礦石場棚，D 過濾場，E 沉澱池，F 2 座電化爐廠房，G 滾轉爐，H 變電所，I 日籍幹部獨棟別墅，J 日籍技師宿舍。二戰時悉遭美軍炸毀。戰後位於高雄市成功二路與復興三路口的日鋁高雄工場區，由台鋁公司接收，現為高雄軟體園區。（AMS 地圖）

天王（台灣肥料、旭電化工、台灣電化及南日本化學），其他重要的化學、化工企業或財團尚有鐘淵曹達（曹達即苛性鹼，鐘淵與熊本電器）、台灣油脂（大川）、三菱化成（三菱）、台灣有機合成（古河）、花王有機（日糖）、台灣橡膠（石橋）、台灣化成（大日本麥酒）、高砂化工（古河）、台拓化學工業（台拓）、日本樟腦（三井）、台灣製藥（鹽糖）、台灣窒素（窒素即氮氣，日窒）、帝國纖維（安田）、台灣紡織（大建）、台灣纖維（野村）、台灣棉花（台拓）、台灣製麻（安田）及南方纖維工業等企業，工廠與分工場遍佈全島各地。

　　台灣較著名的礦業，是自產的金礦、銅礦及加工的鋁錠。由「台灣拓殖」投資的「台灣產金」，在金瓜石礦坑每年產金砂 2,500 公斤，悉數運返日本奉納。台陽礦業與「日本礦業」在金瓜石的煉銅廠，每年產銅 5,000 噸，亦全數運返日本供應軍需，佔日本年耗量的一成。三菱財團投資的日本鋁業，在高雄及花蓮港的工場年產鋁錠 1.2 萬噸，為日本年耗量的一成五，其中大部分鋁錠直接供應岡山的海軍航空廠進料，生產各型軍用飛機。岡山的武智鐵工所與豐國鐵工所的鎂工場，生產飛機必用的機身鋁鎂合金材料。

　　鋼鐵業、機電業是工業化水準的指標，日本在台灣的拓殖經濟，鋼鐵業、機電業的開發亦不落人後。唯台灣本島並無鐵礦，需從馬來亞及菲律賓就近進口礦砂，維持鋼鐵業、機電業的存續。重要的企業或財團，有飯塚鐵礦（台拓）、高雄製鐵（安田）、興亞製鋼（大建）、台灣重工（東洋重工）、東洋製罐（明治）、東邦金屬製鐵（台拓）、稀元素工業（台拓）、台灣製鐵（三井）、芝浦電氣（三井）、台灣通信（台拓）、日立製作（滿州重工）、日扇興業（日窒）、台灣松下（松下）、台灣電化金屬會社及共榮鐵工等。

　　日本四面環海，對外聯絡全靠海運，台灣地處日本內地與外南洋航運的中樞，戰略重要性至為明顯。為了確保航運順暢，日本在台灣除了對港灣建設不遺餘力外，亦在基隆、高雄港投下巨資，興建船舶修造設施，提供艦船必要之修護整備。基隆港設有「台灣船渠」的 3 座乾塢，可修理 5,000 噸、10,000 噸及 20,000 噸級船艦，報國造船會社（台拓）的小型乾塢，也設置在基隆港。高雄港

亦有須田製船（日曹）、台灣鐵工（日糖、明治、鹽糖）及高雄造船（台拓）的修造船塢設施，年修造船舶能量，兩港加總為 20 萬輕載噸。

至於台灣本島的民生輕工業，有台灣總督府專賣局的高雄米穀配給所，台北松山菸酒工場，鹿港製鹽工場，樹林、嘉義與番仔田（草屯）釀酒工場，台灣合同鳳梨的鳳山、南投與彰化工場，大園專賣標誌局等。輕工業也有民營的台灣倉庫會社、三井物產會社、台灣酒品輸送會社、日本碳酸清涼飲料製造會社、高雄製冰會社、日本水產會社、南海興業會社、南日本鹽業會社、東亞製紙工業會社、台灣紙漿工業會社、鹽水港紙漿工業會社、大肚紙漿工業會社、台灣興業製紙工業會社、台灣織布會社、七星陶器會社、日本下水道管會社等。

日本取台時期的工業化政策，績效頗高（參見表2）。重要的工廠在二戰結束前已超過 600 家，分佈全島各地，唯集中在基隆、金瓜石、桃園、新竹、台中、彰化、嘉義、台南、高雄、屏東、宜蘭、花蓮港和台東等城鎮。居留在台澎的日籍技師，曾多達 8.2 萬餘人之眾。

南方共榮　進出南洋

日本取台後，仿如獲得至寶壞玉，食髓知味，意圖跟進染指它處。明治維新後，日本國內的主戰派有「南進南洋」與「北進露西亞[5]」之爭，分別主張以武力作後盾，蠶食並殖民外南洋與西伯利亞。後因日本國內政情丕變，多數武將主張就近北進露西亞掠奪天然資源為優先，遂於 1904 年發動日俄戰爭。武力進出外南洋既然不成，就以台灣為基地，取地利之便，以經濟實力蠶食南方資源為替代方案。到了蘇聯共黨推翻沙皇暴政，向全球輸出無產階級革命鬥爭且氣勢兇猛，日本始放棄北進方略，在北方的樺太（庫頁島）與滿州地區由攻轉守，「南進南洋」主戰派始再度抬頭。

5　露西亞是日本對沙皇統治的俄羅斯音譯稱謂。

表 2　日本在台澎建置之輕、重工業部署

類	工業部門	工場場所	投資財團	年產峰值
能源	台灣電力	全島 35 處發電所	古河 安田 野村 三菱 三井	10 億度電
	大日本石油	苗栗、高雄煉油所	淺野	55 萬噸 油品
	帝國壓縮瓦斯	高雄瓦斯所	住友	
	帝國石油	苗栗、竹東油氣井	台灣拓殖	
營建	淺野水泥	高雄半屏山工場	淺野	55 萬噸 水泥
	台灣水泥	高雄壽山工場	淺野	
	南方水泥	竹東橫山工場	東洋重工	
	台灣化成	蘇澳山工場	滿州重工 台灣拓殖	
糖業	明治製糖	全島 9 座糖廠	明治 古河 安田 三菱 三井	140 萬噸 粗糖
	大日本製糖	全島 14 座糖廠	日糖 鐘淵 古河 安田 三菱	5.9 萬噸 酒精
	台灣製糖	全島 12 座糖廠	三菱 三井 古河 住友	
	鹽水港製糖	全島 5 座糖廠	鹽糖	
化工	台灣肥料	基隆、高雄工場	滿州重工	4.2 萬噸 化肥
	旭電化工	高雄工場	古河	5.2 萬噸 化工成品
	台灣電化	基隆工場	三井	
	南日本化學	基隆工場	日曹台灣拓殖	
礦業	台灣產金	金瓜石金礦	台灣拓殖	2.5 噸金砂
	台陽礦業	金瓜石銅礦	滿州重工	5 千噸銅砂
	東亞礦業	全島 35 座煤礦	三井 日糖 明治 鹽糖	280 萬噸煤
金屬修船	日本鋁業	高雄、花蓮港鋁工場	三菱	1.2 萬噸鋁
	東邦金屬製煉	花蓮港鐵工場	古河	3 萬噸鋼鐵
	台灣船渠	基隆、蘇澳修船所	三菱	20 萬輕載噸 修船量
	台灣鐵工	高雄修船所	日糖 明治 鹽糖	

註：台灣之工業產品除留作自用外，餘皆回運日本內地；其中粗糖年產值佔日本年耗量的 35%，鋁錠佔 15%，銅砂佔 9%。

（鍾堅製表）

　　日本所謂的「南洋」，概分「內南洋」與「外南洋」2個區域，內南洋專指太平洋戰爭之前，所掠取日本內地以南之占領地，如台灣、塞班島即是。外南洋則指發動太平洋戰爭之後武力攻奪之新領地，如菲律賓、馬來亞即是。主戰派之「南進南洋」攻略，當指武力奪取外南洋的資源。日本劃分南洋不僅有「內」、「外」之別，對本土及殖民地也有「內」、「外」之分；日本稱本州、九州、四國與北海道為「內地」，稱台澎、朝鮮與滿州等殖民地為「外地」，稱鯨吞蠶食的支那占領區與外南洋為「對岸」，把皇民階級與外地庶民明顯區隔開。

　　在第五任台灣總督佐久間左馬太陸軍大將[6]任內，總督府自1906年起特設專員室，專辦涉外業務，包括外交、對岸、通商及海外渡航項目；其中「對岸」語義，含支那及外南洋，總督府還協助財團成立「三五株式會社」，直接經營新加坡植林業務。到了1915年，陸軍大將安東貞美[7]接任總督後，更積極籌組外南洋懇談團，遠赴外南洋各地，收集當地政、商、民、社等情資；頻頻懇談之目的，在開拓外南洋至台灣海上航線之航權，以利南進通商。三年後，明石元二郎陸軍大將續任總督，將總督府官房內辦理外南洋事務升級，新設外事課與調查課，專司南進通商業務，並直接介入馬來亞的橡膠園植林業。

　　為了支援財團以經濟南進、殖民外南洋，總督府於1919年專設華南銀行，吸取民間游資，開拓印支半島投資業務。次年，華南銀行隨即在安南的河內及西貢、緬甸的仰光、菲律賓的三寶顏及新加坡遍設分支機構，以配合南進經濟勢力提供融資放款。到了1936年，更成立所謂的「台灣拓殖會」，文武並進，政略、經略並重，也是南進的特色。

　　台灣拓殖會官股與民股各半，挾雄厚之資金，網羅台、日重要財團，進出外南洋。其「崇高」之歷史任務，是誘使台灣民眾出資出力，與日商互助互利，共同對抗殖民外南洋的歐美列強，消除外南洋各地對日本之反抗心態及疑慮，進而

6　編註：任期1906年4月11日至1915年5月1日。

7　編註：任期1915年5月1日至1918年6月6日。

經由台灣民眾的協進，使外南洋與大日本同化、共榮共利。以台灣民眾資金為本的拓殖會，在外南洋投資開辦的企業，計有印支產業、印支礦業、印支燐礦、開洋燐礦、克魯姆礦業、台拓海南產業、南興實業及福大興業等公司。

　　台灣拓殖與華南銀行互相帶動，將台灣民眾資金汲往外南洋，而外南洋各地台資貸款所興辦的企業，多由台灣總督府派員南進參與。所謂南進，其實只是日本利用台灣作為中繼站，擷取南方利益，掠奪外南洋資源，以遂其侵略野心。而南方共榮，日本所展現的只是另一個殖民野心去剔除歐美列強的殖民，根本扯不上共榮。

進出南海　占據各島

　　自明治維新以來，日本即垂涎於南海諸島豐富的海洋資源及日益重要的戰略價值。首遭日本非法佔據的，即為先民俗稱月牙島的東沙島。1901 年夏，基隆日商西澤吉次在海上遇暴風，漂至月牙島，發現島上覆蓋厚實的鳥糞層。西澤氏在逃返台灣的同時也攜回鳥糞樣品化驗，證明是質優的燐肥，也是上等的農用肥料。從此，西澤每年均率台工百餘人，由高雄市乘輪赴月牙島大肆開挖鳥糞，不但在島上搗毀粵籍漁民之房舍、棧橋，更破壞漁民奉伺的天后廟，還在島上遍插日本旗，擅自將之更名為西澤島，所在的珊瑚環礁也改名為西澤礁。

　　直到清朝宣統元年 6 月（1910 年），朝廷派水師提督李準，親率伏波號巡海快船赴月牙島，以 13 萬毫銀贖回該島，始驅離拓殖日商。同年 11 月，粵省候補知府蔡康赴月牙島，主持升旗立碑儀典收回主權。過不了幾年，日本又捲土重來。1917 年，高雄海產商會（設址於港町二一五番，即今日哈瑪星漁市場旁）會長石丸庄助，又雇台工百餘人乘漁輪登島，盜採鳥糞及海人草，直到中華民國海軍於 1925 年進駐將其驅離，才告平息日本對東沙島的非法霸佔。為防止日本再來盜採騷擾，國民政府於北伐完成後，海軍即派兵駐守東沙島。1935 年 2 月，廣東省新設東沙島管理處，籌組水產公司開採海人草，以有效運用島礁海洋資

源。

　　另一方面，日本在「水產南進」的政略指導下，對南海諸島亟欲染指。1907年，和歌山縣人宮崎進，率漁輪駛入團沙群島[8]海域展開海洋資源調查。從此，日本漁船紛紛南下，在我國固有的南疆海域大肆非法捕撈。1917年，高雄日商平田末治率員搭乘南興丸漁輪首度在團沙群島登岸，勘察團沙群島12處島礁。隨後日商池田舍造及小松重利，亦登陸長島（今南沙太平島），紀錄氣象、海象、水文等資料。日商頻頻在團沙群島出沒，導致日本議員橋本氏於1918年7月，向外相呈請將南海諸島併入日本版圖，所幸此案當時就不了了之。

　　1918年底，日本對團沙群島展開系列性的島礁調查活動。12月初，海軍退伍軍官小倉卯之助帶領副島村八博士及探勘團員侵入團沙，並在長島等5個島礁上進行繪測。兩年後，小倉二度南下，登陸另三個島礁。返回日本後，向當局建議將部份團沙群島更名為新南群島，「新南」二字專指日本在發動太平洋戰爭前，內「南」洋所奪最「新」的島礁。新南群島所屬島礁重新命名如下：北雙子島（北子島）、南雙子島（南子島）、中小島（南鑰島）、長島（太平島）、北小島（敦謙沙洲）、南小島（鴻麻島）、西青島（西月島）、平島（費信島）、西鳥島（南威島）及丸島（安波沙洲）。日本從此採用新名稱，沿用至二戰結束止。

　　相對於國民政府在南海團沙群島被動消極的作為，日軍在新南群島的活動則顯得主動積極。1933年，日軍派勝力號特務艦駐泊南海諸島海域，探測航道並收集水文資料。1935年起，海軍派艦常駐西沙群島，駐泊期間，經常以火砲驅離粵籍漁船，更在西沙立碑，上刻「昭和十一年大日本海軍停息」字樣。當時在瓊粵沿海漁村，諸傳日本海軍已在西沙駐守。

　　日本每年燐礦的消耗量，約在百萬噸左右，國內自產額每年僅30萬噸，且雜質過多、礦源枯竭。南海新南群島、西沙群島及東沙島的鳥糞層厚實，為天然質純的燐礦，直接挖取即可施肥，故日商莫不磨拳擦掌，紛紛南下登陸盜採。台

8　編註：今日之南沙群島。

拓財團特為掠取南海諸島鳥糞燐礦，成立「開洋燐礦」，收購鳥糞運返日本加工。

在南海各島礁設立公司的，有高雄平田氏在西沙群島的「南興實業」（1919年）、基隆齊滕氏的「西沙實業」（1923年）、大阪小野氏在長島的「拉薩燐礦」（1921年）及高雄平田氏在長島的「開洋興業」（1933年）。各會社均就近在高雄招募台工登島，驅役其開挖鳥糞回運日本，每年盜採數十萬噸燐肥，其中還發生了台工抗暴事件。1938年11月18日，台工60餘人在西沙群島因水土不服、醫藥缺乏，瘟死達40餘人，倖存台工皆罷工並欲奪船逃返台灣，然遭日商有田氏率監工以武力脅迫台籍工人復工。

日本在新南群島的恣意霸佔，全盛時期在各島同步盜採鳥糞，勞役台工近千人。其中最大的採燐企業，首推高雄市平田末治在長島的開洋興業。到了1936年底，平田在長島已修築有輕便軌道、碼頭、工寮、水井與神社，還會同海軍到處立碑，其上刻文「大日本帝國昭和十一年水路部，台灣高雄，不許支那漁民登陸」云云。由於南海風雲日緊，1939年後，南海諸島的燐礦事業，悉數由台灣拓殖財團投資的「開洋燐礦」併購，一統南海各島礁的經濟活動。

第二章

圖南飛石
——基礎建設

（1907 年至 1944 年）

　　20 世紀初美國萊特兄弟駕駛飛機一飛沖天，使人類進入了航空新紀元，歷史也轉入三度空間的立體世界裏。明治維新後的日本亦緊隨著科技發展，邁向航空新世紀，順勢將台灣的交通建設同步提升到世界先進國家水準。

　　1914 年 3 月 21 日，野島銀藏在台北首度舉行了飛行表演，總督府特將該日定為台灣航空紀念日，開啟了台灣航空事業新紀元。此後，日本在台澎各地積極闢建民用飛行場站，普設氣象測候所預報飛航氣象，開辦環島、離島及聯外的民航客、貨運業務，提供了快速便捷的交通工具。

　　日本擇定台澎為南進基地，交通建設當為這塊「圖南飛石」的優先發展項目。為了保障日本軍、商、航、旅的海上安全，總督府早於 1897 年就在基隆鼻頭角設立燈塔。島內各大商港的擴建工程，在日本取台 50 年間從未停止過，期以容納因南進外南洋而與日俱增的吞吐量。

　　遍及全島平地、山區的鐵、公路，亦在戰前竣工通車，方便了工商行旅及軍運。海陸空交通的基礎建設，確立了台澎為「圖南飛石」的戰略地位；然而，這些建設在戰時，悉遭日軍徵用，無可避免地在二戰結束前均慘遭兵燹。

民航肇始　闢建機場

　　台灣的民用航空，創始於 1914 年。由總督府及各財團合聘日本飛行技師野

島銀藏來台舉辦飛行表演，推廣新科技並汲取台灣民眾資金籌辦民航事業。野島於年初將美國寇蒂斯（Curtiss）雙翼螺旋槳複葉機「隼」號海運抵達台灣。3 月 21 日拂曉，在台北市馬場町練兵場表演飛行，台灣政商後援會發動民眾約 3.5 萬人齊聚觀賞。上午 10 點 37 分，野島駕機衝場起飛升空，在高度百米處盤旋 4 分鐘後安全降落。總督府特將該日定為「台灣航空紀念日」，為台灣民航之嚆矢。不過，野島於 5 月 16 日在嘉義市進行台灣首航最後 1 次飛行表演時，因機械故障墜落於嘉義市北門町外水田，機毀人傷。

由於台灣工商發展快速，為解決台、日間海上航行曠日廢時之苦，總督府乃決定撥款闢建飛行場站，以利航空事業之推展。最大最完善的民航飛行場站，則是台北州七星郡松山庄頂東勢松山的台北飛行場。1936 年 3 月完工後，逐年擴建並增加飛航設備，二戰結束前已有 90 公尺寬、1,000 公尺長之主跑道 1 條，另有 700 公尺長的滑行道。此外，為了方便水上飛機起降，總督府特闢台北州淡水郡淡水街竿蓁林外的河面為國際民用水上飛機航站，1941 年 7 月竣工。至此，台灣聯外航空網初具規模。

至於最早闢建的島內民用航站，則是 1919 年 8 月施工，隔年 11 月竣工，位於高雄州屏東街六塊厝的屏東飛行場，是為島內軍民兩用之飛行基地。為了開闢環島及離島航線，總督府陸續完工、啟用以下各民用航站：

1923 年 3 月，馬蘭飛行場[1]；

1923 年 5 月，花蓮港（北）飛行場[2]；

1926 年，馬公飛行跑道[3]；

1936 年 7 月，宜蘭飛行場[4]；

1　位於台東廳台東街馬蘭，1938 年 4 月後遷至台東郡卑南庄利家，改稱台東飛行場。

2　位於花蓮港廳花蓮郡研海庄北埔。

3　位於澎湖廳馬公支廳馬公街前寮庄。

4　位於台北州宜蘭市金六結庄。

1936 年 8 月，台中飛行場[5]；

1937 年 6 月，台南飛行場[6]。

　　航空氣象情報為飛航安全必要之資料，日本取台後隔年，農漁、飛航及地面等方面氣象需求孔亟，總督府乃依 97 號敕令公佈《台灣總督府測候所官制》，斥資籌建氣象測候所，先整建英國協助大清帝國興築之淡水、台北、台中、台南、恆春及澎湖氣象測候所，再新設花蓮港與台東測候所。各飛行場站建設完工後，又組建飛行場站測候出張所[7]，統由總督府氣象台掌理，提供及時且必要的飛航氣象情報，以及海象、天象、地震、颱風預報。迄二戰結束前，總督府氣象台轄有本台 3 處，測候所及出張所 23 處，雨量測站 214 處，其中重要者詳列於表 3。然而，大多於二戰時遭美軍炸毀。

圖南飛石　客貨先行

　　當飛行場站及測候所在全島各地建設完成後，台灣民用航空系統已準備就緒。1936 年 10 月，日本航空輸送首開台北—那霸—福岡定期航線，空運實績為每年 1,300 餘航次，載客 8,000 餘人次，載貨 200 餘噸，航空貨物以郵件、藥品為大宗。為有效推動南進政策，日本航空輸送更於 1939 年另闢台北—廣州線，1941 年開闢橫濱—淡水—曼谷飛行艇線。台拓財團更設置「航空旅館」株式會社接待旅客，可想見民航乘客多為日籍要員及政商巨賈，一般民眾鮮少有機會搭乘票價昂貴的民航機渡航海外。然而，在 1938 年 12 月 8 日，卻發生了台灣航空史上首次空難。是日，大日本航空的中島 AT-2「富士號」（註冊機號 J-BBOH）

5　位於台中州大甲郡沙鹿街公館。

6　位於台南州新豐郡永寧庄。1940 年，遷至永康飛行場。

7　編註：出張所意指離母機關遠處的分駐所。

表 3　日本在台灣本島與離島接管、新建之測候所及標高（公尺）

建置年代	測候所名稱	現況	現址	標高
1896 年	接管台北測候所	戰火摧毀	台北市公園路	6
1896 年	接管台中測候所	戰火摧毀	台中市精武路	84
1896 年	接管台南測候所	國定古蹟	台南市公園路	13
1896 年	接管恆春測候所	戰火摧毀	屏東縣恆春鎮天文路	22
1896 年	新建澎湖測候所	戰火摧毀	澎湖縣馬公鎮新興路	9
1900 年	新建台東測候所	戰火摧毀	台東縣台東市大同路	9
1921 年	新建花蓮港測候所	戰火摧毀	花蓮縣花蓮市花崗街	18
1931 年	新建高雄海洋觀測所 *	戰火摧毀	高雄市海豐三巷	29
1933 年	新建阿里山高山觀測所	縣定古蹟	嘉義縣吳鳳鄉中正村	2,406
1935 年	新建宜蘭測候所	歷史殘蹟	宜蘭縣宜蘭市力行街	7
1935 年	新建彭佳嶼測候所	歷史殘蹟	基隆市中正區彭佳嶼	99
1937 年	新建鞍部測候所	戰火摧毀	台北市陽明山竹子湖路	836
1937 年	新建竹子湖測候所	戰火摧毀	台北市陽明山竹子湖路	605
1937 年	新建大屯山測候出張所	戰火摧毀	台北市大屯山二子坪	1,098
1937 年	接管東沙島測候所	戰火摧毀	高雄市旗津區東沙島	10
1938 年	新建新竹測候所	歷史殘蹟	新竹市南大路新竹公園	33
1939 年	新建紅頭測嶼候所	歷史殘蹟	台東縣蘭嶼鄉紅頭村	323
1940 年	新建新港測候出張所	戰火摧毀	台東縣成功鎮公民路	33
1940 年	新建大武測候出張所	戰火摧毀	台東縣大武鄉大武街	8
1940 年	新建金六結觀測站	戰火摧毀	宜蘭縣宜蘭市金六結	10
1940 年	新建永康觀測站	戰火摧毀	台南市永康區鹽行	11
1941 年	新建新南測候所	戰火摧毀	高雄市旗津區太平島	2
1941 年	新建日月潭測候所	戰火摧毀	南投縣魚池鄉水社	1,015
1942 年	淡水飛行場測候出張所	市定古蹟	新北市淡水區鼻頭街	19
1943 年	新建新高山測候所	戰火摧毀	南投縣信義鄉東埔村	3,850
1944 年	新建西沙島測候所	戰火摧毀	西沙群島永興島	3

註：* 高雄海洋氣象觀測所於 1933 年擴展為高雄測候所。
　　其它民用飛行場站均設測候出張所，包括台北（松山）、台中（公館）、台南（永寧、永康）、屏東（六塊厝）、台東（利家）、花蓮港北（北埔）、馬公（馬公）等，二戰結束前悉遭美軍摧毀。

（鍾堅製表）

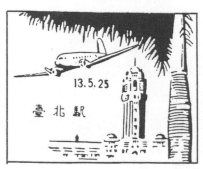

1932 年 3 月台北驛圓戳，與 1938 年 5 月台北驛方戳，圓戳以大屯山為背景，方戳以日本航空輸送美製道格拉斯 DC-2 富士號民航機為背景，2 枚戳記均有台灣總督府為地標。（許俊男提供）

自台北飛往沖繩途中，因機械問題於 09:37 在慶良間群島附近墜海，全機 16 人中組員 4 名及乘客 10 員當場死亡。

　　島內航線則是貨運先行，客運隨後。1936 年 8 月，日本航空輸送首開台北—台中—屏東西線貨運業，隔年底再闢台北—宜蘭—花蓮港的東線貨運。試航後 1 個月，正式開辦全程 760 公里的環島航空客運航線，經由台北—台中—屏東—台東—花蓮港—宜蘭—台北。隔年台南民航站啟用後，即加入環島航線。離島航空客運線，也開闢台南—馬公線。島內航線載客為主、運貨為輔，全年客、貨運實績為每年 3,600 餘航次，載客 7,000 餘人，載貨 10 餘噸。第一起島內民航空難，也發生在 1938 年。該年 6 月 24 日，由台東經花蓮港飛往宜蘭的班機，因駕駛員疲勞過度，於宜蘭枕頭山附近墜毀，乘客 4 人及駕駛員全數罹難。

　　太平洋戰爭爆發後，淡水至曼谷間的飛行艇業務一度停頓。1943 年 9 月，戰火逐漸延燒至西太平洋，島內及聯外民航業務統由台灣軍司令部接管徵用。不過，台灣的民航業務無論就飛航經驗或飛機維修而言，皆居日本本土之外首屈一指地位。1944 年 1 月，三菱財團在永康民航站又成立了「大東亞航空」，專司維修外南洋、華南及台灣民航的業務。台灣民航與圖南飛石，真可謂名實相符。

南洋航道　東亞命脈

　　明、清兩朝在台灣的經營，靠海運與大陸維持聯繫。台灣既有之通航港口為基隆、淡水、安平及高雄，其他次要港口為後龍、梧棲、鹿港、東石及蘇澳。惜各港均缺專人管理，朝廷亦無築港大計，任由其淤塞荒廢。

　　日本取台後，特將台灣建設為南進基地，作為聯繫日本—華南，日本—外南洋間的轉運中繼站。港口建設及航運安全，當為總督府優先辦理事項。對外通商主要港口，北為基隆及淡水，南為安平及高雄。針對支那貿易徵稅，總督府指定新竹、後龍、梧棲、鹿港、東石、馬公、東港及蘇澳為對岸專設特別港。不對外開放的島內商港，則有布袋、北門、海口、大板埒（屏東南灣）、卑南及新港。

　　基隆港自 1899 年起的 45 年間，實施了五期擴港工程，二戰結束前的內港碼頭，可旁靠萬噸級巨輪 31 艘，另有繫泊浮筒船席 10 處，外港錨區可泊商船 12 艘。全年進出港 2,500 餘艘次，貨運吞吐量達 300 餘萬載重噸，為日本取台時期台灣第一大港。

　　高雄舊稱打狗，自 1904 年起，連續 40 年內實施四次大規模築港擴建工程。二戰結束前港區可靠泊萬噸級商船 34 艘，年吞吐量達 100 餘萬噸。1942 年，總督府更擬定工程浩大的 25 年擴港計畫，興築 12 公里長的碼頭，預定可容納萬噸級巨輪 150 艘，年吞吐量可達 1,500 餘萬噸。港區最大的鐵路運輸站為高雄港站（今駁二藝術特區鼓山車站），可聯接台鐵，使貨物裝卸集散更為快捷。這個雄偉的擴港工程，將使高雄一躍成為大東亞第一巨港，惜日本敗亡，而未能實現。

　　較次要的築港工程，亦在全島各地展開。蘇澳港區擴建，於 1923 年竣工，港池水深 15 公尺，可泊萬噸級商船 4 艘；屏東海口築港，於 1928 年完工，可容百噸級商船避風。新港於 1932 年竣工，可泊漁輪 40 艘；馬公商港於 1940 年完工，可泊千噸級貨輪 4 艘。花蓮港於 1943 年擴建完成，可泊千噸級貨輪 3 艘。台中梧棲港擴港工程自 1939 年開工，二戰結束前僅完成卸貨場站設施，南北防波堤部分開工，港池浚渫才剛開始作業。環島的運輸，仍以陸運為主，海運為輔。

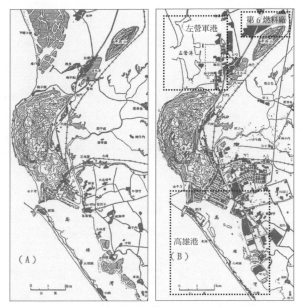

日本取台後，高雄要塞化 15 年間地貌的變化。（Ａ）1928 年高雄港初具規模，左營海岸尚為潟湖魚塭，半屏山腳為稻田；（Ｂ）1943 年高雄港擴大三倍，左營已闢為高雄要塞港，半屏山腳已建置海軍第 6 燃料廠。（台灣省政府）

　　台灣海岸外多淺灘與礁石，夏季有颱風，冬天則受東北季風吹襲，海峽風高浪急。日本在揚棄鎖國政策並實施門戶開放方略時，早已注意到海象資料和燈塔指引航路攸關航行安全。清代晚期，英商太古洋行包辦台灣聯外航運業務，就已委託香港天文台在淡水、基隆、安平、打狗、澎湖西嶼及南岬（鵝鑾鼻）等地，興建燈塔及助航設備，以利英國商船安全進出台灣周邊海域。

　　取台後，日本發現僅澎湖廳馬公支廳白沙庄北島（目斗嶼）外，就有 65 艘因觸礁擱淺的輪船殘骸。為了維護海上航行安全，總督府於 1896 年依 96 號敕令公佈《台灣總督府燈臺所官制》。日本除接收、整修英商棄置之燈塔，更加速在全島興築燈塔、燈桿及燈標等助航設備。其中光距達 15 浬以上之燈塔，就有 16 座（參見表 4）。另設有光距較短之燈塔 4 座，燈標 54 支，以利近岸夜暗航行，惜二戰結束前多遭美軍炸毀。

同一時期，輪船公司紛紛開辦台—日航線，爭相競食這塊南進市場大餅。其中的南日本汽船、日本郵船、日本通運、東亞海運、台灣海運、辰馬汽船、三井船舶及合同運輸等，均有班輪承攬台、日間的客貨運業務。戰前往來兩地的定期商船計 33 艘，總噸位計 15 萬載重噸，每年超過 300 餘航次。台—日航線不定期商船也有 19 艘，總噸位計 9 萬載重噸。此外，大阪汽船、大連汽船及山下汽船等公司，亦開辦台灣—支那航線，其他還有基隆—香港、高雄—上海—天津，高

表 4　台灣及離島指引海上航線主要燈塔

燈塔名稱	啟用年份	地點	指引海上航線	戰後狀態
漁翁島	1875 年	澎湖群島西側	進出澎湖西水道	大破
鵝鑾鼻	1883 年	台灣南岬	呂宋海峽航道	全毀
高雄港	1883 年	高雄市旗后山	進出高雄港	小破
淡水港	1888 年	淡水港北堤	進出淡水港	完好
鼻頭角	1897 年	基隆市瑞芳	台日航道	全毀
富貴角	1897 年	淡水郡石門庄	台朝航道	全毀
基隆港	1900 年	基隆港萬人堆鼻	進出基隆港	全毀
白沙岬	1901 年	中壢郡觀音庄	台灣海峽北航道	完好
北島	1902 年	澎湖群島目斗嶼	進出澎湖北水道	全毀
彭佳嶼	1909 年	基隆市彭佳嶼	台滬航道	全毀
花蓮港	1910 年	花蓮港廳米崙山	進出花蓮港	全毀
東吉嶼	1911 年	澎湖群島南側	進出澎湖南水道	小破
查母嶼	1913 年	澎湖群島東側	台灣海峽南航道	全毀
三仙台	1915 年	台東廳新港郡	東台灣近岸航道	完好
蘇澳港	1927 年	蘇澳港北方澳後山	進出蘇澳港	大破
火燒島	1939 年	台東廳火燒島中寮	東台灣近海航道	大破

註：另有 58 座燈塔、燈標的燈照程未達 15 浬或千支燭光，不列入表內；其中的佐佐木島（外傘頂洲）燈塔、台南北門燈塔及三貂角燈塔，二戰結束前均全毀於美軍轟炸。另漁翁島、鵝鑾鼻、高雄港、淡水港各地燈塔均為清光緒年間英商所建。

（鍾堅製表）

雄─大連─朝鮮及基隆─廈門等航線，使各地貨物商品互通有無。

　　台灣在日本的刻意經營下，南進外南洋的海上航線，當然是航旅建設的重點。1916年，台灣銀行集資設立的「大阪商船」首開高雄─馬尼拉─山打根─爪哇航線。三年後，台拓的開南航運會社另闢高雄─香港─海防─西貢─曼谷─新加坡航線。這兩條航線，東線經巴拉望水道，西線經南海水道，為日本通往外南洋的海上命脈，統稱外南洋航道。日本內地所缺的原油、礦砂、橡膠及木材，悉經由外南洋航道先運至台灣，加工後再轉運回日本，也是日本的海上生命線。由於台灣與南洋交往日益頻繁，「山下汽船」於1921年另闢基隆─香港─鴻基─海防航線；1938年，「國際通運」又增闢高雄─呂宋阿派里線，為軍事南侵預作準備。

　　台灣本島的環島航線，「台灣運輸」擁有3艘百噸級的貨輪和30艘機帆船，承攬客、貨定期及不定期航運業務。環島線經基隆、蘇澳、花蓮港、新港、卑南、大板埒、海口、東港、高雄、安平、北門、布袋、東石、馬公、北港、鹿港、梧棲、後龍、大安、淡水等港口，以補陸運之不足。二戰時，因美軍潛艦封鎖航道，所有國際航線全數癱瘓，唯一仍營運在航的，僅剩近岸航線。

　　至於軍港建設，日本也積極展開。海軍以艦船及飛機為主力，須有優良的港口與飛行場站作為基地，始能發揚並維繫戰力不墜。日本海軍基地概分5個等級，最高者為鎮守府（如橫須賀、吳港等），總司令長官編階為大將，次為警備府（如大湊），司令長官編階為中將。第三等為要港部（如馬公），司令官編階為少將，再次為根據地隊，司令編階為大佐，最低為基地隊，司令編階為中佐。海軍基地除負責近海戰備與港口防禦外，尚轄管岸上機關如航空廠、燃料廠、補給庫、守備隊、防空隊，基地亦設有港務、施設、經理、軍需、工作、建築等部門及醫院。

　　1901年，鑑於澎湖為天然的艦隊泊位，天皇以敕令140號，責付新設海軍馬公要港部於澎湖測天島，首任司令官為上村正之丞少將。惜馬公港既不能避颱風且又無腹地，孤懸海峽當中，所有軍需資材都靠海運進口，澎湖又無充足消防、撈救能量。1908年4月，泊港的4,000噸級一等巡洋艦松島號內艙彈藥庫爆炸，

瞬間沉沒於馬公港，殉職官兵超過 200 人。松島軍艦為日清甲午海戰之聯合艦隊旗艦，指揮聯合艦隊擊滅清國水師的北洋艦隊，進而導致台澎割讓予日本。戰勳彪炳的松島艦竟沉沒在戰利品的碼頭外，真是情何以堪。日本記取教訓，遂有在台灣本島另闢隱密專用軍港之倡議。

1922 年 4 月，裕仁皇太子奉旨，由御艦專送自基隆港登島，巡視台灣殖民績效。在總督府聽取海軍彙報後，指示在外諜密佈的基隆、淡水、高雄等商港以外，尋找隱密又靠山、有腹地、幅員廣、交通便捷之地，闢建排商的專屬軍港，以利太平洋戰爭的遂行。隨後，總督府奉旨在全島會勘，擇定岡山郡左營庄的萬丹潟湖魚塭闢建軍港。總督府在周圍援中港及桃子園徵地 500 甲為要塞地帶，依《要塞地帶法》強迫住民遷居至鄰近的內惟，基地範圍包括周邊半屏山、龜山（含部份舊城）與壽山。

1936 年起，海軍著手開闢、濬通左營萬丹潟湖為高雄要塞港，這使得左營、高雄兩港不單就軍、商用途來看，其戰略價值至為凸顯，同時更是日本經略外南洋和軍事南進的樞紐。

修橋鋪路　建設台灣

為了配合統治、方便軍運、繁榮經濟、便捷運輸，日本取台後即大力改善陸上交通，其中當以全島鐵路、公路聯網為建設目標。總督府授命台灣軍司令部工兵大隊全力協建鐵、公路，西部縱貫線基隆至高雄全程 400 公里的鐵路，及基隆至楓港全程 500 公里的公路，於 1925 年完工通車。

太平洋戰爭前夕，全島鐵路網含花蓮—台東幹線，竹南—台中海線，淡水、宜蘭、新店、集集、平溪、東港、枋寮等支線均修築完工。鐵路網全長 930 公里，鐵路客、貨運車站 230 處。沿線通過大小橋樑 1,400 餘座，最長者為西螺大橋。隧道 60 餘處，最長者為宜蘭草嶺隧道。

為了開發農林工礦產業，兼具理蕃及軍需功能，總督府更協助各財團修築輕

便軌道，遍佈全島，是為產業鐵路。產業鐵路以糖業鐵路為主，全長 3,100 餘公里，聯繫台糖、明糖、日糖及鹽水港製糖等 44 處糖廠和遍佈四處的蔗田。其次為森林鐵路，全長 300 餘公里，聯繫山地林區及平地木材場。著名者有玉山—阿里山林鐵、太平山—蘭陽林鐵，大甲溪林鐵及木瓜溪林鐵。另有工礦鐵路 140 公里，聯繫煤坑、金屬礦區和各地煉礦廠，尚有手押便車輕軌近百公里。

公路建設除了西部縱貫線外，尚建成台北—台東的東部縱貫線，台東—楓港的南迴線及六龜—關山的南部橫斷公路。總計全島鋪設一級路面 1,100 餘公里，其中 800 餘公里為路寬 14 公尺的高級柏油路面。另有縣道 1,500 餘公里，鄉道 14,000 餘公里。

島內交通，客、貨運仍以鐵路運輸為主、公路為輔。戰前台鐵貨運每日運量 4 萬餘噸，鐵路貨車車皮平均日行 74 公里，載貨平均 2 日半週轉一輪。鐵路客運每日承載 17 萬餘人次，平均每人日行 31 公里。產業鐵路除承載農林工礦產品外，另兼辦、客貨運業務，唯承載量不大。戰前產業鐵路平均每日承運 5,400 餘位旅客及 1,000 餘噸雜貨。

公路客、貨運，戰前最佳業績為每日承載 11 萬餘人次及貨物 9,000 餘噸。與獨佔事業台鐵相左，公路客、貨運由財團各自經營，登記在案之運輸公司行號，全盛時客運業有 142 家，貨運業 351 家。戰時客、貨業務遭總督府兼併徵用，僅餘民營客運業 23 家、貨運業 7 家。運輸用車輛，1942 年全盛時，客運汽車有 1,200 餘輛，貨運汽車有 800 餘輛。

除了客、貨運汽車外，公路上還有私人汽車、電單車、腳踏車、人力車及獸力車行走。1942 年戰爭初啟，島內商業活動繁盛，當年登記的自用汽車有 800 餘輛，機車 700 餘台，腳踏車最為普及，有 40 餘萬台，另有牛車 13 萬餘台，縱橫在城鄉間的道路上。

陸路運輸，在戰時亦遭日軍徵用。台鐵由台灣軍接管，撥交台灣鐵道司令部指揮；客、貨運車輛亦被動員徵用，就地編組為自動車中隊；自用車、人力車及獸力車的車主，亦遭強逼編成「挺身報國隊」，協助日軍移防及運載軍品。這些

陸運工具，當然也就成為美軍炸射的移動目標。

第三章

武運長久
——不沉空母

（**1917 年至 1945 年**）

　　明治維新一統皇權後，天皇的統帥機構兵部省晉名為大本營（相當於參謀本部）後，分設陸軍與海軍兩支互不隸屬的武裝力量。兩個軍種瑜亮情節，致使相互間爭權奪利，軍種間的聯合作戰從未認真體現，就連協同合作都有問題。在台始政時，最高權力機關的總督府，下設民政、陸軍、海軍三個局，足證軍種間分庭抗禮至為彰顯。及至 20 世紀初，航空兵力的崛起，陸軍與海軍均不願見大本營內設置第三個獨立的新軍種把建軍經費瓜分稀釋，故兩個軍種各自成立專屬的航空部隊互別苗頭。

　　1917 年夏，陸軍航空部隊開始進駐台灣，將台灣軍備帶入三度空間作戰的紀元。在台灣總督歷經九任文官後，於 1936 年重新派任軍人出身的小林躋造備役海軍大將[1]，赴台接第十七任總督。小林總督到任後，隨即發布治台三大基本方針：南進基地化、百姓皇民化、全島工業化。既然要將台灣建為南進基地，揮軍進出外南洋，台灣勢必得加強航空基地整備，使其成為不沉的航空母艦（空母）。

　　依日本軍國主義指導原則，無論是北進（奪取蘇聯），西進（占領支那全境）或南進（攻掠外南洋），台灣都是理想的航空部隊訓練、整備、轉場基地。因此，日軍航空部隊派出海外作戰前，均先移防台灣整訓，再轉赴戰區執行任務。太平

1　編註：任期 1936 年 9 月 2 日至 1940 年 11 月 27 日。

洋戰爭期間，日軍在台灣本島及離島所興建之飛行基地、飛行場、飛行跑道及水上飛機設施，多達 67 處。飛行場站密度之高，堪稱全球之冠，不失為一座不沉的航空母艦。

　　日軍為支援南進，並有效維護航空部隊整訓，海軍於 1941 年在岡山成立第 61 航空廠。該廠在太平洋戰爭期間被盟軍標定為「日本本土以外最重要的軍事目標」。因此，在戰爭末期外南洋的原油因航運遭阻絕切斷，無法回運日本時，日軍就從台灣蔗糖副產品中，提煉酒精轉化成代用航空燃料。產量不但自給自足，還可運回日本內地以供本土決戰耗用，期使武運長久，天皇萬歲。

航空部隊　移駐台灣

　　20 世紀初日本航空用兵思想，海、陸軍是天差地別。陸軍在於支援駐地之上級陸軍地面作戰及防空攔截為主，海軍在於支援聯合艦隊機動決戰及持久制空作戰為要。用兵思想直接影響到裝備性能的需求和設計。因此，陸軍為求空中迅速殲滅地面來犯敵軍，均使用短程戰鬥機與中程轟炸機。海軍則因艦隊航行快速，無論戰鬥機或轟炸機的續航力要求，均遠較陸軍同型機高出許多。陸軍於 1914 年首度編成臨時航空隊，正式邁入航空時代，適時參加第一次世界大戰，飛赴青島支援日德戰爭的攻勢作戰。

　　台灣地處亞熱帶，與日本氣候截然不同。要在外南洋及華南執行航空作戰之前，台灣實為理想的訓練場所。為了研究熱帶飛行與維修、補給特性，陸軍於 1917 年 7 月派遣有川大佐為「耐熱飛行訓練班」班長，率所澤陸軍航空隊戰鬥機 4 架進駐台北州台北市馬場町練兵場，是為陸軍航空部隊首次飛航於台灣空域。有川大佐在台灣執行耐熱飛行 147 架次，遍及本島各州廳、山地、離島及海岸，獲得珍貴的飛航經驗與資料，替爾後台灣遍設飛行場站、進駐大批航空部隊定下基礎。

　　海軍航空部隊建置較陸軍還要早一年。1913 年，海軍若宮號水上飛機母艦

成立飛機小隊，轄 4 架水上偵察機（水偵），是為帝國海軍航空部隊建置之肇始。初次來台澎的海軍飛機，遲至 1921 年 3 月 18 日，由馬公軍港泊位的春日號一等巡洋艦配屬之橫須賀海軍工廠製甲式水偵，吊放至港池的水上飛機滑行區起飛。同年 5 月 14 日，海軍佐世保航空隊（佐世保空）水偵 3 架，編隊試航佐世保—鹿兒島—與那國—基隆的長程航線，雖然途中遇颱風，但幾經波折，終告成功。

　　1924 年起，第 3 海軍區（轄管朝鮮、沖繩及台灣）的海軍航空運補、聯絡任務，由大村航空隊（大村空）負責。日本第一艘鳳翔號輕型航艦（也是全球首艘完工的航艦）於 1922 年成軍後，經常靠泊馬公軍港。總督府還在軍港外馬公街的前寮庄闢建馬公飛行跑道，以容納鳳翔號 20 架艦載機暫駐島上，方便航艦騰出飛行甲板作維修整補。

　　海軍也在基隆、高雄港池，闢建水上飛機、飛行艇滑行區及航站設施，以利航空器的定期起降。例如海軍於 1933 年 6 月，在高雄港苓雅寮設置水上飛機、飛行艇碼頭，港池闢建滑行區。唯諱於岸陸聯外進出不易保密，飛行艇碼頭在商港過於曝露，遭商船外籍海員及潛伏外諜窺探，故 1936 年 9 月左營軍港開工後，另在軍港港池闢建水偵、飛行艇碼頭與滑行區；苓雅寮的水上飛機碼頭即廢止，讓售予「日本鋁業」。

　　取台初期最頭痛的問題是管理桀驁不馴的台灣原住民，陸軍有川大佐率機呼嘯低飛掠過高雄州屏東郡蕃地之際，使得眾多不肯歸順天皇的排灣族原住民極度驚嚇，紛紛繳械投降。總督府見此意外收穫，遂興起以飛機「理蕃」的計畫。1919 年，總督府警察總署大津麟平總署長授命，籌劃警察航空班之開設，訂定規章航務；有關航警業務，歸警務局理蕃課掌管。飛行練習生由警官中遴選，機械維修練習生由民間招募。前者送日本所澤陸軍航空學校接受飛訓，後者送所澤陸軍補給支部學習整備。隔年 2 月，飛行員及機械士完訓，駕偵察機 4 架返台，在台北市馬場町練兵場複訓。

　　總督府警察航空班基地選定高雄州屏東街六塊厝，徵地 200 甲興建屏東飛行基地，以利就近對排灣族進行威嚇飛航、偵巡炸射，這是日本首度以航空兵力用

於理蕃。總督府警察航空班平時亦擔任中央山脈之橫斷飛航、後山花蓮港—台東間的聯絡，間或提供空中郵遞服務。也許是因警察航空班訓練不夠踏實，成立伊始即失事連連。1920 年 10 月 4 日，二等操縱士遠藤市郎駕機在台中州東勢郡三藩界上空投彈鎮壓泰雅族時，因機械故障墜入林中，當場殞命！次年 5 月 29 日，航空班特務曹長依田忠明也駕機失事，人機失蹤。1926 年 2 月 15 日，一等操縱士千支四郎所駕駛之中島製乙式一型陸上偵察機（陸偵），遇亂流墜地於鹿港飛行場外，機毀人亡。

　　1925 年，陸軍新編成 5 個飛行聯隊（飛聯），其中第 8 飛行聯隊（8 飛聯）於該年 2 月 19 日正式進駐屏東基地，展開熱帶飛行訓練，兼負台灣防空和理蕃清剿的支援任務，由台灣軍司令部對 8 飛聯遂行本島要域空防的作戰管制。首任聯隊長為山崎甚八郎大佐。總督府霉運當頭的警察航空班遂遭廢除，裝備與人員被併編於 8 飛聯內。1930 年 10 月，霧社事件爆發，134 名日本官民遭賽德克族砍死。8 飛聯迅速調遣中島製甲四式戰鬥機，轉場至埔里飛行跑道，就近炸射賽德克族抗日志士。在為期 3 週的「剿蕃」戰役中，8 飛聯投擲了 800 枚炸彈及燃燒彈，賽德克族人陣亡近 500 人。霧社事件後，昭和天皇敕令將台灣原住民蕃族改稱典雅之「高砂族」，以示尊重，理蕃政策大轉彎，採共榮共存的措施。

　　海軍在陸軍之後，也開始發展航空戰力。1927 年，海軍省編成航空本部，戰術基本單位是航空隊，有水上艦航空隊（艦載）及地上基地航空隊（陸基）兩類。水上艦航空隊由航艦鳳翔號及赤城號艦載機編成 2 個水上艦航空隊，地上基地航空隊以駐地命名，轄佐世保空與大村空等 7 個地上基地航空隊。航空隊隊部下設飛行、通信、內務、主計、軍醫各科及氣象、情報班。轄管 3 至 6 個飛行隊，每個飛行隊有 3 個 4 機小隊，小隊的 4 機則編為 2 個 2 機區隊，2 機的編制為一攻一守。航空隊所轄管之飛行隊連同預備機，約有 40 至 80 架實用機。海軍全部 9 個航空隊，統由聯合艦隊督導，連同獨立飛行隊，總兵力規模含飛機近 500 架。

　　同一期間，陸軍航空部隊考量通訊能力與指揮幅度，以 2 至 4 個飛聯編成 1 個飛行團（飛團），飛團為戰術基本單位，相當於海軍的航空隊。飛團兼管地勤

的飛行場大隊，具有完整的飛行、補給、保修、通信、內務、主計、軍醫及氣象測報能力。戰鬥機的飛聯下轄 3 個飛行中隊（飛中），連同預備機約有 40 架實用機，然偵察、爆擊與運輸等飛聯的編制略小，沒有一攻一守的概念，飛中轄 3 個區隊，陸軍的飛聯轄 2 到 3 個飛中，連同備用機，爆擊機的飛聯實用機約 20 至 30 架，專責偵察與運輸的飛聯則更少。

　　1935 年底，陸軍增編各類飛聯總數達 12 個，連同獨立飛中，總計有 49 個飛中，實用機超過 500 架。陸軍飛機的修護與補給，分屬本土第 1 航空軍區內近衛部隊的第 1 飛行團（1 飛團，駐東京）、朝鮮第 2 航空軍區內朝鮮軍的第 2 飛行團（2 飛團，駐平壤）、台灣第 3 航空軍區內台灣軍的第 3 飛行團（3 飛團，駐屏東）、滿州第 4 航空軍區內關東軍的第 4 飛行團（4 飛團，駐新京），統由陸軍省的航空兵團司令部督導，首任兵團長[2]為德川好敏中將。

　　陸、海軍非常重視飛行人才培養，除了讓選擇飛行專長的士官、下士官進入飛行學校或練習航空隊受訓成為空勤人員之外，也透過少年飛行兵（陸軍）、飛行預科練習生（海軍）制度招考具備高等小學校卒業以上或中學校程度學歷的十幾歲青少年，施以基礎軍事教育之後，再送往各專長學校訓練成為基層飛行兵。

　　陸、海軍航空部隊高層資深的飛行主官，有大佐、中佐、少佐等佐級帶隊官。飛機的空勤組員，由單座機的 1 人至編制組員多達 10 人以上的重型機不等，機長由尉級飛行軍官擔任，或由士官的海軍飛行兵曹長（飛曹長）及陸軍飛行准尉（飛准）負責。空勤組員另含士官等在內的海軍上等飛行兵曹（上飛曹）、一等飛行兵曹（一飛曹）與二等飛行兵曹（二飛曹）；陸軍則有飛行兵曹長（飛曹長）、飛行兵軍曹（飛軍曹）與飛行兵伍長（飛伍長）。空勤組員還有兵卒等級的陸、海軍通用之飛行兵長（飛兵長）、上等飛行兵（上飛兵）、一等飛行兵（一飛兵）與二等飛行兵（二飛兵）。日本在戰時完訓的飛行練習生，海軍有約 6.8

2　編註：1936 年 8 月 1 日成軍時設航空兵團長，後改稱臨時航空兵團司令長官，最後確定為航空兵團司令長官。

萬名，陸軍亦有約 3.4 萬名。

　　1935 年，日華緊張情勢升高，陸軍將台灣第 3 航空軍區內的 3 飛團司令部設於屏東基地，下轄 8 飛聯（屏東）及 14 飛聯（嘉義）。主力機種為川崎九五式戰鬥機及三菱九三式雙輕爆（雙發動機輕型轟炸機）。海軍則將陸基的第 1 聯合航空隊（1 聯空）司令部移駐台北飛行基地，下轄鹿屋空（台北）及木更津空（木更津），主力機種為三菱九六式陸攻（陸基攻擊機）35 架，九五式艦戰 14 架[3]。

飛行場站　密如蛛網

　　隨著日本軍用機陸續移駐台灣，原有的軍民兩用飛行場站已不敷使用。為了容納數百架陸、海軍飛機，台灣軍司令部依據島內地勢地貌、局部地面氣象及季風資料，陸續擇定 67 處場址設置飛行場站。19 處場址為第一類的飛行基地（陸軍 13、海軍 6）；25 處場址為第二類的次要飛行場（陸軍 14、海軍 11）；23 處為第三類的飛行跑道（陸軍 19、海軍 4），總計有陸軍 46 處、海軍 21 處。

　　第一類的飛行基地常駐負責地勤工作的飛行場大隊，具完整飛管、機務、修護、補保、防空、警備部隊，可容納 40 架以上常駐飛機。次要的第二類飛行場是縮小版的飛行基地，由飛行場中隊層級的地勤部隊留駐，可容納 20 架以下的常駐飛機。第三類的飛行跑道僅供飛機應急起降、停放疏散，臨時派駐有飛行場小隊層級的地勤部隊，提供有限的飛管、機務、修護、補保、防空設施。

　　雀屏中選的場址不論是私產或公產，一律以軍事用地名義徵收。每一處飛行基地，光開挖、回填、壓實每條飛機跑道，就需土石 3 萬立方公尺，而填補戰損

3　陸軍自 1927 年、海軍自 1929 年之後，開始採用成軍的皇紀年份之末兩位數作為飛機的命名編號，如九三式輕爆的九三，代表成軍年份為皇紀 2593 年（1933 年）。九六式陸攻的九六，成軍年份為皇紀 2596 年（1936 年）等，依次命名。

彈坑的戰備土方，則有 5 萬麻袋。這些，都是由台灣民眾血汗勞役辛苦構築而成。在戰時，飛行場站的新增、擴建及回填轟炸後的彈坑，均徵用場站周邊台灣居民編成的「勞務奉公團」服勞役，週末也動員高校學生參加修建。任一時段全島飛行場站的台工，均維持在萬人上下。在台灣航空戰兩階段期間，勞役更高達 1.7 萬人。附近若有戰俘營，則羈押的盟軍戰俘也遭驅役至飛行場站服勞役。例如在屏東戰俘營[4]，盟軍戰俘經常被運載至屏東基地，回填遭美機轟炸的彈坑。

　　台澎地區的飛行場站建置，是根據戰爭期程與戰火延燒分批完成。首期為中日戰爭爆發前完成建置，二期為中日戰爭爆發後迄太平洋戰爭爆發前的四年多完成建置，三期為太平洋戰爭爆發後迄台灣航空戰開戰前的兩年多完成建置，末期為台灣航空戰後迄二戰結束前的一年內建置完成。

　　首期在中日戰爭爆發前已完成建置的飛行場站共 13 處，依施工先後為：

（一）陸軍台北（南）飛行場

（二）陸軍鹿港飛行場

（三）陸軍屏東飛行基地

（四）陸軍台東飛行基地

（五）陸軍花蓮港（北）飛行基地

（六）海軍馬公飛行跑道

（七）陸軍埔里飛行跑道

（八）陸軍台北飛行基地

（九）陸軍嘉義飛行基地

（十）陸軍宜蘭飛行基地

（十一）海軍台中飛行基地

（十二）海軍豬母水飛行場

4　1942 年 8 月 2 日開設，1945 年 3 月 15 日關閉。

（十三）海軍台南飛行基地

　　上揭首期興建的 13 處飛行場站，不久遭逢中日開戰，恰好提供日機自台灣出擊中國大陸。在二戰結束前這些飛行場站均不斷擴充，以應戰時需求。期間設備最完善的飛行場站，首推陸軍屏東基地，戰時向北的崇蘭庄隼町方面大幅擴建，佔地 229 甲，新舊飛行場站有滑行道相連，於 1944 年 10 月台灣航空戰開打前擴建完工。另一為戰時台東飛行場，大幅向南擴建至台東廳台東街旭村，佔地總計 255 甲，1944 年 6 月擴建完工，成為陸軍台東飛行基地，其中北端的首期台東飛行場則交予海軍使用。

　　第二期在中日戰爭爆發後，迄太平洋戰爭爆發前的四年多加快完成建置之飛行場站共 10 處，依施工先後為：

（一）海軍東沙飛行跑道

（二）海軍高雄飛行基地

（三）海軍永康飛行場

（四）陸軍台中（西屯）飛行基地

（五）海軍東港水上機基地

（六）陸軍佳冬飛行場

（七）陸軍潮州飛行基地

（八）海軍淡水水上機飛行場

（九）陸軍恆春飛行基地

（十）海軍新竹飛行基地

　　上揭二期興建的 10 處飛行場站，7 處設於南台灣，為出征外南洋的菲律賓、印支半島與荷屬東印度（日語為蘭印，戰後獨立為印尼）預作準備。期間設備最完善的飛行場站，當屬海軍高雄基地。位於高雄岡山的飛行基地早於 1928 年開

工，含主跑道 4 條，滑行道 6 條，佔地 252 甲，棚廠及機堡可容納 300 架各型飛機。首期連同二期共 23 處飛行場站，在二戰結束前均不斷擴充，以應戰時需求。

　　第三期在太平洋戰爭爆發後迄台灣航空戰前，因戰火逐漸逼近，兩年多期間完成建置的飛行場站高達 25 處，依施工先後為：

（一）陸軍小港飛行基地

（二）陸軍花蓮港（南）飛行場

（三）海軍歸仁飛行場

（四）陸軍宜蘭（西）飛行跑道

（五）海軍左營大要地應急飛行跑道

（六）海軍紅毛飛行場

（七）海軍後龍飛行場

（八）海軍大崗山飛行場

（九）海軍虎尾飛行基地

（十）陸軍桃園飛行場

（十一）陸軍里港（南）飛行跑道

（十二）陸軍上大和（南）飛行跑道

（十三）陸軍金包里飛行跑道

（十四）陸軍樹林口飛行場

（十五）海軍麻豆飛行場

（十六）海軍仁德飛行場

（十七）陸軍里港（北）飛行場

（十八）陸軍鳳山飛行場

（十九）陸軍台中（東）飛行跑道

（二十）陸軍大肚山飛行場

（二十一）海軍二林飛行場

（二十二）陸軍八塊飛行場

（二十三）陸軍彰化飛行基地

（二十四）陸軍草屯飛行場

（二十五）陸軍北港飛行基地

　　上揭前三期累計興建的 48 處飛行場站，有兩處分別設於南台灣的飛行場站，於第三期陸續擴建為海軍集約式航空要塞，以防範盟軍自太平洋方面西進攻擊。一為位於台南市南郊的海軍台南基地，早於 1937 年 6 月完工暫作島內民航站，後歸海軍專用並擴建。該基地 1940 年 1 月擴建竣工，佔地 53 甲，含主跑道 4 條，大型棚廠 7 座，機堡 39 座，可容納各型飛機 150 架。另一為第三期新建最完善的飛行場站，當屬位於台南市南郊的海軍歸仁飛行場，徵地廣達 155 甲，東西向主跑道長 2,300 公尺，南北向副跑道長 1,800 公尺。

　　末期在台灣航空戰後迄二戰結束前的一年內，應急建置完成的飛行場站共 19 處，依施工先後為：

（一）陸軍北斗飛行基地

（二）海軍岡山（東）飛行跑道

（三）陸軍上大和（北）飛行跑道

（四）陸軍池上飛行跑道

（五）陸軍龍潭飛行場

（六）陸軍鹽水飛行場

（七）陸軍新化飛行跑道

（八）陸軍平頂山飛行跑道

（九）陸軍新社飛行場

（十）陸軍龍潭（西）飛行跑道

（十一）陸軍湖口飛行跑道

（十二）陸軍苗栗飛行跑道

（十三）陸軍卓蘭飛行跑道

（十四）海軍大林飛行場

（十五）陸軍白河飛行跑道

（十六）陸軍旗山（北）飛行跑道

（十七）陸軍小港（東）飛行跑道

（十八）陸軍潮州（東）飛行跑道

（十九）陸軍紅頭嶼飛行跑道

　　末期擴建的全島最大航空要塞，是陸軍宜蘭飛行基地向南擴建至宜蘭市南町區，佔地 325 甲，新舊飛行場站有滑行道相連，於台灣航空戰之後的 1944 年 11 月完工。末期興建的 19 處飛行場站，近八成為工期不到一個月的臨時飛行跑道。這是因日軍大本營鑑於航空決戰敗北後，另啟動絕對國防圈內緣的「天號」作戰指導大綱，以飛機特攻衝撞敵艦，就需要大量應急飛行跑道以疏散出擊的特攻機，使每一飛行基地周圍均有供疏散用的飛行場與飛行跑道。這些急造的飛行跑道均有別於「經過整地的大草原」，而是有主跑道、滑行道與連絡道的雛形，常被誤認作偽機場或餌跑道。例如，此期間設置的東台灣上大和（北）與上大和（南）兩處飛行跑道，就是用於支援 15 浬外陸軍花蓮港市兩處飛行場站特攻機的疏散需求。

　　為了防止戰時盟軍空襲殲滅日軍航空兵力於地面，日軍在此期間將台灣本島與離島 67 處飛行場站周邊洞庫化，尤其在二戰結束前數百架特攻機移駐台灣，一旦疏散隱藏穩妥，推出竹製假餌機置入機堡陣列中，真偽莫辨，倒也讓盟軍在濫炸之後，搞不懂為何特攻機總是炸不完。

　　這 67 處飛行場站，均建置在平原與盆地中，以「航空要塞分散化」方式，編成 19 處航空要塞，每處要塞併編 2 至 5 個飛行場站集約合體成航空要塞。說得誇張些，飛機升空還沒有收好起落架，就已抵達下一個飛行場站。這些密如蛛

日本在台灣本島與離島建構之主要飛行基地、飛行場與飛行跑道分佈。（蔡懿亭繪）

網、遍佈全島的場站設施，不但有利於航空作戰，也令盟軍頭痛不已，再怎麼濫炸，總有十幾處飛行場站隔天就修復使用。隱藏在樹林村落中的特攻機，又推向跑道出擊。

　　日本在台所興建的軍用飛行場站，以台灣本島作戰地境劃分，可用後龍溪谷、曾文溪谷、中央山脈為界[5]，區分為北台灣（15 座）、中台灣（18 座）、南台灣（22 座）、東台灣及離島（12 座）四個作戰地境。這些軍用飛行場站的規模與當前的現況與位置圖，均列明於附錄三。

飛機自製　武運長存

　　日本在太平洋戰爭爆發後，當時的 4,000 架飛機分布面廣，北自阿拉斯加阿圖島起，南達澳洲屬地拉布爾，東抵中太平洋夏威夷群島邊陲的威克島，西佔緬甸全境，難免備多力分，因此加緊生產製造軍機以應付戰局。1944 年，是日本航空部隊最鼎盛的年份，陸、海軍共擁有近萬架現役飛機。即使在 1945 年 8 月戰爭結束時，日軍仍保有 3,000 架堪用軍機備戰。戰時飛機的生產數，1942 年為 9,000 架，1943 年為 16,000 架，1944 年為 25,000 架，1945 年頭 7 個月為 10,000 架，連同戰前現役機 4,000 架，累計總生產量 64,000 架，培訓了 10 萬餘名空勤組員開飛機。戰時平均月產飛機近 1,400 架，然每月損耗卻高達 1,300 架。

　　日本內地知名的飛機製造商有立川、川西、川崎、三菱、中島、愛知等，論飛機製造的資本、技術、人力與經驗，當時屬世界頂級。陸軍航空部隊習於在內地、外地與對岸等陸地上飛行，支援陸軍地面作戰。陸軍為減輕負荷，委請民間飛機製造商生產所需，本身不生產，僅建置修護、補給能量。海軍則不然，艦載

5　編註：各作戰地境的界線分別是：後龍溪谷以北、中央山脈以西的北台灣；後龍溪谷以南、曾文溪谷以北、中央山脈以西的中台灣；曾文溪谷以南、中央山脈以西的南台灣；中央山脈以東的東台灣以及離島。

機隨時機動接戰，陸基航空部隊又遍佈內、外南洋，往往須決戰數千浬之外，故海軍具有「遠見」，自己獨立生產飛機。

1941 年 10 月起短短一年內，海軍在內地陸續設置 8 個航空廠。第 1 航空廠設於茨城縣霞浦，第 2 航空廠設於千葉縣木更津，第 11 航空廠設於廣島縣廣島市，第 21 航空廠設於長崎縣大村，第 22 航空廠設於鹿兒島縣鹿屋，第 31 航空廠設於大分縣大分，第 41 航空廠設於青森縣大湊，第 51 航空廠設於外地的朝鮮鎮海。

問題是如何將製造飛機所需的原料如鋁土自內南洋運返內地，以及如何安全地將新造機渡航至數千浬外的戰區。太平洋戰爭爆發後，戰線距日本內地愈來愈遠，補給線愈拉愈長。日本早有先見之明，無論南進或西進，台灣都是地理位置適中的樞紐，製造飛機所需之原料可自外南洋原產地，就近運至台灣加工，飛機的發動機、零附件、半成品可自內地運往台灣，就地組裝飛機，製作完成後就近送往南洋戰區。

1939 年起，海軍選定中島飛機財團，在高雄基地（現址為空軍官校、航技學院及第三後勤指揮部）旁承建海軍第 61 航空廠，1941 年啟用。飛機主結構鋁架所需之鋁錠，則由日本鋁業高雄工場直接供應。航空廠區佔地 380 甲，除小崗山洞庫疏散區外，航空廠本廠區有 42 棟廠房車間，約 10 萬建坪，戰時峰值產量曾達每月生產 200 架各型機。飛機成品初供台灣各海軍航空部隊用，太平洋戰爭爆發後，則由台灣完訓之空勤組員駕機赴外南洋戰區，連人帶機向前線海軍航空部隊報到。

隸屬海軍的 61 航空廠，轄官兵 12,600 餘人及從事勞務的台籍軍屬 4,000 餘人，首任廠長石黑廣助海軍少將，二戰結束時第四任廠長為桑美陸原海軍大佐。61 航空廠本廠區及新竹、東港分工場，均設有以下一級單位：發動機部、飛行機部、兵器部、整備部、補給部、總務部、會計部、工具養成所及病院。

為了防備盟軍空襲摧毀，自 1944 年初開始，61 航空廠大部分的生產車間及工場，陸續疏遷至 7 公里外的小崗山 3 座大型洞庫內。本廠至小崗山洞庫車間，

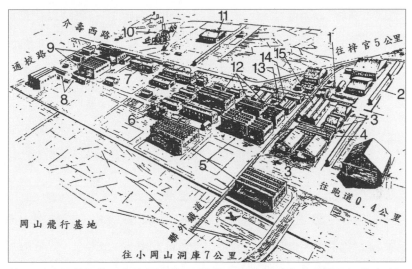

依照美軍偵照圖片繪製位於岡山的海軍第 61 航空廠對景圖，中島飛機承包的生產單元：1 物料加工場 2 進料棚 3 改裝場 4 機工場 5 裝配場 6 發動機測試場 7 行政區 8 鉗工場 9 生產車間 10 變電所 11 儲存庫 12 組裝場 13 熱軋場 14 塗漆場 15 冷軋場。（作者後製）

有輕便鐵軌沿著現今河華路、大莊路及嘉新東路相聯接。重要零附件及原料，均有足量備份存放於洞庫內。

　　61 廠被美軍視為日本本土以外最重要的軍事目標，戰時一再遭飽和轟炸，被夷平 33 次，而小崗山的山洞內新造機仍不斷出廠交機，不是渡航至外南洋作戰，就是留在島內擔任特攻任務。美軍每一次炸完，就有新造機出廠執行致命的特攻作戰，導致美軍誤以為 61 廠是堅固的地底工廠，也就一再轟炸迄二戰結束為止。

　　陸軍的第 5 野戰航空修理廠，早於 1935 年 8 月就在屏東基地設有屏東航空修理支廠。1937 年 5 月第 5 野戰航空修理廠自內地移駐台灣，轄官兵 5,500 餘人及從事勞務的台籍軍屬 1 萬餘人。該廠設有發動機、飛機、機械、儀電等修理工場，在台中水湳及花蓮港南埔另設有支廠，唯本廠與支廠僅提供陸軍飛機的修護、補給，無生產能量，只能拆零併修。

海、陸軍的航空廠與修理廠，讓駐防台澎的日軍軍機在戰時維持最佳的妥善率。即使面對戰時慘烈的轟炸下，陸軍妥善率仍能維持在 36% 以上，海軍在 61 廠支援下，妥善率更高達 82%，誠屬不易。這得歸因於日本武士道的篤行精神和屢敗屢戰、愈挫愈猛的武德所致。

航空燃料　自產自用

有飛機而沒燃油，再好的航空器也不過是一堆昂貴的廢品。一滴原油都冒不出來的日本，在二戰結束前因海上封鎖就面臨如此窘境。當時在台灣情勢同樣惡劣，戰時台灣新竹州的戰備油井，因恣意挖取幾近枯竭；戰時每月出油僅200 噸，杯水車薪，緩不濟急。轄有百架各型飛機的陸軍飛行團或海軍航空戰隊，如維持 60% 妥善率的戰鬥勤務，200 噸航空燃油僅夠運作 6 天爾。

面對龐大的作戰耗油，海軍率先在內地自行生產、儲備飛機的航空燃油與艦船用燃料油。太平洋戰爭爆發前，橫須賀鎮守府在神奈川縣大船市設置第 1 燃料廠；舞鶴鎮守府於三重縣四日市設置第 2 燃料廠；吳鎮守府於山口縣德山市設置第 3 燃料廠。佐世保鎮守府於福岡縣新原市設置第 4 燃料廠；外地的滿州旅順警備府於朝鮮平壤市設置第 5 燃料廠。然而，這些燃料廠，都距離戰場的外南洋太遠。

日軍為期太平洋戰爭爆發後在外南洋作戰的油料供應無缺，於 1942 年在左營楠梓徵地 300 甲，籌建第 6 燃料廠（6 燃廠，中油楠梓煉油總廠現址），啟用後屬高雄警備府作戰管制，設有蒸餾、裂解原油的工場及煉製油品車間。1944年 5 月建成開工投產，部份設施及油槽，就近隱藏在緊鄰的半屏山洞庫內。6 燃廠高雄本廠轄官兵 1,300 餘員及從事勞務的台籍軍屬 5,000 餘人，首任廠長別府良三海軍中將，戰爭結束時的末任廠長為小林淳海軍少將。

此外，6 燃廠於 1943 年在新竹州新竹市赤土崎庄徵地 200 甲，設立 6 燃廠之燃料合成分部，即新竹支廠（工研院光復院區、國立清華大學及中油新竹油庫

現址），由本廠分遣技勤官兵 300 餘員率台籍軍屬千餘人進駐，自穀物萃取丁醇作為動力燃料與溶劑。6 燃廠另在台中州大甲郡清水街設立化成分部，即新高支廠（現為軍備局 209 廠傘具製配所營區），研製特種用油，如飛機發動機化成機油。

日本掠奪歐洲列強既有之外南洋油田後，鑑於當地並無煉油廠，遂將原油運返距油田較近的高雄儲放和煉製油品。總督府再於高雄苓雅寮興建一座大型民間煉油所，並由「台灣倉庫」在田町（鼓山驛旁）興建高雄原油倉庫。連同原有的桃園、苗栗、嘉義油品煉製所，每個月可處理外南洋運抵的原油 3 萬噸，足供 3,000 架飛機使用。自煉油廠聯接南台灣各飛行場站的輸油管，亦分段鋪設完成，北台灣的海軍各飛行場站，台鐵的鐵道均有支線聯接至跑道，透過鐵路油罐車，可將航空燃油運至飛行場站地下油庫，貯存 2 個月份的戰備用油。

6 燃廠除供本島與離島海軍航空部隊自用外，還鋪設油管至左營軍港的壽山油庫，將艦船用的燃料油儲放，提供靠泊碼頭的軍艦直接加油。此外，距離外南洋戰地最近的煉油廠不在日本內地，而在 6 燃廠，故該廠煉製的航空燃油，也經由海運秘密送往外南洋戰地飛行場站。

其實，日本早在 1907 年就想到代用航空燃料。台灣盛產蔗糖，發酵後可得酒精，更可轉化成代用航空燃料。因此，在戰況不利時的 1944 年初開始，台灣就加緊生產代用航空燃油的酒精燃料，飛機照飛不誤。每榨取 10 噸的蔗糖，就可得 2 噸的副產品糖蜜。糖蜜經發酵後，可提煉高純度的無水乙醇半噸。1911 年，楠梓庄橋仔頭製糖所的酒精工場，試製 96 度的乙醇酒精成功，年產 5,000 噸，成效優良，爾後 17 座大型糖廠紛紛設立酒精工場。

台灣的酒精年產量，1915 年為 7,000 噸，1925 年為 23,000 噸，10 年後的 1935 年達峰值，為 51,000 噸。戰前所生產之乙醇，多用於醫藥與工業。1944 年初，戰火逼近台灣，乙醇全數轉用製配酒精燃料，每月近 5,000 噸的產量，可供 500 架飛機使用。即使在 1945 年頭 7 個月遭盟軍濫炸，也生產了近 19,000 噸酒精燃料。

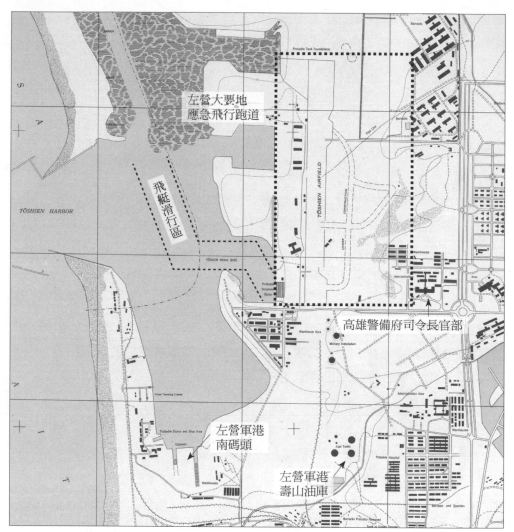

左營軍港南碼頭兩座船渠與右側 1 公里外的 3 座日遺壽山油庫，以及高雄警備府、左營大要地應急飛行跑道跑道位置圖。（AMS 地圖）

　　台灣各地的乙醇生產場所，在太平洋戰爭爆發後，每月平均生產酒精燃料數量，詳列於表 5。由表中可見酒精工場與糖廠集中在台灣西岸平原與花東縱谷，透過糖鐵與台鐵，可將酒精燃料迅速送達各飛行場站使用。從附錄三的飛行場站位置圖可看出，17 座酒精工場有 12 座設置於飛行場站周邊，44 座糖廠有 23 所設置於飛行場站附近。此外，後山的花東地區交通閉塞，故後山花東縱谷有 3 個糖廠設有酒精工場，所生產的酒精燃料，就近經由花東糖鐵與台鐵，供應後山花東區 6 座飛行場站耗用。

　　不過，酒精燃燒所產出的熱能，較航空燃油低，酒精比重又較燃油高，若僅用酒精取代航空燃油，須將飛機發動機化油器之浮筒加重、化油器噴嘴截面加大方可使用。由於各飛機製造廠商均表反對變更設計，日軍只得將酒精混入戰備貯存的航空燃油，以爭取更多油料維持戰力。

　　代用燃油的酒精混合燃料，採酒精與燃油 3：1 混合，E75 混合燃料的辛烷值略為降低，也間接造成了飛機馬力、航速、續航力等不足額定數的困擾。1944 年 10 月以後，6 燃廠遭盟軍持續轟炸，故駐台的陸、海軍訓練飛行，全數配用 E75 混合燃料。到了隔年初，連戰鬥任務也只能使用 E75 混合燃料。由於特攻機對馬力、航速及續航力要求都不高，只要能飛抵敵艦上空衝撞玉碎即可。因此，E75 混合燃料持續使用到二戰結束為止。

　　台灣各糖廠生產之酒精，除了供應本島航空作戰外，往年累積的酒精戰備存量，悉由海軍高速運輸艦（日本稱一等輸送艦）裝載，伺機以 20 節航速突破盟軍的海空封鎖馳返內地。日本的本土決戰，部分特攻機的任務，也使用台灣酒精調製的 E75 混合燃料。這一窮則變、變則通的創舉，盟軍當然不會放過。台灣所有的糖廠及酒精工場[6]，一律視同軍事目標，戰時悉數遭美機濫炸！

6　另有以下 27 座糖廠未設酒精工場，唯將所產糖蜜經糖鐵送達附近酒精工場，集中發酵生產酒精燃料。分別是：台北（萬華）、竹南（苗栗竹南）、苗栗（苗栗市）、沙鹿（台中沙鹿）、月眉（后里）、潭子（豐原）、台中（台中市）、烏日（烏日）、彰化（彰化和美）、源成農場（彰化二林）、溪州（彰化溪州）、埔裏社（南投埔里）、南投（南投市）、

表 5　戰時台灣酒精燃料生產工場每月產量

酒精工場所屬糖廠	投資財團	設置地點	每月產量
新竹製糖所	大日本製糖	新竹州新竹市錦町	130 噸
溪湖製糖所	明治製糖	台中州員林郡溪湖庄	280 噸
虎尾製糖所	日糖興業	台南州虎尾郡虎尾庄	180 噸
大林製糖所	大日本製糖	台南州嘉義郡大林街	330 噸
蒜頭製糖所	明治製糖	台南州東石郡六腳庄	450 噸
南靖製糖所	明治製糖	台南州嘉義郡水上庄	450 噸
新營製糖所	鹽水港製糖	台南州新營郡新營街	200 噸
灣裡製糖所	台灣製糖	台南州曾文郡善化庄	460 噸
總爺製糖所	明治製糖	台南州曾文郡下營庄	460 噸
橋仔頭製糖所	台灣製糖	高雄州岡山郡楠梓庄	550 噸
後壁林製糖所	台灣製糖	高雄州鳳山郡小港庄	170 噸
阿猴製糖所	台灣製糖	高雄州屏東市千歲町	430 噸
恆春製糖所	台灣製糖	高雄州恆春郡恆春街	150 噸
二結製糖所	大日本製糖	台北州羅東郡羅東街	150 噸
花蓮製糖所壽工場	鹽水港製糖	花蓮港廳花蓮郡壽庄	180 噸
花蓮製糖所大和工場	鹽水港製糖	花蓮港廳鳳林郡瑞穗庄	190 噸
台東製糖所	明治製糖	台東廳台東街馬蘭	170 噸
每月合計生產總量（噸）			4,930 噸
註：在二戰結束前半年的每月酒精燃料平均生產總量仍能維持在 2,700 噸。			

（鍾堅製表）

斗六（雲林斗六）、龍巖（雲林褒忠）、北港（嘉義北港）、烏樹林（台南後壁）、岸內（台南新營）、蕭壠（台南佳里）、玉井（台南玉井）、三崁店（台南永康）、車路墘（台南仁德）、旗尾（高雄旗山）、山仔頂（高雄大寮）、東港（屏東南州）、馬蘭（台東卑南）、都蘭新東（台東都蘭）。

第四章

東亞共榮
——自台出擊

（1935 年至 1943 年）

　　明治維新後，日本有感於島國國土狹小、人口稠密、民生資源匱乏，因此如何安定內地民生以延續國家生存，向來是明治以後歷任天皇的基本國策。不論是外交政策或經濟政策，日本對外掠奪資源是其一脈相傳、從不改變的方略。在奪取台澎、朝鮮、滿州後，下一個目標自然就是中國全境及外南洋各地。

　　台灣位於大東亞共榮圈的地理權重中心，無論是向東、南或西進，駐防在「不沉空母」台灣各飛行場站的日軍航空部隊，對戰局均舉足輕重。1937 年 7 月 7 日，中日戰爭伊始，海軍鹿屋空於 8 月自台北基地出擊杭州，由於過分輕敵，於八一四筧橋空戰遭我空軍奮力迎擊，折翼而歸。事後日軍傾全力以機海搏擊，消耗我國成軍未久的空軍戰力，遂得以掌握在華制空優勢。

　　中日開戰後，駐台日軍航空部隊來回穿梭於台灣海峽，執行華南轟炸、支援杭州灣登陸、掩護襲取廣州、汕頭、福州等戰役。不過，在空軍戰力持續衰退中，日軍仍然吃了不少苦頭。甚至陸、海軍的多位將領，在進出台海的飛行途中，也因失事、遭伏擊而喪命。

　　本著「建立大東亞新秩序、解放外南洋殖民統治」方略，日本發動「大東亞戰爭」之際，於奇襲珍珠港美軍太平洋艦隊的同時，也自台灣出動航空兵力南進，襲擊駐守菲律賓的美軍。海軍第 11 航空艦隊的飛機，由南台灣跨越呂宋海峽出擊，一舉擊潰美軍航空部隊。這一役也導致開戰後 7 個月內，血腥的太陽旗輕易遍插於外南洋各地。

三月亡華　台灣備戰

　　日本有計畫侵略中國的軍事行動，自 1931 年發動瀋陽事件後，採鯨吞蠶食、和戰交逼之政策逐步分解中華民國。該年 9 月 18 日，駐屯滿州的日本關東軍發動「九一八事變」，占領滿州各地。隔年 1 月 28 日，日軍再襲捲山海關與熱河。1935 年，日本逼國民政府撤離平津地區及河北省。1936 年，日本支那駐屯軍配合蒙軍進犯綏東，與國軍在百靈廟激戰。

　　日本深切了解到現代化空戰之重要，所以大幅增加航空兵力，確立有關航空作戰之指揮管制，新編獨立之航空技術研究所。1936 年 8 月，陸軍已擴充至 13 個飛行聯隊，新設之航空兵團司令部，負責統籌各飛聯的飛機補充、修護、補給、保養。至於海軍，除了 7 個陸基航空隊外，更有輕型航艦鳳翔與正規航艦赤城、加賀、龍驤的 4 個艦載航空隊。陸、海軍總計各型戰機近 1,400 架，分別駐防在日本、朝鮮、滿州、華北、華中及台灣。

　　日本侵華行動日益明目張膽，愈來愈不掩飾其亡華之企圖。1937 年 7 月 7 日，日軍故意挑釁以致爆發「蘆溝橋事變」。日本支那駐屯軍砲擊河北宛平縣城，我政府東北軍系的吉星文團長率部還擊。東北軍堅決奮戰保疆衛土，出乎交戰雙方意料之外，就這樣揭開了我國八年抗戰的序幕。7 月 17 日，國民政府軍事委員會蔣委員長在廬山嚴正表示，犧牲未到最後關頭，絕不輕言犧牲，然最後關頭一到，舉國抗日，一定犧牲到底、抗戰到底，唯並未對日公開宣戰。

　　日本軍國主義挾「布國威於海外、建立大東亞新秩序」之侵華政略，指導「速決戰略、三月亡華」用兵原則。陸軍大臣杉山元大將在意料之外的七七事變後，將計就計向天皇提呈「三個月解決支那問題」的奏摺。日軍用兵三個月妄圖佔據全境，係指運用長江水系大動脈，先襲取出海口的淞滬地區，再快速溯江而上，數週內奔襲華中，2 個月內奪佔上游的四川與青康藏。中央穿心破斬後方，群龍無首的華北、華南及西北蒙疆，可在三個月內各個擊破、收編地方軍閥，清理戰場，建立親日的支那政權。

　　中日戰爭爆發之初，雙方的首戰，均視為主力決戰。8 月 13 日，駐屯上海日軍由江灣、閘北一帶進犯市區，開啟了淞滬會戰，妄圖一週之內奪取上海。當時，輕敵的日軍並沒有意識到中華民國已從軍閥割據、民生凋蔽的落後深淵中爬起，基本建設初上正軌，國內已面貌一新，抗日氛圍不可輕忽漠視。

　　另一方面，為加強空防，鞏固國防，我空軍初創伊始，於 1936 年編成 9 個飛行大隊，每個大隊的編制，相當於日本陸軍的飛行聯隊。空軍下轄 9 個驅逐中隊、9 個轟炸中隊、6 個偵察中隊、4 個運輸中隊、4 個獨立中隊及 3 個攻擊中隊，含各型戰機 314 架及運輸機 60 架。主力分佈在徐州、太原、西安、南京、杭州、廣德、南昌、漢口及廣州。各型飛機來自美、英、法、義、德、蘇等國，性能各異，維修保養困難，一遭戰損、戰耗就無法補充新機。當時國內無完整之航空工業，僅有南昌飛機裝配廠，負責組裝外購進口的飛機。限於軍購財力，開戰前空軍想要達到千架作戰飛機之長程建軍目標，實非易事。

　　七七事變之前，我國空軍正處於整合各路軍閥飛行部隊的尷尬期，力求避戰以免新播的建軍種子遭殲滅。有鑑於對日航空決戰勢不可免，空軍一方面利用廣大幅員迴避日軍挑釁，積極蓄養戰力以靜制動，另一方面則廣建機場並貯存油彈，以利開戰時主力部隊可自後方迅速前推，尋求有利契機，與日方展開航空主力決戰。空軍在華北、華中、華南、內陸及邊疆等戰略要津，共修建 140 座飛行場站，航空通聯之無線電台，則遍佈大江南北，空軍對日作戰之整備，在抗戰前已初具規模。

　　不過，日軍不僅挾 4：1 飛機數量上的優勢，更有主動選擇戰場，有效利用 4 艘航艦機動特性，可瞬時集中航空兵力。若再加上日軍飛機無論就製造技術或飛航特性，均較空軍使用雜牌機種優異，日軍憑此戰略優勢及戰術特色，難免過分輕敵，瞧不起我國空軍。事實上，中華民國空軍的確是機種繁多、來源複雜、商維艱難、妥善率低；唯一的憑藉，就是空軍飛行員的報國熱血與過人的膽識。

　　七七事變後，日軍大本營鑑於地面部隊要能迅速在淞滬地區推進，貫徹「三月亡華」指導，有賴制空權的掌握及有效的空對地支援，兩者缺一不可，故而將

航空作戰用兵的原則定為：一，海軍航空部隊負責華中制空作戰，遂行遠程戰略轟炸以削弱我國空軍後方儲備戰力，保持淞滬戰場局部空優，殲滅我國空軍第一線飛行部隊。二，陸軍航空部隊負責對地支援以及要地防空。

當時擔任台灣要域防空作戰者，為日本陸軍 3 飛團，團長偵賀忠治少將，所屬 8 飛聯之戰鬥 10 飛中，由中隊長安部勇雄大尉率九五式戰鬥機 12 架駐防屏東基地。擔任直接支援作戰者，由 3 飛團所屬 14 飛聯負責，下轄爆擊 11 飛中，由中隊長野中俊雄大尉率九三式輕爆 10 架駐防台北（南）飛行場，以及 14 飛聯爆擊 15 飛中，由聯隊長瀧昇中佐親率九三式輕爆 6 架駐防嘉義。由於淞滬會戰的戰場均在 3 飛團的作戰半徑外，且台灣本島及海峽對面的福建，當時並無我國空軍活動的跡象。故駐台陸軍航空部隊在開戰後並未直接參戰，僅留在駐地加強戰備，遂行自衛防空戰鬥。駐台日軍飛機直接參與淞滬會戰者，僅有鹿屋海軍航空隊（鹿屋空）。

7 月 13 日，大本營下令海軍艦載航空隊及陸基航空隊各型戰機 140 架備戰，由日本向上海戰區集中。其中挺進至台灣者，為加強兵力後的鹿屋空，轄九六式陸攻 18 架及九五式艦戰 14 架。經過近一個月的整補，九六式陸攻已完成台灣―上海遠程轟炸投彈之戰備，九五式艦戰之越海巡航掩護亦完訓領受戰備任務。

8 月 6 日，奉海軍軍令部命令，鹿屋空須於隔日移防台北並完成出擊準備。7 日凌晨，海軍第 1 聯合航空隊（1 聯空）司令戶塚道太郎大佐（海軍兵學校 38 期畢業），令全隊飛機由鹿屋飛行基地編隊升空，親率 32 架作戰飛機飛向台北基地。途中因遭遇惡劣氣候，編隊遭打散，改為單機跟蹤隊形，於終昏前始安抵台北。

聯合艦隊在華東沿岸配備，以 3 個艦隊中戰力最強的第 3 艦隊為主，除保護日僑在華權益外，也支援中日戰爭。鹿屋空在戰時，即受其作戰管制。7 月 29 日，第 3 艦隊策訂對華作戰計畫，其中淞滬會戰前期航空作戰之方針、兵力之運用、各部隊之行動規定，均予詳細律定。其戰術目標為：淞滬會戰開戰第一日即集中全部航空兵力，奇襲我國空軍，力求主力決戰，企圖一日之內全殲我空軍，爭取

先制勝利，掌握絕對制空權。

　　根據第 3 艦隊當時所獲之情報，我空軍在上海外圍之作戰部隊約有 17 個飛行中隊，為空軍戰力之半；而日本陸、海軍航空兵力直接投入淞滬戰區，就超過300 架。論數量就已經是我方的兩倍。8 月 3 日，鹿屋空受命，對華開戰時將由台灣發動先制攻擊，轟炸蚌埠、南京、廣德、句容、杭州、南昌之我空軍機場，期以突襲摧毀空軍主力於地面。8 月 13 日下午，我國航空委員會下達「空軍作戰命令第 1 號」，準備接戰。

　　8 月 13 日終昏，日軍由上海租界向江灣、閘北一帶發動攻擊，展開淞滬會戰，原先輕率認為一週之內就可完勝，卻萬萬沒料到國軍拼死抵抗，僅淞滬會戰就整整打了三個月。13 日深夜，為求先制攻擊，鹿屋空獲令於隔日全力奇襲南昌空軍基地，奇襲時力求隱密，妥善利用高空對流雲層為掩護，並徹底破壞南昌飛機裝配廠，毀我空軍再生命脈。

　　8 月 14 日早晨，東海海上有一個中度颱風，中心氣壓 960 毫巴，朝上海逼近；僅上海的風速就達每秒 22 公尺，鹿屋空各機隊均無法出擊。第 3 艦隊下令在天候未改善前，鹿屋空暫留台北基地，停止對南昌空襲。然而，淞滬會戰初啟，國軍完全無視於即將逼近之颱風，在狂風暴雨中頻頻出擊，奮勇殺敵；後方飛行部隊也轉場前推至上海附近，傾全力投入作戰。僅 8 月 14 日上午，國軍就出動三批 12 架次，炸射上海戰區內的日軍地面部隊及長江泊位的日軍艦艇。

　　眼見我空軍英勇殺敵，在暴風雨中以優異戰技炸射日軍，日軍第 3 艦隊不得不顧及顏面，不再等候天氣好轉，決心以可用之航空兵力，徹底破壞我空軍基地。中午時分，鹿屋空獲令再出擊，在日落之前改炸廣德與杭州空軍機場。

筧橋遺恨　戰力耗盡

　　鹿屋空於接獲戰令後，即開始加油掛彈，每架九六式陸攻外掛 2 枚二五番（250 公斤）炸彈，第 1 飛行隊長淺野少佐（淺野飛行隊）率 9 機襲廣德，第 2

飛行隊長新田少佐（新田飛行隊）另率 9 機襲杭州筧橋。至於九五艦戰，則擔任台北基地方圓 80 浬內的空中掩護與戰鬥巡航，也就是說 80 浬外的目標區，2 個飛行隊完全沒有戰機護航！當時台北基地為高雲、陰天，風速每秒 2 公尺，颱風中心位置在上海東方外海 120 浬處，向北北東緩慢進行，七級風暴風半徑 160 浬。杭州筧橋為亂雲乃至積雨雲、小雨，能見度不良，雲高 500 公尺以下；目標區日落時間 19:42，月落時間是隔天 02:00。8 月 14 日 14:50，鹿屋空的 18 架九六式陸攻分 2 批依序衝場起飛，在艦戰的護航下，編隊往北爬升，很快就隱沒在雨雲中。

鹿屋空於浙江溫州進入大陸，2 個飛行隊分頭奔襲廣德與杭州。然而，受到颱風影響，天候愈來愈差，在雲下目視飛行受豪雨干擾，新田飛行隊不得不改為小隊、甚至單機，以跟蹤隊形摸索向前。由於氣象太壞，在整個空襲廣德及杭州的任務中，18 架陸攻有 13 架自始至終無法與台灣基地保持無線電通聯。

同日，國軍第 4 驅逐大隊接獲作戰命令，由河南周家口移防至浙江筧橋航校基地，以確保上海戰區之制空優勢。13:00，大隊所屬各中隊分批升空，在陣風驟雨中飛向筧橋。當第 21、23 兩中隊 18 架霍克三型驅逐機（Hawk III），在風雨中剛飛抵筧橋航校機場落地，空襲警報就長鳴不已，只見南方雲堆裏突然鑽出 2 架雙發動機、雙尾翼的九六式陸攻，一路搖搖擺擺在狂風暴雨中衝向機場，時間是 18:30。

高志航大隊長匆匆率領所屬起飛升空攔截，顧不得是否已加油掛彈。在第 4 大隊霍克雙翼機前仆後繼忙著升空迎戰之際，新田飛行隊勉強維持著單機跟縱轟炸，有 6 架九六式陸攻完成對筧橋機場的機庫、油車、修理棚廠、停機坪投彈，造成若干損壞。其他 3 架根本找不到筧橋，只好冒著風雨回航。一小時後，淺野飛行隊在夜幕中也摸索到廣德機場，盲目投彈轟炸後亦返航。

之後，高志航率領 16 架緊急升空的霍克機，在雲隙中搜索日機蹤影，看到就打，一直纏鬥到油乾彈盡才返場落地。這一陣鍥而不捨、窮追猛打的攻擊，幾乎使沒有護航兵力伴隨的新田飛行隊全軍覆沒。高志航首先升空、首先遇敵、也

首開紀錄。高大隊長在風雨中接近日機時，因視線不良無法辨識是否為敵機，正猶疑著應否先開火射擊，日機已朝霍克機掃射過來！確認為九六式陸攻無誤後，高大隊長即從後方追擊，利用九六式陸攻垂直尾翼的遮掩，先擊斃機頂槍塔的射手，再從容地由上瞄準它的雙發動機掃射，打得它著火墜落於山麓。

第4大隊其他各機則穿梭於雲塊與急雨中，利用微弱的終昏餘光，搜索零散落單的日機，見到就俯衝掃射，直到浙南上空再也沒有日機蹤影為止。根據當日空軍健兒的任務歸詢及地面尋獲日機殘骸的佐證，官方發表戰報，八一四空戰擊落鹿屋空6架九六式陸攻，消息傳至各界，6比0輝煌的戰績，舉國為之歡騰！八一四也就定頒為空軍節。而筧橋精神，也代表著以弱擊強、以少勝多、以小博大空軍必勝之戰鬥精神。

根據日方的作戰報告，18架出擊的九六式陸攻，到晚間仍有14架安全返回台北基地，戰損僅有4架。其中2架「因惡劣氣候隊形分散，導致行蹤不明」，列為永久失蹤；第3架被擊中油箱大量漏油，返航時因油料不足在基隆外墜海；第4架輪胎被擊碎，返場台北時在跑道上失事重損，4組空勤組員總共有15人陣亡、13人輕重傷。

日軍受此打擊，幾近瘋狂，斷定英勇奮戰的國軍，將陷日軍的陸上戰鬥於困境。因此，日軍淞滬會戰初期最優先之戰術目標，更改為強力攻擊我空軍基地以擊潰戰力。八一四深夜，第3艦隊通電各航空部隊：「明天拂曉後，本地區可使用之海軍全部航空兵力，應儘速一舉猛攻支那空軍。」

8月15日，換成海軍1聯空的木更津空及加賀號航艦航空隊（加賀空）之隊恥日。木更津空的20架九六式陸攻由朝鮮濟州島穿越颱風，橫跨黃海轟炸南京，遭空軍兩度攔截，被擊落4架、擊傷6架，一日之內即損失泰半！空軍公告第3、5大隊共擊落日軍九六式陸攻13架，我方戰損為9架，損失不輕。在疾風猛浪中，加賀空的45架九五式艦戰，則奉命轟炸杭州機場，亦遭空軍4大隊及航校暫編中隊攔截，宣稱共擊落日機17架，我方戰損9架，損失重大。同日，鹿屋空則以殘餘的14架九六式陸攻，自台北遠征南昌，由於氣候惡劣加上地文

航行判別有誤,只有 8 架勉強飛抵南昌轟炸新舊兩機場,下午全部安返台北。

16 日清晨,國軍地面部隊發動逆襲,企圖衝破日軍在上海北線陣地,空軍亦出動 6 批共 25 架次的戰機,支援國軍地面作戰。鹿屋空再奉命自台北轟炸我空軍機場,13 架任務機有 3 架遭空軍擊落,另有一架油料不足轉降朝鮮濟州島。該日空軍在上海戰區纏鬥,遭日機擊落達 20 架之多。

17 日,對日軍而言是上海航空作戰承受壓力最大的一天,該日也是我空軍開戰以來出動最多的一日。當天全天出擊 6 批共 44 架次,攻擊日軍陣地及指揮所。但於空戰中,空軍遭日機擊落 2 架。日軍也逐批出動,轟炸國軍機場,鹿屋空自台北出動殘餘 4 架九六式陸攻,轟炸浙江海寧機場,全隊安返基地。

綜合 4 天的航空作戰結果,固然日軍損失頗大,如駐防台北的鹿屋空 18 架陸攻只剩 10 架,損失 5 組空勤組員,但很快便於月底前自日本內地獲得預備機及飛行員補充。反觀國軍,除開戰當日以 6:0 獲一面倒勝利外,餘皆挫損頗鉅;4 天下來戰損已達 6 個中隊之多。此後,戰局逆轉,日軍源源補充新機,逐漸掌握淞滬戰區空優;我空軍為保存戰力而退避至內陸,執行戰略防禦守勢任務。

日本海軍為了配合華南航空作戰,補實的木更津空,於 8 月 28 日移駐台北,連同鹿屋空與上級的 1 聯空指揮機構,全隊在台灣合流,準備大舉空襲華南。同時,日本海軍自 8 月下旬開始封鎖大陸東南沿海,企圖阻絕我政府由浙閩粵沿岸獲得外國資助物資;空軍後備戰力,於斯時亦前推兵力,投入華南沿海反封鎖航空作戰。

控制東沙　保障航運

正當日本認真考慮南進,籌組大東亞共榮圈掠奪南方資源時,開始意識到南海諸島戰略價值的重要性。大本營律定的「南洋防衛三角」,即指奪取並固守香港－馬尼拉－新加坡之間的島礁與海域,以保障南方物資回運之安全。其中新加坡－馬尼拉－日本,或新加坡－香港－日本的海空航線,必須繞經南海諸島;

而西沙海域在新加坡－香港海運線之西、西貢－海防－香港海運線之東；東沙海域更是台港線及菲港線必經之處。南海諸島控制了日本海上生命線，其戰略價值不言而喻。守護日本海上交通線最重要者，當為扼守台灣海峽南口及呂宋海峽西口的東沙島。因此，日軍在中日戰爭之前，亟思謀取南海諸島，特別是距高雄僅240浬的東沙島。

　　日本為貫徹封鎖我國東南沿海，遂提前奪佔東沙島。1937年9月3日，大本營以大海指32號令，責成聯合艦隊派遣第2戰隊旗艦夕張號輕巡洋艦，率屬艦朝顏號驅逐艦駛抵東沙島，艦上百餘名特別陸戰隊隊員換乘小艇登島侵奪。我海軍東沙觀象台台長李景杭少校率30名守島官兵抵禦，寡不擊眾，2人殉國28傷俘。被俘官兵遭押上朝顏號驅逐艦，解送至台灣花蓮港廳戰俘營管收。滯台官兵兩年後移監廣東，途中多人受酷刑殉難。另，東沙島上非軍職的我國官民多人，則遭日軍拘留偵訊後，遣送至澳門解散。我海軍在二戰結束後，在東沙島上另立「東沙陣亡官兵紀念碑」，以慰南疆忠魂。

　　日本派兵占領東沙島後，當即將其納編入馬公要港部管轄，隔年1月，要港部司令官水戶春造少將下令編成「東沙島派遣隊」，進駐東沙觀象台原址，派遣隊轄防備小隊（排級規模的特別陸戰隊）、通信小隊與氣象情報小隊戍守，並闢建島內潟湖為海軍水上飛機滑行區、興築陸上飛行跑道與突堤碼頭，準備外侵南洋。總督府認為粵省東沙島向來不屬台澎，在島上不便設治，唯仍然另遣台工數百人登島，再度大肆開挖島上殘餘鳥糞層及環礁海人草，設立海產罐頭工場及增添海水淡化蒸餾機組。

　　我空軍為失去東沙島決心出海復仇，9月7日及13日，陸續在台灣海峽上炸射日本軍艦。侵佔東沙島的夕張號巡洋艦，14日遭我空軍第2大隊轟炸機追擊炸損。15日晨，空軍第2大隊6架霍克機，在台灣海峽南端對日艦若竹號驅逐艦作持續30分鐘追擊掃射。我空軍連續自華南出海作戰，進入台灣海峽偵巡，直接威脅到日本在台灣的「後方」基地。因此，日本海軍航空部隊再度由台灣出擊華南，制壓國軍前進機場，就變成淞滬會戰後期航空作戰的主要任務。

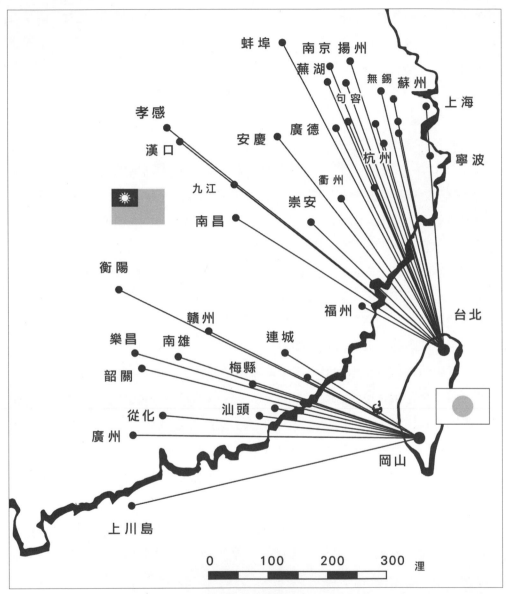

中日戰爭初啟後，日本海軍航空部隊自台灣出擊華南目標的轟炸航路。（作者、蔡懿亭繪製）

加強戰力　遍炸華南

　　日本海軍為執行華南作戰，仍以增強的鹿屋空為主體，以預備機補充增編合計 38 架九六式陸攻為骨幹，自台北基地出擊。掩護機則由鹿屋空駐防台中公館飛行基地的九五式艦戰以及駐泊馬公港的加賀號航艦剛出廠之新型九六式艦戰提供護航。

　　日軍空襲華南前進機場及後方基地的航空作戰，自 8 月 26 日夜襲南昌始，至 11 月 3 日轟炸衡陽止，為期 70 天。日軍總計出動 42 批共 215 架次，轟炸國軍各機場、南昌飛機裝配廠、漢陽兵工廠及附近車站、鐵橋、鐵道等重要交通目標計 32 處。日軍的華南航空作戰，為避免我方地面熾烈的防空火砲，多半在夜間進行。然夜暗中對沿途之氣象狀況掌握不易、對目標識別無法確定、夜間投彈命中率低。因此，作戰成效十分有限。惟我空軍戰機為節約用兵，並未在暗夜升空對日機實施攔截，反而集中有限空中兵力炸射華南沿海的日軍艦艇，並支援國軍地面部隊禦敵，遲滯日軍之推進。

　　為了解決陷入僵持的淞滬會戰，突破膠著的戰況，日本陸軍動用 2 個師團，於 11 月 2 日在浙江杭州灣金山衛登陸，開闢第二戰場，搶灘進攻蘇州國軍側翼。這對淞滬地區背水一戰的國軍，形成合圍之勢。此時鹿屋空終止了華南空戰，集中九六式陸攻火力，協助登陸部隊追擊迅速撤退中的國軍。在為期 4 週的支援杭州灣登陸作戰中，鹿屋空總計自台北出動 140 架次，空襲國軍地面部隊，造成若干損害。

　　早在 10 月初，國軍已準備往上海郊外後撤，且日軍已鞏固上海虹橋機場附近要地，海軍 1 聯空及所屬鹿屋空，於 10 月 25 日著手準備自台北轉場前推移駐上海。後因登陸杭州灣迫在眉睫，遂推遲至 12 月 9 日始開始轉場，隔日完成進駐上海虹橋機場之任務。鹿屋空駐防台北參加中日戰爭之首戰，也到此告一段落。陸軍航空兵團司令長官部遂向大本營呈請，將人去樓空的台北基地，還給陸軍 3 飛團專用。

　　打了 3 個月又 3 週的淞滬會戰，中日兩國動用的部隊，為雙方全部的航空兵力，外加 34 萬日軍地面部隊及 75 萬國軍，會戰後日本僅僅占領淞滬一角，自然粉碎了日本陸軍大臣杉山元大將「三月亡華」的狂妄迷夢。日軍既未達成其戰略目標，國軍部隊也未遭全殲。國軍在淞滬會戰後採大縱深的戰略後撤，在點、線、面間，持久與日軍相互包抄拉鋸，使日軍戰線拉長、防守面拉薄、消耗增多、傷亡加大，引誘日軍陷入泥淖，推入戰略僵持狀態中。

海角一隅　準備南侵

　　日軍奪佔鞏固了上海、南京一帶後，戰火逐漸遠離台灣。海軍為了保持航空部隊熟悉熱帶射擊轟炸、海上航法、長途耐久飛行等戰技，於 1938 年 4 月 1 日在 1 聯空增編高雄航空隊（高雄空），駐防甫完工啟用的岡山之高雄基地。高雄空作為海軍航空部隊實用機訓練的骨幹，由司令石井藝江大佐（海軍兵學校 39 期畢業）負責，轄中島九七式 3 人座艦攻 12 架，艦攻飛行隊的隊長為三原元一大尉，另有三菱九六式單座艦戰 6 架，艦戰飛行隊的隊長為岡本晴年中尉。高雄空的飛行長為佐多直太少佐，督導輪調至高雄實用機練習生的戰技磨練。

　　1938 年 6 月 14 日，高雄空執行遠程轟炸，攻擊廣西桂林我空軍機場。9 月 28 日，三原大尉率 9 架九三式輕爆自岡山啟航，在廣東上川島轉場，遠征雲南昆明，在空中發現我空軍在昆明機場上停放 40 餘架軍機，除炸毀其中 14 架外，並與國軍首度在昆明上空激戰，擊落其中 6 架後，全隊安返高雄。

　　中日戰爭爆發後的隔年 7 月，陸軍 13 個承平時期的「飛行聯隊」，改稱臨戰時期的「飛行戰隊」，同時新編 5 個戰隊，所屬 18 個戰隊實用機近 800 架。海軍不遑多讓，又增設一個蒼龍正規航艦的艦載航空隊與新編 6 個陸基基地航空隊，所屬 18 個航空隊實用機，超過 800 架。海、陸軍航空部隊，部份自日本內地陸續移駐台灣本島。同年 8 月，陸軍在航空兵團之下，陸續增設飛行集團（飛集）指揮機構，以因應戰時高密度的地面部隊空援申請需求。依四大航空軍區地

面友軍遭威脅的程度，飛集指揮機構承轉陸軍地面部隊的空援申請，據以檢派下轄數個飛團執行任務。

中日戰爭爆發後，陸軍駐防台灣的航空部隊則以轉場、輪訓、維修、補給為主，由3飛團司令官值賀忠治少將負責督訓，團司令部移駐台北基地；屬下的8戰隊（屏東）隊長為山中繁茂大佐，14戰隊（嘉義）隊長為神谷正男大佐。日本內地、滿州、朝鮮、華北、華中的陸軍航空部隊輪調，只要往返華南者，均先轉場至台灣實施戰訓整補，才轉出至目的地。1938年10月，駐防華北的陸軍4飛團移防廣東，即先轉場至花蓮港（北）飛行基地輪訓一個月後，再經金門飛往廣東駐地，即為一例。不過，在台灣的陸軍航空部隊仍以要域防空自衛戰鬥為主要任務，除了掩護閩北福州的日軍撤回台灣外，從不出海作戰。

實際參加境外戰鬥者，藉邊訓邊戰、以戰練兵的航空部隊，還是駐防台灣的海軍航空部隊。他們先後參加華南掃蕩、登陸廣東大亞灣、占領粵東汕頭、襲取閩北福州等空中支援任務。這些空戰經驗，也替爾後太平洋戰爭爆發後海軍掠襲外南洋時，提供了支援兩棲作戰的接戰典範。

我國所採取的戰略防禦，係引誘日軍深入內陸，使其不能自拔。國外的援助，尤其是軍需物資，也源源不斷自大陸東南沿海滲透，越過日本海軍的封鎖線，轉運至大後方，維持著抗日的生機。中日戰爭經過一年激戰，日軍深感無力，面對再生力無限的國軍，陷入了不贏不輸的苦戰僵持態勢。日本為了有效打破對華作戰的僵局，決心徹底封鎖我國，唯一的辦法就是完全包圍我國邊境，占領我國沿岸、印支半島邊境及中印邊界，以切斷阻絕我國的聯外補給線。

我國在東南沿海最大的聯外運輸生命線，就是透過英國殖民地香港經廣州往大後方的進口運輸軸線。日軍為避免與英國磨擦，不能占領奪取香港。因此，攻掠香港後方的廣州，就成為當務之急。1938年10月7日，裝載有陸軍第21軍所屬3個師團的登陸船團，悄悄在馬公軍港集結，護航艦隊及偵察、爆擊航空部隊，亦陸續飛抵台灣。特遣艦隊司令長官近藤信竹中將（海軍兵學校35期畢業），在馬公要港部與各級部隊簽署「有關登陸大亞灣作戰之舟波集團長、護航艦隊指

揮官間之協定」。

　　10 月 9 日，120 艘軍艦編組之登陸船團在海軍 1 聯空的直接護衛下，順利自馬公港啟碇，11 日夜進入廣東大亞灣泊位，隔日拂曉搶灘登陸。在 1 聯空的搜索炸射引導下，登陸部隊由陸軍第 21 軍司令官安藤利吉中將指揮，一路直取廣州。21 日宣告占領羊城，達成截斷最大援華路線之目的。11 月 20 日，原駐花蓮港（北）飛行基地的陸軍 4 飛團各戰隊，陸續移防廣州天河、白雲機場，接替 1 聯空的支援任務。廣州淪陷後，我政府即以粵東汕頭取代，繼續吸收從海外購入之大量軍需物資，愛國僑商亦從海外各地透過汕頭鄉親匯入捐款，也成為抗日軍費的重要來源。因此，日軍大本營認為必須奪取汕頭，進一步扼殺此新興補給線。

　　1939 年 6 月，大本營下令陸、海軍聯手進攻汕頭，由安藤司令官自其部隊抽調 1 個旅團為基幹，6 月 18 日集結於馬公，空中支援則改由海軍第 1 航空隊（第 1 空）的飛行艇執行。2 天後，登陸船團自馬公啟航，隔日抵汕頭外海開始登陸展開奇襲；在馬公要港部駐泊的第 1 空川西九七式大型飛行艇（九七式大艇）的偵察、炸射支援下，登陸部隊於 21 日下午順利占領汕頭市區。

　　日軍侵華的敗行劣跡遭到以歐、美為首的列強抵制，使得國際情勢愈來愈不利於日本。1939 年 2 月，日軍進佔海南島，企圖切斷我國自南洋運送軍品由瓊州上岸的補給路線。日軍對團沙群島的占領，在登陸海南島的同時亦表面化。1939 年 3 月 1 日，日軍於登陸海南島的次日，即派軍占領新南群島 3 個島礁；緊接著，馬公要港部亦派出特別陸戰隊、氣象情報隊及通信派遣隊各 1 小隊，編成中隊（連級）規模的「新南群島派遣隊」，駐守長島。3 月 30 日，日本對外宣告新南群島各島礁為日本領土，並於 4 月 9 日悉數驅離多年來盤據部份島礁的法國殖民軍及安南漁民。4 月 28 日，台灣總督府以告示 122 號，宣達團沙群島各島更改島名，正式統稱新南群島，屬高雄州高雄市設治管理，併入大日本帝國版圖，在長島新設庄役所及警察官吏派出所。

　　日軍正式占領長島後，即在島上趕築岸防陣地，興建油庫與給油設施，整理水上飛機泊位，定時、定期向馬公要港部作無線電通聯。1940 年，日軍更在長

島整建碼頭，改善聯外交通，在島南興築突堤 50 公尺長，以開闢 1,300 平方公尺之港池，港池深 2.5 公尺，港口航道寬 50 公尺。1941 年完工後，港池內可泊 50 噸級漁輪，港池外錨區可容千噸級軍艦及潛艦多艘同時淀泊。此外，海軍省水路部也在長島上設有 3 千燭光之導航燈臺，70 浬外的北雙子島上設有 200 燭光之燈杆 1 座助航。長島上的船舶、飛行艇修理工場及儲油池庫，提供了日軍機艦在茫茫南海航行的安全保障。除了在長島的銳意經營，日軍也在西鳥島上派有通信、氣象班，整建水上飛機泊位，加強了南向新加坡航線的中繼補給備用場站。

南海諸島除了軍事建設，台灣總督府也同步加強了經營，以掠奪南海資源。除了由台拓投資的「開洋燐礦」持續在南海諸島大肆挖取鳥糞，運返日本作為農用肥料外，台拓轉投資的「拓洋水產」更在上述各島遍設水產製罐廠、曬魚場、冷凍庫，驅役台工編組「農業義勇團」遠赴南海諸島，生產各類海產副食品供日軍耗用。1940 年 11 月 18 日，新南群島電燈事業株式會社（由台灣電力轉投資）正式開辦，在南海諸島遍設柴油發電機組，以供應軍民用電，使日本在南海能有效積極經營，加速掠奪海洋資源並強化戰備。

1941 年初，總督府更在長島建置新南測候所，測報南海中部海空域氣象。除預報地面氣象外，還將南海諸島每日紀錄之氣壓、氣溫、風向、風速、日照、視界等資料彙整成「南支南洋之南方氣象調查月報」，分送有關單位，作為揮軍南進之參考。1944 年，總督府徵得法國維琪政府同意，在法國殖民軍占領的西沙群島設置西沙測候所，提供南海西部海空域的氣象測報。

擴張兵力　加強戰備

另一方面，中日戰爭爆發兩年後，日本陸軍航空部隊迅速擴充至 30 個戰隊，海軍則擴充至 20 個航空隊，陸、海軍各型實用機共 2,000 架。在投入我國戰場前，部份機隊先轉場至台灣，加強戰訓後始跨海飛赴中國大陸作戰。輪調至後方的航空部隊，則轉場回台灣先整訓。因此，台灣各飛行場站忙於航空部隊的轉場、整

備、補充、訓練、維修、輪調,各型飛機進出台灣,至為頻繁。

1939 年 9 月 12 日,大本營為統合陸軍戰爭指揮體系,在南京新編成總軍層級的「支那派遣軍總司令長官部」,相當於西方的集團軍,首任總司令長官為西尾壽造大將。西尾大將統整當下在華各自作戰的方面軍層級部隊(相當於西方的軍團):北支方面軍(主力有 6 個師團)、南支方面軍(主力有 9 個師團)以及駐地在南京的陸軍第 3 飛行集團。「支那派遣軍」是陸軍戰時成立首支擁兵近百萬大軍的地面武力,由於我方空軍戰力萎縮避戰,配屬支那派遣軍的陸軍航空兵力單薄,3 飛集僅 200 餘架飛機駐防中國大陸,足證陸軍航空部隊僅為陸軍附屬配角,聽命於地面部隊指揮官遣用,僅用於直接支援駐地之地面部隊。

1940 年 3 月,日本扶植汪精衛政權在南京成立「國民政府」,與在陪都重慶的國民政府分庭抗禮,期以政治分化來瓦解軍民對日本之抵抗意志。同年 5 月,德國侵略吞併荷蘭,使得孤懸在外南洋的蘭印殖民政府搖搖欲墜。同年 6 月,法國抵擋不住德國凌厲的攻勢,向德軍投降,並在巴黎成立親德的維琪政權,法屬安南殖民政府也隨之轉變陣營向日本靠攏。歐洲戰局的發展,鼓勵了日本南進的野心。

7 月,日本首相近衛文麿二次組閣時,外相松岡洋右在記者會上公開表明「今後的外交方針,將本著皇道精神,首先以日本、滿洲、支那為一環,再確立外南洋之大東亞共榮圈」。其實,所謂「大東亞共榮圈,建立外南洋新秩序」只是蛇吞象的貪婪與掠奪。它不是將外南洋殖民地的人民解放,而是變本加厲地侵佔榨取;它並未刻意開發經營以共存共榮,而是驅役外南洋民眾,恣意奪取當地資源運返日本,變成日本的殖民地。

1940 年 9 月 23 日,日軍與法屬安南殖民政府達成協議,可將部隊開入北越,進一步切斷我政府軍需品自北越海防經雲南輸入大後方的命脈。三天後,美國宣布開始限制對日輸出航空燃油及廢鐵等管制品,並準備隨時實施全面禁運。日本當即遂行外交反制,一方面立即與德、義兩國簽約成立軸心國聯盟,公開抗衡以英、美為主的同盟國。另一方面,日本商社透過日蘭商會與蘭印殖民政府交涉,

以商購獲取戰略資源——原油，確保供應的穩定，唯荷蘭受英、美列強影響，態度曖昧，不盡配合。日本在滿州的油田年產原油 30 萬噸，尚不及日本內地年耗量的 3%；日軍 780 萬噸燃油的戰備存量，僅夠 9 個月耗用，若無穩定的進口原油，海、陸軍很快就動彈不得。日軍的焦慮與急切可想而知，奪取蘭印的油田更是勢在必行。

　　1940 年 11 月 27 日，第 18 任台灣總督，改由主戰派的南進擁護者現役海軍大將長谷川清[1]（海軍兵學校 31 期畢業）接任。12 月中旬，長谷川總督指示台灣軍的研究部門，著手纂編南方作戰準則。為了有效接管南進侵佔後的外南洋各地，長谷川又新設大東亞共榮圈軍政部，確立占領後之行政體系，並預先開辦「拓南工業戰士訓練所」，招募台灣民眾施以短期訓練，完訓後隨軍南侵。

　　飛機經過 40 年的改良，已有長足之進步。到了 1941 年，日軍飛機研發技術已趨世界一流，代表性的量產機種，有海軍的零式戰鬥機（零戰）及一式陸上攻擊機（一式陸攻）。它們的航速更快、航程更遠、升限更高、油耗更省。這些新型機種，出廠測試後立即配發海軍第一線航空部隊準備作戰。

　　太平洋戰爭期間，日本飛機名氣最響亮者，非海軍零戰莫屬。零戰是由三菱重工的堀越二郎擔任總工程師，在 36 歲時設計而成，於 1940 年（日本皇紀 2600 年）點編成軍，故命名為「零式」撥交海軍使用。零戰陸續量產 1 萬架，是日軍戰時量產最多的單一機種，佔全部飛機總產量的六分之一。不過，在太平洋戰爭前期縱橫天下的零戰，戰爭四年期間雖然衍生出 7 種型號共 41 款，但性能始終無法大幅提昇。到了太平洋戰爭後期，就變成落伍的飛機，並有部份改裝成特攻機用以衝撞敵艦，落得悲壯下場。

　　1941 年初，海軍針對航空部隊編制實施了大規模改編。為整頓發展中之基地航空隊指揮系統，使其適應大規模遠洋作戰之機動調防，特於該年 1 月 15 日將原有之聯合航空隊（聯空）平戰轉換成航空戰隊（航戰）。海軍航空戰隊實力，

1　編註：任期 1940 年 11 月 27 日至 1944 年 12 月 1 日。

相當於陸軍飛行團，等同於 3 個陸軍飛行戰隊。為求指揮管制統一，海軍集中航空兵力統合運用，將 21、22、23 共 3 個航戰率先納編入新設之第 11 航空艦隊（11 航艦），首任司令長官為片桐英吉中將（海軍兵學校 34 期畢業），司令長官部位於岡山的高雄基地，每個航戰轄 3 個以上的航空隊。11 航艦是帝國海軍因應太平洋戰爭新編成且以「艦隊」命名，但仍隸屬於聯合艦隊，由聯合艦隊對 11 航艦所屬基地航戰遂行作戰管制。

至於各飛行基地的海軍航空隊，仍維持基地名稱即為航空隊之名稱，如 1941 年 1 月完工啟用的東港飛行基地，新編成的東港航空隊（東港空），隸屬 11 航艦之 21 航戰，首任司令為宮崎重敏大佐，由第 1 空自馬公移撥 24 架川西九七式大艇予東港空成軍。

日軍奪佔汕頭後，抗日戰爭所需物資來源中斷，只得利用浙閩沿海次要港口轉運，經過日軍占領區輾轉運回大後方。素為貿易港之福州，開戰前因河口航道日漸淤塞而凋落。然而自從廣州、汕頭淪陷後，即被我政府用以作為抗戰物資之轉運據點而活躍。日軍大本營當然要奪取福州，切斷補給線，逼使山區抗日游擊隊補給也因而中斷，減輕對日軍側翼之威脅。

1941 年 3 月，日軍攻掠福州之作戰計畫確定，登陸部隊由台灣軍所屬之台灣混成旅團擴編成的第 48 師團為基幹，馬公要港部防備隊派遣 1 個中隊的特別陸戰隊為登陸前鋒。作戰部隊於 4 月 18 日自馬公港登艦啟航，由海軍駐防台中基地第 3 航空隊（第 3 空）愛知九九式艦爆 12 架，提供空中支援。第 3 空隸屬於 11 航艦之 22 航戰。翌日，日軍成功登陸閩江口，並進佔馬尾長門砲台。21 日中午，攻克福州市。陸軍 48 師團中川師團長對第 3 空九九式艦爆之跨海作戰，譽為「勇敢、適切有效之支援地面作戰」而表彰致謝，企圖消弭陸、海軍之間的不和。

1941 年 6 月 18 日，日蘭商會談判破裂，日本此後無法商購取得蘭印油田的原油。7 月起，日本陸續派軍進駐法屬印支半島西貢及金蘭灣，等同占領南越，舉世震驚！7 月 26 日，美國宣布凍結日本海外資產；8 月 1 日，美國對日實施

全面禁運原油，並使美、英、中、荷蘭（ABCD）對日包圍圈表面化。自此，軸心國與同盟國兩大陣營對壘白熱化，太平洋戰爭之爆發，如箭在弦。

　　兩大陣營在外南洋的實力如下。陸軍方面，日本在華南和台灣集結了 11 個師團，連同後勤部隊總數達 40 萬官兵。同盟國有菲、美聯軍 14 萬、英軍 13 萬、荷蘭軍 7 萬、及動員後我國遠征軍 10 萬官兵及駐印度的國軍 12 萬官兵協戰，合計 56 萬部隊。攻方的日軍並未擁有 3 比 1 的制式數量優勢，日軍所依恃的，就是絕對制空權。

　　1941 年 8 月中旬，地處閩江口的福州，在抗日游擊隊的持續騷擾性攻擊下，日軍防守漸感吃力，加上南進侵略外南洋的兵源短缺，大本營乃毅然自福州將第 48 師團撤兵，退回台灣整補。自 9 月 2 日起，日軍開始敵前撤退行動，擔任空中掩護者，為陸軍 3 飛團所屬駐防嘉義基地之 14 戰隊的川崎九九式雙輕爆擊機。甫完工啟用的台中（西屯）飛行基地，新編成之 50 戰隊也派出三菱九九式襲擊機助攻。在連續 3 天的撤退行動中，2 個戰隊自嘉義、台中（西屯）等飛行基地首度跨越台灣海峽，追蹤搜索福州郊區的抗日游擊隊，並施以炸射攻擊，還數次濫轟福州市郊圓陽及元帥山之游擊基地。9 月 5 日，陸軍第 48 師團安抵高雄港。

　　8 月底，日本為奪取南方資源，積極在台灣加強軍備，擬借道台灣出兵南下攻奪菲律賓呂宋島及英屬馬來半島。新南群島的重要性於此戰役即被凸顯。由馬公啟航經南海至馬來半島，及左營啟航經呂宋海峽至菲律賓的日軍，航行途中在千浬茫茫的南海，端賴連續的空中偵察及在空的制空優勢。而登陸前的戰略偵察與戰術搜索，更需前導機持續飛行近 2,000 浬，深入印支半島腹地，察查盟軍的戰備狀態與部隊調動。自 9 月起，海軍 11 航艦 21 航戰的東港空，派出九七式大艇，經由東沙島及新南群島的長島中停轉場，貼海祕密鑽入菲律賓群島、印支半島及蘭印空域執行偵照任務。此一機密長程敵後飛行，稱為 M 偵察作戰。針對呂宋登陸部隊及馬來登陸部隊的岸灘偵察飛行，為機密 A 作業的一部分。

　　11 月 10 日，陸軍確立「南方作戰體制」，新編第二個總軍層級的「南方軍」，總司令長官部暫設於澎湖廳馬公支廳。擁兵百萬的首任總司令長官，由曾任台灣

軍司令長官的寺內壽一大將擔任。奪佔印支半島全境之後，南方軍總司令長官部駐南越西貢，統領新占領之外南洋日軍。攻奪菲律賓的南方軍轄屬之第14軍司令長官，則由現職台灣軍司令長官的本間雅晴中將接任，暫駐高雄要塞。

隔週，馬公要港部晉名為馬公警備府，首任司令長官為山本弘毅中將，這讓海軍終於奪回尊嚴。日本取台以來，海軍在台最高軍事機關始終都是馬公要港部，主官編階為少將司令官，較陸軍在台最高軍事機關的台灣軍司令長官中將編階矮一階。海軍往往要派一位中將司令長官，赴馬公要港部高階低佔職缺，勉強維持陸、海兩軍種的對等。馬公警備府升級後，立即在北台灣基隆港設置「在勤武官府」，就近與台北市的台灣軍司令長官部對話，互別苗頭。

為了迎接南進侵略戰事，日軍訂下海、空兩條進攻軸線，海上進攻軸線從馬公警備府啟碇，由西經海南島直取馬來半島，由東直取菲律賓呂宋島。空中進攻軸線的始端，一支直取馬來半島，由陸軍3飛集的集團長官菅原道大中將統率7、12飛團200餘架飛機，於華南借道越南、泰國飛行場站南進。另一支在南台灣直取菲律賓，由海軍負責。要奪取戰場的絕對空優，號稱不沉空母的台灣，此際正好派用上場，海軍集結優勢空中打擊力，準備跨海出擊呂宋島。

日本海軍新編的陸基航空兵主力為11航艦，3個航戰的基幹部隊，仍為第22航戰的高雄空。當時正在換裝36架一式陸攻。10月1日，23航戰擴編，在台南基地新設台南海軍航空隊（台南空），主要配備63架零戰，以及九八式陸上偵察機、二式陸上偵察機。

海軍駐防台中公館的22航戰也擴編，該航戰稍早成立的第3空，10月中旬在台中基地由零戰63架、九六式艦戰12架混合編成。10月底，21航戰第1空的36架一式陸攻進駐永康飛行場。同時，23航戰所屬元山航空隊（元山空）亦移防至新竹，轄九六式艦戰24架及一式陸攻36架。

太平洋戰爭爆發前夕，駐防台灣的海軍11航艦空中攻擊兵力綜整如下：

- 21航戰第1空轄36架陸攻、6架陸偵

- 21 航戰東港空轄 24 架大型飛艇
- 22 航戰高雄空轄 36 架陸攻
- 22 航戰第 3 空轄 81 架艦戰、6 架陸偵
- 23 航戰台南空轄 18 架陸攻、63 架艦戰、6 架陸偵
- 23 航戰元山空轄 36 架陸攻、24 架艦戰

俟登陸鞏固灘頭後方飛行場站整備妥當後，上揭 6 個航空隊即行轉場，由台灣前推至外南洋，支援南方作戰。除了這些航空隊外，另有 1941 年 4 月 10 日由教育訓練部隊新編成的新竹海軍航空隊（新竹空），轄有 36 架舊型九六式陸攻，讓海軍在台灣駐防的實用機達 372 架之多。

駐防台灣的陸軍航空部隊，當時仍由 3 飛團（台北）於各飛行基地執行台灣本島要域防空作戰。8 戰隊（屏東）、14 戰隊（嘉義）及 50 戰隊（台中西屯），分散配置百架飛機於宜蘭、花蓮（北）、潮州、佳冬及恆春共 9 個飛行場站集結待命，防範美軍自菲律賓北上反撲。

面對強大的日軍空中武力，盟軍在外南洋的作戰機，無論質與量均遠非日軍的對手。論量，盟軍整合外南洋各地的飛機，只有 600 餘架，且星散四處；論質，絕大部分都是逾齡舊貨，唯一具有遠程打擊力者，僅有殖民菲律賓的美軍陸航 35 架重型轟炸機具備轟炸台澎地區的嚇阻力。若再論及航空部隊的鬥志、士氣、後勤、維修等戰力參數，連盟軍都承認一旦開戰，必定輸給日本。

自台出擊　襲外南洋

日本發動太平洋戰爭，係同時進行突襲珍珠港、轟炸菲律賓及登陸馬來半島的軍事行動。突襲珍珠港動用海軍 10 艘航艦中的 6 艘，共 6 個航艦航空隊近 400 架飛機。通訊密語為「攀登新高山 1208」，新高山指台灣第一高山（玉山），1208 則指攻擊發起日，為日本時區的 12 月 8 日。5,000 浬外日軍轟炸菲律賓的

航空部隊，由南台灣出擊；登陸馬來半島的日軍南遣艦隊護航兵力，由馬公軍港發航。三項軍事行動，都與台灣有關。

8 日清晨，日本海軍航空部隊自南台灣蜂湧南下，橫跨巴士海峽進入呂宋島攻擊時，由新南群島長島起飛的海軍 11 航艦 21 航戰的東港空九七式大艇，即擔任遠程偵巡，保護攻擊部隊的側翼。駐守台澎的海、陸軍飛機雖然近 500 架，但能夠來回跨越巴士海峽攻擊菲律賓者，為數有限，僅得 180 架轟炸機及 270 架戰鬥機。實際參戰的飛機只有 334 架，其中絕大部份屬於海軍。不過，由高雄飛往馬尼拉轟炸，來回航距 1,100 浬，超過了零戰的千浬續航力。這使得菲律賓的美軍高枕無憂，認為日軍轟炸機沒有零戰的護航，諒必無膽單獨南下轟炸菲律賓。

太平洋戰爭前一個月，海軍認為有必要派遣航艦巡弋於呂宋島外海，以便零戰於任務完成返航時，得以中途落艦加油。唯有 6 艘航艦已派赴珍珠港突襲，扣除本土外海擔當空防的在線偵巡航艦之外，能抽調支援作戰的僅剩輕型航艦瑞鳳號 1 艘。後來，岡山的 61 航空廠趕製外掛加大型副油箱，零戰飛行員接受高空省油飛行訓練，並訓令各飛行基地起飛的零戰，先在台灣最南端的陸軍恆春基地落地，加滿油後再行轉場出擊。這 4 種措施，使零戰不但可往返菲島戰場，還能在目標區空域進行 20 分鐘的接戰。派往呂宋海峽的瑞鳳號航艦，也適時解除了任務。

海軍南遣艦隊由司令長官小澤治三郎海軍中將（海軍兵學校 37 期畢業）率領，於 12 月 2 日進駐馬公警備府，設立南進指揮所。12 月 4 日中午，自馬公港啟航，與海南島三亞港集結的登陸部隊會合，一路奔向馬來半島。此刻，離突擊珍珠港尚不到 62 小時。

台灣時間 12 月 8 日凌晨，南台灣起濃霧，恆春基地無法起降，海軍的零戰不能落地加油，也延誤了排定的攻擊計畫，喪失了突襲美軍、攻其不備的先機。02:30，日軍突襲珍珠港 40 分鐘後，消息傳到了馬尼拉的美軍總部，全區立即進入緊急備戰。駐防馬尼拉機場的重型轟炸機大隊，雖然有轟炸台灣的報復性攻擊腹案，但未獲指令襲台。此時轟炸機群也顧不得加油掛彈，在日機隨時會出現的

威脅下，只得匆匆升空疏散，避免在地面被摧毀的厄運。

　　南台灣日出之後，因日照使空氣中的水汽蒸發，濃霧就逐漸消散。08:00，各基地的零戰任務機，奉命中轉恆春落地加滿油後出航。一小時後，攻擊部隊分批大編隊，自南台灣出擊，跨海長征。

　　首批飛抵呂宋島伊巴及馬尼拉機場的，是海軍台中基地第3空的53架零戰及高雄空的20架一式陸攻。由於美軍的預警系統完全沒發揮作用，在珍珠港受襲10小時後，馬尼拉機場再次於日機的急襲下一團慌亂。陰錯陽差，美軍30架轟炸機在經過8小時的疏散飛行耗盡油料後，也紛紛返場落地，重新加油掛彈，準備轟炸台灣。日軍機群第1個橫隊派司炸射，就擊毀了21架B-17轟炸機。美軍地面待命的戰鬥機，在彈雨中匆促升空迎戰，雖然擊落了2架零戰，美軍卻損失了10架戰鬥機之多。

　　當天第二批海軍飛機飛抵呂宋島伊巴、克拉克及馬尼拉3座機場目標區者，為台南空的44架零戰與永康第1空的30架一式陸攻。在目標區上空擊落了9架美軍戰鬥機，陸攻以橫隊炸毀在地面的60架美機，台南空的戰損為5架零戰。隨後的幾批攻擊機群，反覆炸射呂宋島各機場，再摧毀了地面美機13架。

　　12月9日及10日，凡是能升空作戰的美機，均在空中警戒，嚴陣以待日機的來襲，但仍非零戰的對手。這兩天，呂宋島上空又有44架美機遭擊落，地面上則有42架遭炸毀，日軍僅損失2架零戰。

　　三天的呂宋島空戰，就在一面倒的情勢下由日軍獲得絕對制空權。日本宣稱共擊墜、擊毀美機209架（美軍承認戰損僅100架），日軍損失零戰9架。11日起，殘餘美機紛紛撤出呂宋島，撤退至南方的宿霧避戰，呂宋島登陸灘頭的制空權，穩由日方掌握。本間雅晴中將率領的呂宋登陸部隊，於17日在馬公港及左營的高雄要塞港裝載完成，趁著夜色，76艘運輸艦組成的龐大登陸船團悄悄出航，奔向呂宋島灘頭。18日起，海軍11航艦21航戰的東港空九七式大艇，又自長島泊位轉用於馬來半島，擔任馬來登陸部隊的遠程偵巡。這些由長島出航的偵察飛行，對日本席捲外南洋有不可抹殺的貢獻。

角色轉換　戰訓重地

太平洋戰爭爆發後，日軍迅速奪佔外南洋，侵略的前線在 1942 年中，已遠達澳洲屬地新不列顛群島；菲律賓、婆羅州、馬來亞及蘭印完全奪佔鞏固，台灣由前線變成後方。海、陸軍航空部隊，也由台澎前推至南太平洋新幾內亞和索羅門群島與盟軍交戰。烽火固然遠離，日本卻加緊利用台灣作為南方作戰的訓練、整補中心。各飛行場站反而比戰前更形忙碌。

海軍的陸基航空隊兵力，從台灣調赴南方作戰的 11 航艦所屬，有東港空、元山空、台南空、高雄空、第 1 空和第 3 空。留駐台灣的，仍為各航空隊的隊部後勤單位。例如東港空的後勤單位永久性固接設施均留在駐地，又如東港飛行基地的 61 航空廠東港分工場之飛行艇維修設施，均未前推至外南洋第一線戰地，淡水水上機飛行場的給油設施設備，亦未前推。

1942 年 11 月，海軍各航空隊隊名重編，在外南洋第一線作戰的甲種航空隊，均改以數碼編號命名。如部署外南洋的東港空晉名為 851 空、元山空晉名為 755 空、台南空晉名為 251 空、高雄空晉名為 753 空、第 1 空和第 3 空不變。在第二線的乙種航空隊，仍維持以駐地的地名為隊名。

此外，海軍航空兵力駐守台澎沒有前推至外南洋作戰者，僅剩基幹部隊的新竹空。為了讓日本內地飛行練習生結業後在派赴南方作戰前完成實用機訓練等飛行教育，並且駕駛 61 航空廠的新機赴外南洋戰區報到，海軍乃於 1942 年 11 月 1 日，在台灣復編了高雄空（新高雄空），為實機練的練習航空隊，轄九六式陸攻與零戰，供飛行員完成實用機轉換訓練。1943 年 4 月 1 日，又復編了台南空（新台南空），性質屬「內戰實施部隊」，即後方在台澎的戰備值班部隊之謂。

1943 年 4 月 1 日，高雄要塞港所在的左營軍港自太平洋戰爭爆發後運作順暢，因此在腹地狹窄的澎湖設置之馬公警備府遷往左營，易名為高雄警備府，馬公警備府降編為馬公方面特別根據地隊。高雄警備府司令長官部設於左營港區（海軍教準部鎮海營區現址），首任司令長官由末任馬公警備府主官高木武雄中

將（海軍兵學校 39 期畢業）暫留任。兩個月過渡期之後，由山縣正鄉中將（海軍兵學校 39 期畢業）接任。為讓司令長官便於進出、迅速轉移，高雄警備府還趕工設置左營大要地應急飛行跑道，供司令長官專機起降。原馬公警備府部署在南海的東沙島派遣隊及新南群島派遣隊，也移編至高雄警備府。警備府於二戰結束前，另編高雄方面特別根據地隊，高雄、馬公兩個方面特別根據地隊的司令官編階，均為少將。

　　高雄警備府開府後，上揭之新竹空、新高雄空、新台南空等航空部隊，於 1943 年 10 月均隸屬警備府轄下新編之第 14 聯合航空隊（14 聯空）作戰管制，轄教練機與實用機多達 300 架，戰力屬乙種航戰，司令官為三木森彥少將（海軍兵學校 40 期畢業）。1943 年年中起，美軍潛艦開始活躍於台灣周邊海域，截擊航行於日本和外南洋間的軍、商船艦。日本遂編成空中反潛兵力，含駐防東港的 901 航空隊（901 空）。所有在台灣的海軍航空部隊，統由駐地在左營的 14 聯空指揮。

　　有鑒於海軍航艦在太平洋戰爭時接連沉損、新造航艦補充不及，造成開戰後僅一年半，航艦由 10 艘萎縮剩 5 艘，造成所屬機動航空隊戰力折半。唯外南洋戰事如火如荼正值高峰期，故大本營於 1943 年 7 月 1 日增編第二支陸基航空艦隊以因應外南洋戰局。增編的隊名沿用沉損的第 1 航空艦隊（機動，1 航艦），復編後 1 航艦的首任司令長官為角田覺治中將，1 航艦司令部設於菲律賓馬尼拉。11 航艦早已由高雄岡山前推至中太平洋特魯克群島作戰，11 航艦與 1 航艦在外南洋相隔 2,000 浬一東一西遙相呼應，共同擔當第一線的制空作戰。

　　陸軍南方作戰調返內地的航空部隊，亦先經台灣實施部隊輪訓及整補作業。1942 年 4 月，為因應主體由 46 個戰隊共 2,000 架戰機的擴軍，5 個飛行集團調整易名為 5 個飛行師團（飛師），分別為：

第 1 飛行師團（1 飛師，札幌）
第 2 飛行師團（2 飛師，新京）

第 3 飛行師團（3 飛師，南京）

第 4 飛行師團（4 飛師，索羅門）

第 5 飛行師團（5 飛師，曼谷）

同時，陸軍在飛師層級之上，將既有的 4 個航空軍區指揮機構併編成 3 個航空軍（航軍），負責替轄管之航空部隊籌補新機、修護現役機、補給油彈，3 個航空軍分別為：

第 1 航空軍（1 航軍，東京）

第 2 航空軍（2 航軍，新京）

第 3 航空軍（3 航軍，新加坡）

唯駐台的陸軍航空部隊，統由司令長官部設於南京的 3 飛師指揮，師團長為中薗盛孝中將。3 飛師直屬大本營而不隸屬任何新編之航空軍，此乃因支那的空中威脅不大，算是防空作戰的次要戰場所致。

陸軍的航空部隊在台灣僅有 3 飛團，戰力不足，故於 1943 年 2 月自內地派遣第 54 戰隊赴台，納編入 3 飛團。為了指導飛行練習生熟飛各級飛行課目並提供轉換訓練，1 航軍於 1942 年派遣第 51 教導飛行師團所屬 104 教育飛行團（104 教飛團）駐台。104 教飛團進駐鹿港飛行場，下轄第 106 教育飛行中隊（106 教飛中），駐台中（西屯）飛行基地負責實機練。第 108 教育飛行中隊（108 教飛中）駐屏東基地負責整備訓練。第 109 教育飛行中隊（109 教飛中）駐嘉義基地負責初級飛行訓練，使用立川九五式練習機。104 教飛團成軍時，3 個飛中編配實用機 40 架，戰力僅相當於乙種戰隊。一年後，104 教飛團陸續增編達 8 個教飛中，戰力始勉強相當於乙種飛團。

陸軍繼支那派遣軍（南京）與南方軍（西貢）等總軍層級指揮機構陸續編成後，大本營於 1942 年 10 月 1 日將關東軍司令長官部擴編為第 3 個總軍層級的指

揮機構，以因應德蘇開戰，創機運勢將蘇聯勢力趕出遠東。關東軍總司令長官部（新京，即滿州國國都所在，今長春市），首任總司令長官為梅津美治郎大將。陸軍早於 1919 年趁蘇聯十月革命國內動盪之際，就在南滿關東州（今遼東半島）編成關東軍。擴編的關東軍轄 3 個方面軍擁兵百萬，是太平洋戰爭的後方戰略預備部隊，轄航空部隊的 2 航軍與 2 飛師。

日軍在中國大陸的戰場，早自 1940 年 5 月起，就與我國進入了戰略僵持，雙方的地面部隊，在包抄和反包抄中展開攻防戰。此時，日方傷亡持續擴大，且逐步深陷於我國廣大戰場掙扎。為了儘速有效殲滅國軍戰力，日軍曾數度集結大軍發動戰略性攻勢，但均沒有具體成效。駐台的陸軍飛行部隊各戰隊，也配合這些攻略行動而數度調離台灣，跨海深入我國全境支援作戰。

軍務繁忙　空難頻傳

台灣位處大東亞共榮圈的地理中心位置，大本營及海、陸軍高級將領來去台灣無日無之、在台灣飛行場站中停更是頻繁。在有敵情顧慮與氣候劇變雙重威脅下，飛安事故也特別多。自 1942 年至 1945 年的 30 個月期間，就有 6 位將領搭機在台灣周邊海域罹難。

首位殞命的將領，是陸軍 3 飛師所屬 4 飛團的團長河原利明少將。他於 1942 年 10 月 14 日自屏東基地前往華南航途中，所共乘之九九式軍偵，在南海失事墜落，河原少將與機長失蹤，河原少將失事後追晉為陸軍中將。

第二位殞命的，是陸軍 3 飛師的師團長中薗盛孝中將。1943 年 8 月，3 飛師所屬的 1 飛團展開於廣州、上海、武漢，8 飛團則展開於河內、峴港、西貢。前者支援即將開戰的湖南常德會戰，後者支援滇湎交通阻絕作戰。是年 9 月 9 日下午，師團長中薗中將為視察前方部隊，於南京搭乘 11 人座三菱百式司令部偵察機出航，為迴避空中威脅，先出海飛向台灣中停嘉義基地，再前往廣州白雲機場督戰。隨員有師團作戰主任參謀宮崎太郎中佐、情報主任參謀高田增實少佐及其

他軍官 3 名，士官 4 人。

同日中午前，我空軍戰機曾炸射廣州白雲機場，空襲過後中薗師團長的百式司偵專機始離開嘉義，進入台灣海峽。第二批中美空軍混編的轟炸部隊，也在黃昏時再度飛臨廣州炸射，日軍 1 飛團曾於下午 5 時至 6 時之間，不斷拍發電訊給 3 飛師司令長官部，警告專機不可飛入廣東，不料電文均未及時傳達至專機。

17:30 專機進入廣東沿岸，在黃埔南方上空遭遇美國第 14 航空軍的 4 架戰鬥機，結果被攔截攻擊墜毀，機上乘員無一倖免。中薗的喪命，得歸咎於日軍通訊軍紀不良、飛航戰技拙劣、保密措施不嚴。這是中日開戰以來，日本陸軍作戰陣亡的最高階將領，對陸軍航空部隊的打擊至深。這與聯合艦隊司令長官山本五十六大將，在南太平洋上空遭美機狙殺的海軍「甲事件」如出一轍。

隔日又發生機瘟，導致 2 位將領同機罹難。1943 年 9 月初，大本營築城本部小倉尚中將本部長，率築城本部測量課長清野亨作工兵大佐及隨員，自東京搭乘 1 航軍的中島零式運輸機 [2] 赴台，視察基隆、澎湖、高雄等要塞區。小倉中將曾任高雄要塞區司令官，此行專為督導反登陸之軍事工程，以因應美軍奪島。未料 10 日一行人自台北基地前往高雄途中墜毀，全機組員與乘員罹難，清野大佐失事後追晉為陸軍少將。

半年後，海軍發生「乙事件」。接替遭狙殺的山本五十六大將的是古賀峰一大將。1944 年 3 月 31 日率部屬搭乘 2 架 851 空（原東港空）的川西二式大型飛艇，自帛琉群島飛往菲律賓。途中遭遇熱帶低壓亂流，古賀大將的專機墜海，機組組員連同幕僚有 7 人罹難，另一架專機勉強飛抵宿霧也墜毀，聯合艦隊參謀長福留繁中將（海軍兵學校 40 期畢業）倖存。連續兩任聯合艦隊司令長官墜機凶死，對海軍士氣打擊非常大，古賀大將失事後追晉為海軍元帥。

二戰結束那年，第 6 位將領在台灣周邊空域殞命。1945 年 3 月 7 日，日本海軍駐蘭印的第 4 南遣艦隊司令長官，曾任高雄警備府司令長官的山縣正鄉中

2　編註：即美國版的 DC-2。

將，自泗水搭乘 801 空的二式大艇，經東港飛行基地中停返回橫須賀。山縣專機在台灣海峽遭美機攔截，由於迴避飛行過久，專機油盡迫降浙江海門，山縣中將不願被俘自裁身亡，大本營認定其為戰死，追晉大將。

第五章

低飛進擊
——突襲台灣

（1937 年至 1944 年）

　　中日戰爭期間，中華民國空軍遠襲日軍在台灣的軍事基地，無論就軍事意義與政治意涵言，都具有戰略、政略上重要的價值。遠程轟炸，固然需要有轟炸機、充分的護航、備有前置轉場航站並貯存足夠的油彈補給品，更重要的是保密、奇襲與目標的慎選。

　　日軍侵華後，戰火迅速蔓延至我國全境，烽火連天的中日交戰第一線，很快地推進到華中內陸一帶。台灣，從前方變成後方，對空警戒，當然就不像前線那麼嚴密，也替我空軍的奇襲製造了契機。從我國內陸跨海攻擊日軍基地，來回航程均遠超過千浬，除了需要有東南沿岸的前進航站供轉場加油掛彈外，更得提防長程飛航遭受沿途日軍截擊。出擊前的保密及嚴格的無線電通訊紀律，是奇襲成功的唯一保證。此外，近 600 萬台灣民眾不但是中華民族的菁英，台澎更是漢疆唐土，轟炸目標不能傷及無辜，也是我空軍遠程轟炸必然考量的首要條件。

　　在南京大屠殺後，蘇聯空軍志願隊（簡稱俄員隊）立刻來華協戰，於 1938 年 2 月 23 日空襲台北基地，替我空軍戰史立下里程埤。最成功的低飛跨海攻擊，則是中美混合聯隊於 1943 年 11 月 25 日貼海掠襲新竹基地，將機場內的新竹海軍航空隊飛機摧毀過半。由於遠程轟炸台灣的基本條件不足，空軍在八年抗戰期間成功攻擊台灣，僅有上述的 2 次，很謹慎地避開台灣民眾聚集區，集中火力針對日本在台灣特定軍事目標發動攻擊，空軍並未參與戰爭末期美軍對台灣的濫炸。

俄志願隊　來華助戰

　　七七事變後的第 7 週，日本海軍軍令部獲得情報，截獲我空軍福州前進航站向航空委員會急電，請求發給福建、台灣航空詳圖各 3 份。另又截獲電訊，知曉我空軍已由潛伏諜員處獲知花蓮港（北）及屏東基地各有日本陸軍飛機進駐，淡水亦發現海軍施工飛艇靠泊場站。海軍 1 聯空司令戶塚大佐擔心我空軍正準備對台實施跨海空襲，遂於 1937 年 8 月 23 日電請第 3 艦隊：「鑑於軍令部情報，為自衛台灣，似有空襲毀滅南支地區支那空軍基地之必要，請核示」。而第 3 艦隊於 25 日覆電：「但貴方若認為作戰上絕對需要時，希勿逸失時機，攻擊無妨…」，最後綜整各方情資，認為並無立即之威脅。

　　唯台灣總督府認為事態嚴重，依敕令 643 號，於該年 11 月 2 日公佈《防空法台灣施行令》，並於同日實施，因應我空軍襲台。在當時，空軍 8 大隊所屬第 30 中隊的 4 架美製馬丁 139W 型輕型轟炸機，確有奇襲台灣日軍飛行基地的計畫，但因鹿屋空持續對華南航空基地作制壓性轟炸，使得攻擊台灣的突襲，延後半年始實施。

　　七七事變後，我空軍將半數以上航空兵力投入淞滬戰場，遂行主力決戰並支援地面友軍逆襲，擊落大批日機。空軍也因戰損過鉅，於淞滬會戰後實施戰略防禦，將飛行部隊後撤並展開於廣州－南昌－武漢避戰。航空委員會也於 1937 年 11 月由南京撤至漢口。開戰時擬定的奇襲台灣花蓮港和屏東的日軍基地計畫，也因作戰飛機不足和日軍持續空中制壓而無法遂行。

　　八年抗戰期間來華助戰洋人，規模僅次於美軍的是「蘇聯空軍志願隊」（Soviet Volunteer Group）。蘇聯從蘆溝橋事變後立即助我國抗日，直到 4 年後德國入侵蘇聯時，才收隊返國參加對德作戰。我國抗戰能堅持到二戰結束獲勝，俄員隊功不可沒！

　　然而，「反共抗俄」意識型態與冷戰年代美、蘇兩極陣營的對峙，國內無人敢提及俄員隊的勳業。所幸政府打破政治禁忌，洽邀俄員隊遺族與後人來台，於

2015 年空軍節前夕入總統府領受「抗戰勝利紀念章」，才掀開塵封的俄員隊陣中記事簿。

　　抗戰伊始，空軍傾全力以 300 架戰機迎擊四倍於我的日機，遂行制空主力決戰。到了年底，戰局逆轉，空軍飛行員殉國犧牲者已達百餘人，僅餘的戰機飛行員不足 100。由於耗損太大，可用於作戰的妥善機，剩不到 100 架，其中駐防於廣大華南地區的兵力，甚至僅剩 12 架驅逐機與 10 架輕型轟炸機堪用。雖然空軍遭受如此嚴重戰損，卻仍努力克服重重困難，以我死國生的犧牲精神，充分發揮以寡擊眾、以少勝多的戰志。

　　值此艱困時期，列強咸認為日軍「三月亡華」遲早會來到，紛紛準備迎接日本「建立大東亞新秩序」的新形勢。列強對我國的求助，均口惠而不實。美、英、法、荷等西方國家飛行教官，於 1937 年 10 月以傭兵身份所組成的「外籍飛行員中隊」（外員隊）助戰，唯少數烏合之眾對戰局毫無助益。在形同國際孤兒的危急情勢中，唯獨亦敵亦友的強鄰蘇聯紅軍，適時派遣俄員隊來華助戰，可謂雪中送炭，彌足珍貴。俄員隊龐大的機隊與人員、作業維持費，當由我國概括承受。同時，空軍亦大批採購俄製飛機，以適時補充戰損。

　　七七事變後，蘇聯預判我國獨自抗日絕無贏戰可能，更不願見宿敵日本快速襲捲我國全境陳兵蘇聯邊界。當 8 月初日軍入侵淞滬之際，蘇聯即隱密啟動「Z 號作戰預備令」：由紅軍「跨貝加爾軍區」陸航兵團與海軍太平洋艦隊海航部隊共同編組 6 個飛行大隊（含 80 架驅逐機與 64 架轟炸機）入華助戰。俄員隊在我國戰場上與日軍拼鬥 4 年，多批累計達 3,000 餘人次的空勤與技勤官兵，在戰場上奮戰不懈，直到日、蘇簽定互不侵犯協定，才調返蘇聯。姑不論蘇聯紅軍政治立場，俄員隊在抗日戰爭初期的助戰，的確功不可沒。

　　1937 年 8 月 20 日，我政府派遣空軍參謀處長沈德燮上校赴蘇聯，協調紅軍入華助戰；雙方簽署《軍事技術援助協定》，使 Z 號作戰檯面化。蘇聯更給我國低息貸款，方便政府輸出農、礦等原物料如棉花、鐵砂、黃金以貨易貨，購買 8 個飛行大隊足量的俄製軍機，重新整備空軍，使得我空軍的航空戰力得以延續。

　　俄員隊與軍事物資經中亞陸路入疆與外蒙，空路入隴，海運抵達仰光、河內與香港，再分別匯集於蘭州及武漢。10 月底，出售的首批 225 架俄製軍機運抵蘭州交機，首批 450 名蘇聯紅軍與 3 個飛行大隊所屬戰機，亦塗上青天白日軍徽，前推至武漢待命，與空軍遂行聯盟作戰。日軍「三月亡華」迷夢，從此徹底幻滅。

　　俄員隊初試身手是 11 月 22 日的南京防空作戰。俄員隊志願驅逐第 1 大隊飛官，駕駛單翼 I-16 型驅逐機攔截來襲的日機，以 3 比 1 首開贏戰紀錄。在地面觀戰的美籍飛行教官陳納德（Claire Chennault），對俄員隊在高空佔位、再垂直俯衝以重力加速度輕易追上低空日機並擊墜之，印象深刻；俄員隊的戰技，遂成為 4 年後陳納德領軍美國飛虎隊迎戰日機之絕活。

　　另一方面，空軍有感於袍澤不斷地成仁，加上倖存飛官難忍日機長期凌辱之痛，紛紛爭取儘快接裝，駕駛俄製軍機殺敵，求戰意志高昂。很不幸，空戰英雄高志航上校大隊長，於 21 日在 I-16 驅逐機座艙內壯烈殉國！為提升補充軍購戰機效率，雙方決定在新疆哈密、迪化設置飛機組裝廠（對外佯稱農用機具生產廠），加快組裝空軍及俄員隊所需軍機，並適時提供最新型戰機投入戰場。此外，俄員隊也協助建立各機場航空物資供應站，且在新疆伊寧等地成立 4 所航校。訓練班隊的蘇聯教官累計完訓我空軍空勤與地勤官兵近萬人次，助國軍重整軍力，抵禦日軍侵略。

深入後方　空襲北台

　　抗戰前期，日機仍佔質與量的上風，致使俄製軍機難以招架；惟俄員隊與我空軍飛官均膽識過人，充分發揮以少勝多、以智取勝的戰技。1938 年俄員隊為慶祝蘇聯軍人節，決定派出轟炸機跨海突襲北台灣的日軍基地。

　　從 1937 年底開始，俄員隊飛行員陸續到齊，計有轟炸第 1 大隊（SB-II 轟炸機 41 架）、驅逐第 1 和第 2 大隊（雙翼 I-15 及 I-16 驅逐機 77 架）。空軍亦在蘭州接收外購的俄製飛機。到了 1938 年 2 月初，已接收 SB-II 轟炸機 19 架，I-15

及 I-16 驅逐機 101 架。連同開戰後耗損剩餘的各型飛機及俄員隊作戰軍機，我空軍已擁有各型轟炸機 88 架，驅逐機 232 架，航空戰力恢復至七七事變前水準。空軍加上俄員隊的實力，與日軍支那派遣軍麾下的 3 飛集雖在伯仲之間，但作為日本戰略預備的 2 飛集（關東軍），隨時可入關支援作戰。故縱有俄員隊的助戰，論質論量我方戰力仍較日軍略遜一籌。

1938 年 2 月 18 日，日機又大舉轟炸武漢，駐武漢的空軍 4 大隊以甫接裝的 I-15 及 I-16 驅逐機 29 架升空迎擊，一舉擊落 13 架來襲的日軍轟炸機，是役空軍 5 名飛行員於空戰中英勇殉國。這一役，使得我空軍復仇意志更為熾旺，殺敵救國的決心愈加堅定。在劣勢作戰下，早已擬妥奇襲台灣日軍的計畫，就順理成章地搬上檯面準備執行。

當時蘇聯援華的 SB-II 型 3 人座輕型轟炸機，是很先進的飛機，航速快、升限大、航程遠，由漢口、南昌基地起飛，作戰半徑可涵蓋全台灣。中俄混編的轟炸部隊，決定 2 月 23 日突襲台北基地的陸軍 3 飛團。這次跨海轟炸行動特別加強保密，連備用轉場的福州前進機場航站事前均未獲告知，只有少數決策及任務飛行員知情。

2 月 22 日，俄員隊的轟炸第 1 大隊抽調 33 架 SB-II 轟炸機轉場集中南昌，與空軍第 1 大隊 7 架同型機會合。隔日清晨，混編部隊由蘇聯駐華首任空軍顧問雷恰戈夫（Pavel Rychagov）少校策劃，分 2 批先後起飛，奔襲台北。中俄混編的所有機組組員，無人具備跨越台灣海峽進出台灣上空的經驗。機隊導航係用最原始的地文航行定位定向——順著閩江飛向海峽，筆直出海航向台灣，理應進入淡水河口溯河飛行，就可找到松山的台北基地。

第一批由空軍第 1 大隊與俄員隊混編，共 12 架 SB-II 轟炸機，以炸射台北基地防空陣地為主要任務。第二批全為俄員隊的 28 架 SB-II，由費多爾波雷寧（Fedor Polynin）上尉大隊長帶隊，跟進轟炸地面日機及基地維修設備。第一批飛機在福建出海後，由於領航錯誤，偏離航向穿越東海，進入茫茫太平洋找不到台灣，只好回頭降落福州機場待命；後因台北已遭第二批轟炸，喪失奇襲先機，只好無功

飛返南昌。

第二批轟炸機比較順利，在密雲中飛抵台灣。但由於雲中飛行不易保持編隊，28 架俄員隊的 SB-II 中只有 8 架於 12:05 找到台北基地，對準機庫及油料區投彈 10 餘枚後即脫離而返。日軍根本未料到位於「大後方」的台灣會遭受遠程轟炸，毫無警覺下措手不及。陸軍 3 飛團 12 架飛機，在機棚及停機坪上遭炸毀，油庫被炸中延燒，1 個飛行團的 3 年戰備航空燃油付之一炬，整個飛行基地癱瘓近一個月才恢復正常運作。

第二批飛抵的俄員隊有數架掉隊找不到目標，卻陰錯陽差地飛抵隨機目標的基隆港上空，旋即對泊港日軍艦艇投彈，當場炸損艦艇數艘及碼頭倉庫設施。編隊主力有 10 餘架俄員隊的 SB-II 飛過了頭，於 13:00 抵達竹東上空，對「日本南方水泥」的竹東橫山工場投彈數 10 枚後離去。

中俄聯軍對北台灣的奇襲，使大本營手忙腳亂、大驚失色，更對日軍航空部隊毫無招架反擊能力，至為震怒。接到被襲情報的大本營，遂於日落時分著令華南及台灣各航空部隊指揮官，以現有航空兵力監視並攻擊福建境內我空軍各前進機場航站。當日，陸軍 3 飛團 8 飛聯 10 飛中的中島九七式戰鬥機以牙還牙，炸射對岸的福州前進機場，防止俄員隊再度跨海襲台，但掩蓋不了日軍遭奇襲之恥。大本營震怒下，將督導台灣空防的台灣軍參謀長秦雅尚少將撤職。

隔日清晨，迷航的空軍第 1 大隊 SB-II 二度由南昌出擊台灣。這次選擇的航路，係由南昌飛越杭州出海，再由東海上空筆直南下朝台灣前進，完全繞過日軍監控的福建空域。只可惜，在 11:45 通過杭州南方時，被日軍偵獲。SB-II 機群飛抵北台灣彭佳嶼外海時，3 飛團駐守台北（南）飛行場的戰備警戒機已升空攔截。空軍 1 大隊帶隊官遂當機立斷，放棄任務，率隊鑽入雲層中擺脫日機追擊，飛返南昌。由於日機失去我空軍機及蹤影，只得任由空襲警報在台灣全島及日本南九州整日長鳴，直到夜暗始停。

蘇俄戰績　低調隱沒

在俄員隊首度空襲北台灣一個月後，海軍高雄空才點編成軍（見第四章所述）。未料成軍才一週，又有情報顯示我空軍戰機 20 餘架，自華中大舉南下福建駐防。高雄空在炸射訓練流路中，於 4 月 27 日奉命首度跨海攻擊，邊訓邊戰。高雄空以全隊 18 機轟炸我空軍福州前進機場，對跑道進行徹底之破壞，使之不能再作為攻擊台灣的中轉基地，進而考慮派遣特別陸戰隊奪佔閩境唯一的福州前進機場航站，不讓空軍使用。而日軍在台灣遭受首次俄員隊的奇襲後，連續 5 個月對海峽正面的浙、閩、粵境內的前進機場航站，施以制壓性轟炸。

轟炸北台灣的戰果，嚴格來說效益並不大，甚至投擲炸彈失去準頭，誤炸基地外民宅，造成台灣無辜民眾 9 死 29 傷的悲劇。但在陪都重慶公布的戰報，卻使得因戰局不利所造成的沉悶氣氛為之豁然開朗，也是空軍自八一四空戰大捷後，藉俄員隊之功的另一次 12：0 的無戰損完勝。

1938 年 6 月，武漢保衛戰開始，空軍再度被迫向後撤退至昆明－重慶－蘭州一線，執行戰略防守任務，距離台灣就更為遙遠，SB-II 轟炸機已無法攻擊台灣。直到 5 年後，我空軍轟炸機才再度飛臨台灣空域。

1939 年 5 月 11 日，蘇聯與日本在外蒙與滿州邊界，爆發「諾門罕戰役」，在 4 個月的消耗戰中，蘇聯折損近 300 架戰機，駐華俄員隊一度增兵達 8 個飛行大隊，使用近 200 架戰機牽制日軍，致使日軍駐滿州的 2 飛集與華東的 3 飛集窮於應付紅軍戰機。

同年 9 月，德軍閃電入侵波蘭，歐戰全面爆發，俄員隊逐批返國參戰。另鑒於國軍與共軍在華北衝突不斷升高，致使蘇聯不滿，遂於 1940 年 6 月飭令俄員隊減編，僅留駐 1 個驅逐大隊，負責教導、訓練國軍接裝。

1941 年 6 月，德軍發動「巴巴羅沙」作戰入侵蘇聯，俄員隊緊急撤收駐華戰機，僅留 48 名顧問負責點交俄製戰機與維修裝備予我國。俄員隊於同年 10 月底全數返蘇，結束紅軍來華助戰任務。抗日後期的聯盟作戰，則改由美軍接手。

俄員隊隱密助華抗日 4 年餘期間，非常低調。儘管與我空軍混編、師徒共乘、帶飛出擊不計其數，但雙方飛官只有公誼，幾無私交。俄員隊員全都使用化名且軍階錯置，其戰術、戰法亦難窺其堂奧，相關的作戰檔卷，俄員隊從不釋出且全數攜帶返國。他們的輝煌戰績，向不對外公佈，我方推估俄員隊共擊落、擊毀日機 459 架，擊沉日本船艇百餘艘。在抗戰前期俄員隊以半年輪調模式，共派出 9 批志願隊員合計 3,665 人次 （含近 1,100 人次的空勤組員）來華助戰，陣亡與公殉者高達 214 人。俄員隊 4 年內逐次投入 1,250 架軍機、耗損 1,210 架，折損率高達 97%。

我國軍此期間也向蘇聯採購 1,159 架俄製軍機、接收留下的 40 架戰機，合計達 1,199 架。其中含 777 架驅逐機、292 架輕型轟炸機、30 架重型轟炸機、100 架教練機。另採購足量飛機零附件與備用發動機，以及 215 萬枚各型炸彈與機砲彈。然而空軍的俄製軍機，在抗戰前期的戰損連同戰耗，亦高達 1,091 架，折損率達 91%。八年抗戰全期程，我空軍運用俄製軍機與俄製百餘門高射火砲，亦締造擊落、擊毀日機 590 架的戰績。最後 1 架俄製軍機服勤至抗戰勝利後的 1946 年初，方自國軍除役功成身退，見證了抗日八年期間蘇聯來華助戰的史詩。

海權優先　美軍涉台

自 1939 年起，抗日戰爭進入最艱苦的歲月，日軍先後發動數次大規模戰略性攻勢，包括隨棗會戰（1939 年 5 月）、長沙會戰（1939 年 9 月）、桂南會戰（1939 年 11 月）、豫南會戰（1941 年 1 月）、上高會戰（1941 年 3 月）及晉南會戰（1941 年 5 月），將國軍防線進一步壓縮至內陸，憑險固守山區。而歐洲大陸爆發全面戰爭，列強紛紛將一切資源投入歐陸戰場，援華物資更形匱乏。來華助戰的俄員隊，也陸續返國參戰，使得蘇聯志願隊兵力逐漸減少。最後因日、蘇正式簽定中立條約，1941 年底，蘇聯撤收俄員隊，老舊的飛機與裝備，則就地移交空軍繼續使用。

1940 年 9 月 13 日，是我空軍最晦暗的日子。該日，日軍以 54 架九六式陸攻、13 架甫點編成軍的零戰進襲重慶，空軍仍以舊式雙翼 I-15 及單翼 I-16 驅逐機 42 架迎戰，在壁山附近與零戰遭遇。空軍面對優勢敵機，除防禦外幾無還手機會；當天有 13 架慘遭擊落、11 架被擊傷迫降，飛行員 10 死 8 傷，損失慘重，零戰無損完勝！國軍在極端劣勢下，只得採取避戰作為，以保存僅餘的戰力。到該年底，空軍僅餘堪用戰機 33 架。1941 年初，政府接收俄員隊殘機並添購同型新機，補充了 231 架俄製飛機。但是這些落伍的裝備，根本無法和零戰對抗。避戰，仍是國軍唯一的作為，派機轟炸台灣的日軍基地，已是遙不可及的計畫，直到美軍接力俄員隊來華助戰，該項計畫才有執行的可能。

美軍對台灣的恩怨情仇甚至欲奪島據為己有，須追溯自 19 世紀的「海權論」倡議說起。美國海將馬漢（RADM Alfred T. Mahan，美國海軍官校 1859 年班）巨著《海權對歷史的影響：1660-1783》（*The Influence of Sea Power Upon History 1660 ~ 1783*），總結出「大航海時代」以降 2 世紀以來，全球各海權大國運籌之謀略與海軍建軍用兵之戰略。把海權理論化的先驅者馬漢，歸納出行之有年的遠洋海軍戰略須有四項元素支撐：一、火力集中運用於核心目標；二、海軍兵力部署於戰略中央位置；三、前推建構海軍基地以翻轉外線被動作戰的劣勢為內線主動作戰的優勢；四、維護海上交通線的安全與暢通。嚴格看待馬漢的海權論，隱含帝國以軍領政、殖民海外、佈局全球的戰略野心。

工業革命降臨後，台澎地區的海洋戰略地位，也印證諸強權在此海域長年經略，藉以實踐馬漢的海權論；工業革命火紅的 19 世紀，也是列強殖民亞太的高峰期。台澎地區為亞太海上交通線必經之處。因此，美軍若要前推至遠東掠奪資源，必須建構海外基地，而台澎必為首選。唯競逐者眾，前有大航海時代的葡萄牙、西班牙、荷蘭染指福爾摩沙，後有英、法、日接踵而至窺伺。

美國海軍遲至 1854 年，始派東印度支隊馬其頓勇者號（*USS Macedonian*）三桅快船，在派里主導下強訪福爾摩沙雞籠（今基隆），要求大清帝國允許將基隆作為美國海軍基地，以港區鄰近煤礦補充補給，並維護福爾摩沙周邊海上交通線

的安全。唯主政的咸豐皇帝諱於英、法列強壓力，對美軍置之不理。

　　福爾摩沙周邊海上交通線季風強勁、加諸颱風肆虐，海上商旅船難頻仍，落難水手漂流登島多告失蹤，遭台灣原住民誘殺的謠言始終不斷。等到美國海軍忙完南北戰爭後，始再度派艦前進福爾摩沙護僑。1867 年 3 月美國商船羅發號（*MV Rover*），航經呂宋海峽七星岩觸礁沉沒，14 名美籍海員與眷屬漂至屏東的排灣族社頂部落海灘登島，然遭排灣族人捕殺斬首，僅 1 名水手脫逃報案。大清帝國以「化外之地難以管束」為由卸責，美國遂主動檢派海軍東印度支隊哈福特號（*USS Hartford*）旗艦，率僚艦懷俄明號（*USS Wyoming*）砲艦赴福爾摩沙緝凶。

　　美軍首次武裝「遠征福爾摩沙剿蕃作戰」，設定 D 日為 1867 年 6 月 13 日，登陸部隊在屏東恆春牛溪出海口，遭排灣族戰士伏擊，特遣支隊旗艦副長兼登陸副指揮官麥肯吉少校（LCDR Alexander S. McKenzie，巧與海權大師馬漢同為美國海軍官校 1859 年班同學）遭擊斃！美軍無功退兵，雖然由美國駐廈門總領事親赴轄管之台灣，逕自與屏東下瑯嶠排灣族頭目口頭訂下「南岬之盟」，但兩造雙方都不信從此相安無事，美國對強悍的福爾摩沙原住民印象深刻，也就拱手讓出這「化外之地」，先後遭英、法、日掠取福爾摩沙殖民利益。

　　距「遠征福爾摩沙剿蕃作戰」還不到半個世紀，美國商船在南台灣又出事了！1903 年 10 月 7 日，美籍商船西渥號（*MV Sewall*），航經呂宋海峽遇颱風損毀棄船。12 名海員與乘客搭救生艇漂至紅頭嶼（今蘭嶼），遭達悟族人阻攔劫持凌虐，僅 5 位海員由駐島日籍員警救出。事發後美軍立即檢派亞洲艦隊 2 艘砲艦──1,500 噸級的旗艦慧明敦號（*USS Wilmington*）及千噸級的奧地利號（*USS Don Juan de Austria*），自日本南下緝凶。台灣總督府先一步遣恆春廳警察小隊登島勤蕃，唯遍尋不著失蹤的 7 名西渥號海員與乘客，據信已遭達悟族虐殺毀屍滅證，其中包括美籍三副與他的日籍新婚妻子。此事件稱為「紅頭嶼事件」，美國無奈地退兵，開始著手規劃如何越過台灣的管理衙門自行「理蕃」。

美日關係　不再復返

日本鏟除封建武士分權、一統皇權而啟動「明治維新」，於 1867 年著手現代化之後，圖貫徹「富國強兵，布國威於海外」方略，故擬對外侵略擴張版圖、掠奪資源加速現代化。而美國自 1880 年起，就將日本的擴軍，視同對美國全球利益最嚴重的威脅。世界列強之間弱肉強食，為掠奪全球資源與利益終歸兵戎相見。1895 年台澎割讓予日本後，美軍按照海權論的戰略指導，初擬美軍對日作戰方案，其中前推占領福爾摩沙，建構海軍基地以切斷日本賴以生存的海上交通線，就列為對日作戰重要選項之一。

美國自 1898 年起，在北台灣設置領事館，透過外交官員與諜員現地查訪，回傳日本在台的滾動式戰略情報，迄美日兩國宣戰後被迫閉館，館員變戰俘。此外，美國亦於同年的美西戰爭贏得菲島作為殖民地建置海軍基地，但發現菲島偏離海上交通軸線，對落實遠東地區海權論，菲律賓的地理位置並不理想，無法取代台澎的戰略地位。

日本取台不到 10 年，又於 1904 年發動日俄戰爭，奪取俄國資源。1918 年一次大戰結束時，日本再掠取德意志帝國在遠東利益，美國終於在 1922 年定編對日作戰的「橘色計畫」（War Plan Orange）。日軍隨後於 1931 年占領滿州，再於 1937 年發動中日戰爭大舉侵華，美國當即修編定稿「橘色計畫第三版」，並積極準備對日作戰。中日戰爭戰略僵持的中期，歐戰於 1939 年 9 月全面爆發，蘇聯對華軍事援助因自顧不暇而大幅減少，致使我國外購俄機的來源也遭切斷，戰力經過長年作戰損耗逐漸萎縮。直到 1941 年 3 月美國實施武器貸款與援外法案，我國積極爭取美援戰機，航空戰力才稍獲改善。

美國在不願與日本撕破臉的前提下，低調援華抗日。1941 年 8 月 1 日，美軍以傭兵模式編成第 1 美國志願大隊（即世人熟知的飛虎隊），隊部前推進駐雲南昆明，準備由美軍「假退役」飛行員駕駛美造驅逐機百架助戰。1941 年 12 月 8 日，日軍突襲美國珍珠港，爆發第二次世界大戰。日軍還同步自台澎啟航攻奪

菲律賓，美軍措手不及，被迫在夏威夷、菲律賓、我國等太平洋地區三面作戰。
當天駐守菲律賓的美軍，手上雖有轟炸台灣報復性攻擊之「橘色計畫第三版」腹
案，但此際美國陸航 35 架駐菲 B-17 重型轟炸機，面對日機隨時由台灣南下炸射
的威脅下，只得匆匆升空疏散避戰，最後過半數遭日機擊落或在地面被摧毀，殘
機紛紛退避至澳大利亞（見第四章）。

　　太平洋戰爭爆發後，我國始公開對日宣戰，並與英、美合作，在太平洋戰區
進行聯盟作戰，共同抗日。由於日軍在台澎已興築重要飛行場站與港埠，加諸腹
地廣闊物產豐富，美軍若能占領，以地利之便就近可作為攻奪日本本土的跳板。
此一作戰構想，迅速浮出檯面，惟太平洋戰爭初期，美軍節節潰退、自身難保，
只得邊打邊構思奪佔台澎的具體行動方略。

　　珍珠港事變過後 2 週，美國飛虎隊於 12 月 20 日首次在雲南迎擊日機，旗
開得勝，擊落 4 架日軍重型爆擊機。在飛虎隊來華助戰的頭 7 個月內，總計擊
落、擊毀日機近 300 架，輝煌的戰績，對我國民心士氣鼓舞甚大。1942 年 7 月，
飛虎隊奉命解編，人機均被納入新編成的美國陸軍第 14 航空軍（Fourteenth Air
Force），司令官仍由飛虎隊隊長陳納德擔任。

　　太平洋戰爭爆發後，在優先保住歐洲的政策下，我國並非主戰場，只能算是
太平洋戰場底下的中緬印戰區。不過，從我國執行遠程轟炸，可威脅日本南進的
側背如台灣、印支半島及菲律賓，更可進一步轟炸日本內地之戰略目標。美軍在
華助戰，須優先重建我空軍，使之具有出海擔負遠程轟炸的能力，更是美軍在華
航空作戰的當務之急。美軍在開戰後一年內，就積極協助我空軍換裝美式軍機，
逐批汰換過時的俄製裝備。

貼海進場　奇襲新竹

　　太平洋戰爭爆發時，美軍的轟炸機，包括 B-24「解放者」式重型轟炸機及 B-25
「米契爾」式中型轟炸機，自我國內陸出擊，作戰半徑均可涵蓋台澎地區，但要

有戰鬥機全程護航，則須開闢華東前進機場航站，以利戰鬥機轉場落地加油。若能在湖南芷江或江西遂川闢建機場航站，上述轟炸機不但可由戰鬥機全程掩護轟炸台澎，更可單獨趁夜暗掩護，深入日本關西地區作戰略轟炸。

　　盟軍在我國戰區整備航空兵力，最高優先為儘速裝備美國第 14 航空軍的戰鬥機，為自活而戰。1942 年底，第 14 航空軍以赫赫有名的 P-51「野馬」式戰鬥機 10 架與 P-38「閃電」式戰鬥機 14 架混編，組建了第 23 戰鬥大隊，下轄 4 個戰鬥中隊。這些最新空優機的引進，就是用來確保基地的局部空優，以防止日軍空襲。

　　由於我國對外交通悉遭切斷，中美空軍油料與械彈供應全靠空運，由運輸機自印度飛越駝峰航線，運抵雲南與四川大後方。1943 年初的運量，每月僅得 5,000 噸的油彈補給，勉強提供中美空軍小規模的戰鬥任務。要整備大規模的出海轟炸任務，還得經年累月先行運送油彈，待累積足夠儲量後才可跨海遠征。

　　受到駝峰航線後勤補給能量限制，第 14 航空軍要到 1943 年 5 月，才編成第 425 轟炸中隊（10 架 B-24）、第 11 轟炸中隊（15 架 B-25），再加上 100 架運輸機與 5 架偵察機，這是僅有的實力。國軍則接收飛虎隊留下的美製驅逐機以汰換俄製戰機，僅保留部份俄製輕型轟炸機，總兵力也僅有 165 架。

　　為了有效提升我空軍換裝美製軍機的戰力，中美雙方在 1943 年 8 月編組「中美混合聯隊」，將我空軍第 1、3、5 大隊納編，隊職官由中美兩方各派一人，形成雙料的部隊長，美方嚴訓我方飛行員戰技，需達到美方標準。1943 年 10 月初，空軍 1 大隊第 1、2 中隊完成 B-25 換裝，3 大隊第 7、8、28、32 中隊亦完成美製驅逐機換裝。斯時，中美航空作戰總兵力已達 359 架，含 B-24 轟炸機 18 架、B-25 轟炸機 36 架、P-38 戰鬥機 24 架、P-51 戰鬥機 26 架與其他美製驅逐機 135 架，另有運輸機及其他各型飛機 120 架。論數量，這與 6 年前七七事變時相較約略概等，但由於中美混編，其戰力遠較當年強盛不知凡幾；唯一的限制，是駝峰空運後勤補給量，約束了中美空軍的作戰能力。

　　太平洋戰爭爆發後，日本警覺到美軍航空兵力的助戰，戰略目標必然是長程

轟炸台澎及日本內地。1942 年 2 月，日本加強華南的空中巡邏武力，警戒防範中美空軍聯合出擊。3 月，國軍積極闢建湘、贛、浙境內各前進機場航站，日軍獲得上述情報後，更為緊張。3 月 21 日，日本透過軍方廣播，呼籲在日本內地及台澎民眾提高警覺，防範中美空軍空襲。

　　為截堵中美空軍出擊，日軍自 1942 年夏起，持續發動華南空戰，將陸軍 3 飛師與 5 飛師展開於河內－廣州－武漢軸線，經常實施干擾性空襲，騷擾中美空軍位於昆明－桂林的航空部隊。不過，國軍飛虎添翼，求戰心切，已由被動變主動，逐漸掌握戰場空優，使得日軍將在華制空權拱手讓出。以 1943 年 5 月的鄂西會戰為例，中美空軍出動轟炸機 80 架次，驅逐機 326 架次，支援地面部隊固守宜昌、宜都一線，防止日軍侵入陪都重慶。在為期 5 週的鄂西會戰期間，中美空軍擊落、擊毀日軍 3 飛師各型飛機 47 架，致使日軍航空兵力元氣大傷。

　　日軍空中拼鬥漸感吃力，只好仰賴科技裝備加強空防，以有效抵擋迫在眉睫的中美空軍對台澎及日本內地之戰略轟炸。這個科技裝備，就是「電波探信儀」（電探，即搜索雷達）。日本海軍依據歐洲戰場蒐集之科技情報，於 1941 年 3 月開始著手研發雷達，於 1942 年 1 月完成了陸基「電探一號一型」。5 月完成了艦用「電探二號一型」，8 月完成了機載「電探空六號一型」。有關雷達之測試、量產、維修與配發，日本以最高優先建案處理，然因屬研究階段，其效率與功能有待改善，生產各部門也有諸多瓶頸待克服。

　　日軍於 1942 年推出陸基「電探一號一型」後，立即裝設於日本絕對國防圈——日本內地、沖繩、台澎、華南、菲律賓及硫磺島。到 7 月底，海軍特種監視隊完成主要雷達站之戰備。為防範中美空軍對台澎實施奇襲轟炸，特別是針對駐防桂林基地的中美空軍轟炸部隊，日本在廣州白雲山頂、澎湖馬公風櫃、台灣本島大崗山及鵝鑾鼻 4 個戰略位置，裝設「電探一號一型」的雷達站。唯早期的日軍雷達功能有限，最大搜距雖可達 140 浬（約 260 公里），但只能左右轉動 130 度的扇形角，僅涵蓋全方位的 36%；800 公尺以下的低空，是雷達的死角，而且只能連續操作 8 小時以免雷達過熱燒毀，之後還得關機至少一小時，才能降

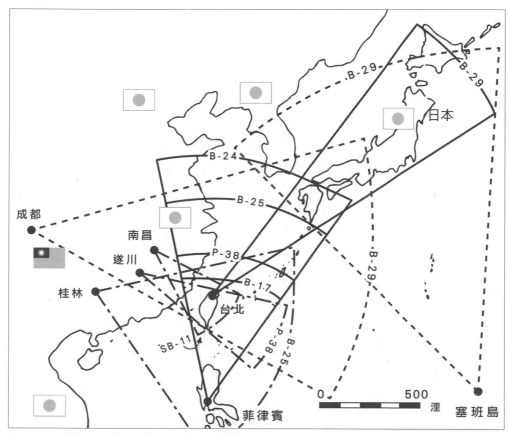

太平洋戰爭期間，盟軍各型轟炸機與偵察機自華南、台灣、菲律賓及塞班島等要域出擊的作戰半徑。（作者、蔡懿亭繪製）

溫再啟用。

摸清底細　再轟新竹

　　美國第 14 航空軍在華的另一項絕密任務，即以地利之便就近向東南亞、台灣及沖繩實施空中偵照，以獲取及時軍事情報，作為戰略計畫擬定及戰術攻擊實施之主要依據。執行此項九死一生敵後任務的單位，是 1942 年 8 月成軍的 14 航

空軍第 21 照相偵察中隊（21st Photographic Reconnaissance Squadron）以分遣隊的方式在華值勤。他們所使用的是 5 架與第 23 戰鬥大隊同型、以 P-38 戰鬥機改裝的 F-5 偵照機。偵照機只是將機砲彈艙改裝，以容納垂直高解析度照相機；以其雙尾桁飛行平穩及航程遠的特性，靠飛行員過人的膽識與飛行戰技實施敵後偵照任務。

　　F-5 偵照機續航力能及之處，美軍都檢派偵照機前往照相。1943 年中期以後，第 21 照相偵察中隊開始派機飛臨南海諸島上空實施低空偵照，一方面提供日軍在各島駐泊的艦艇動態予美軍潛艦以利伏擊，另一方面亦從所有空照圖片中，解讀各地防務詳情，以作為爾後盟軍揮師攻奪菲島、台澎、大陸東南沿海時，沿途轟擊的參考。該年底，1 架 F-5 偵照機在南海新南群島的長島偵照時，遭日軍島上防空砲火擊落，在鄭和群礁潟湖內墜海。

　　自 1942 年 9 月起，F-5 偵照機即擔任東南亞至南海、台澎至東海的空中偵照任務，依目標區氣象條件，美軍選擇特定的日本軍事目標進行偵照。迄二戰結束為止長達 3 年的偵察任務中，第 21 照相偵察中隊出勤近 2,000 架次，其中有四成為偵照台澎地區的日軍目標。

　　為避開日軍雷達站，F-5 偵照機要到台澎空域拍照的航路，多由湖南衡陽出航，先飛到浙江麗水、衢州加油，再中轉出海，超低空貼海飛行至台灣岸外，再鑽升至 3,000 呎的照相高度，由北往南或反向一路偵照。這種能見度良好就反覆偵照的頻率，使得盟軍獲得珍貴的日軍動態情報。負責台灣要域防空的日本陸軍戰鬥機，時速較 F-5 偵照機慢了 60 節，想攔截根本尾追不上。以高雄港船舶進出港的偵照為例，美軍依據在港艦艇與錨泊商船的泊位判讀，不但可掌握船舶進出港的動態，更可研析碼頭棧埠裝卸貨物的吞吐量。

　　自 1943 年夏開始，中美空軍即聯手展開轟炸作戰的參謀作業。根據空照圖的研判，擇定了 3 個軍事要地為目標區：高雄港、台南基地和新竹基地。高雄港為日本最重要的補給港，運補船進出頻繁，鄰近壽山又是高雄要塞區所在地，唯高雄要塞區遍佈防空砲火，嚴陣以待。台南基地為日本海軍航空部隊南台灣軍事

重鎮，且週圍工廠、糖廠林立，轟炸時一舉數得，但基地內的新台南海軍航空隊，為內戰作戰實施部隊，有 65 架戰備值班的零戰，攔截纏鬥能力強。至於新竹基地，有海軍新竹航空隊的實機練部隊駐防，以熟飛提升轟炸能力為主，場站周圍防空砲火單薄。參謀作業數案並陳，陳納德將軍採納了威脅最輕的新竹作為第一目標，高雄港則列為第二順位，唯目標最後的選擇權，責付任務指揮官臨場依狀況定奪。

8 月底，位於江西遂川的前進機場航站闢建完成，開始逐批累積貯存航空燃油及各類械彈，以利任務機中轉。為了防範日本陸軍 3 飛師自 150 浬外的江西南昌機場就近來襲，遂川當地政府動員民眾建立了完善的對空監視哨網，使得每次日機來襲，中美空軍戰機立即升空迎擊，地面軍事設施則妥善偽裝、加強隱蔽，使得日軍每次臨空掃蕩均無功而返。

根據 11 月 3 日的偵照圖結果，國軍判讀新竹基地停有日本海軍舊型九六式陸攻 88 架，遂決定立即突襲。但是 11 月初華南天氣轉劣，不適合飛行，任務就一延再延。所有任務機均分散在後方各基地待命，飛行員個個磨拳擦掌，靜待跨海出征的命令，士氣高昂。

在日軍嚴密防備中，要成功轟炸新竹並安全返航，還是要靠高度的保密和出奇不意。跨海攻擊新竹的任務，統由陳納德將軍的首席戰將——第 14 航空軍第 23 戰鬥大隊（23rd Fighter Group）大隊長希爾上校（COL David L. Hill）擔任領隊，由該隊的 8 架 P-38 戰鬥機擔任制空，7 架 P-51 戰鬥機提供掩護。轟炸的基幹，由第 14 航空軍 11 轟炸中隊（11th Bombardment Squadron）的 8 架 B-25 轟炸機，及國軍 1 大隊 2 中隊的 6 架同型機混編。國軍參戰的隊職幹部，有 1 大隊副大隊長李學炎，機長張天民、梁寅和及吳超塵等。這也是國軍八年抗戰期間，唯一實際參與轟炸台灣的任務。

11 月 24 日，偵照機再度飛臨台灣，返場沖洗出的空照圖，顯示新竹基地仍有 81 架九六式陸攻整齊排列在停機坪，領隊希爾上校遂決定利用第二天實施白晝攻擊，以提高投彈命中率。29 架任務機分批由昆明、桂林、零陵各地前往江

西遂川集中。日落之後,各機先後利用夜暗的掩護抵達遂川,轉場落地停入機堡;只要被日軍發現,這趟任務就喪失了奇襲效果。

隔天,氣象預報目標區天氣晴朗,東北風,能見度 5 浬。希爾上校宣佈轟炸目標為新竹基地,各機開始準備出擊。14 架 B-25 滿載了各式炸彈,計有 168 枚的 125 磅通用炸彈、7 枚 100 磅燃燒彈、72 枚的 20 磅人員殺傷彈。15 架戰鬥機則裝滿機槍彈與機砲彈,不外掛炸彈,但加掛副油箱以全程護航轟炸機。

09:30,任務機陸續離場升空,於 10:05 在遂川上空密集編隊完成後,向東飛進閩境。為了避開日軍雷達站搜索,希爾在福建山區採地貌匍匐飛行,以地形作掩護,免遭日軍雷達偵獲。13:00 希爾的任務機隊準時出海,在台灣海峽上以離海面 20 呎高度貼海飛行,位於澎湖馬公風櫃的日軍雷達站,竟然不知中美混編機隊正以雷霆萬鈞之勢,在 50 浬以北掠海衝向新竹。

14:02 飛抵新竹南寮沿岸時,希爾下令 8 架 P-38 戰鬥機加速鑽升,爭取制空高度。無巧不巧,正好碰上新竹空的 20 餘架日機以整齊大編隊離場升空,進行實機練飛行。P-38 把握先機,跟蹤俯衝從後掃射,獵殺這批毫無警覺的訓練機隊。一個派司過後,就在跑道頭外擊落了九六式陸攻 6 架、零戰 6 架和運輸機 2 架,其餘日機在受驚之餘,紛紛各自奪路逃竄至附近飛行場站落地。

就在同一時刻,希爾的 B-25 由南寮進場,爬升到 1,000 呎的高度,沿著新竹基地跑道座向,以單機跟蹤隊形,自西南朝東北一路轟炸停機坪上排列整齊的九六式陸攻;所攜帶的 247 枚炸彈全部投下,準確命中基地內的停放機、棚廠、機堡及塔台。

待 B-25 通過機場後,擔任掩護的 6 架 P-51 戰鬥機始脫離編隊,繞返機場,低飛掃射尚未命中的日機,然後加速跟上飛臨竹北上空的混編機群。最後,擔任制空的 8 架 P-38 也俯衝進場,低飛掃射殘餘的日機,順便確認戰果,再加速離場與大編隊在新豐外海會合。

整個過程,從 P-38 開第一槍,至最後一架殿尾的戰鬥機掃射完離場逸去,全程不超過 3 分鐘!各任務機都只進場炸射一次後就脫離,新竹基地周圍的防砲

陣地，均未來得及發射一槍一彈反擊。14:06 希爾機隊又以超低空貼海飛行，橫跨海峽飛返桂林基地。

中美機隊在新竹基地除了投擲炸彈外，戰鬥機也俯衝掃射了機場內的停放機，耗用掉 410 發 20 公厘機砲彈及 8,000 餘發 50 機槍彈，所造成的戰果十分驚人，當時初估擊落在空日機 14 架，地面擊毀日機 28 架，另外可能炸毀陸攻 7 架及零戰 3 架。日本海軍新竹空的 81 架軍機，在短暫急促的中美聯合旋風式奇襲下，3 分鐘內就報銷了 52 架，日軍竟未及抵抗。此次突襲，中美機隊沒有傷及任何一位台灣民眾，更屬難能可貴。中美機隊除了一架 P-51 低空掃射時機翼擦撞樹枝，另一架 B-25 遭炸彈破片反跳撞及機腹略為受損之外，其它任務機全師安返，也是空戰史奇襲轟炸的典範。

中美機隊消失在海平線之後，新竹市始施放空襲警報，擔當台澎要域防空的陸軍 3 飛團警戒機的川崎二式複戰「屠龍」與中島一式戰鬥機，亦匆匆自台北（南）飛行場起飛，趕赴新竹外海攔截中美混編機隊，然而大海茫茫不見其蹤影，斯時中美機隊早已進入大陸，飛返桂林基地。

日本受此打擊，大本營除了加強台灣空防，一個月後裁撤掉名存實亡的新竹空，並將其上級主官高雄警備府司令長官山縣正鄉中將撤職，他也是在任僅 5 個月餘、任期最短的高雄警備府指揮官。山縣中將降調至聯合艦隊駐蘭印之第 4 南遣艦隊接充司令長官，一年多後搭機經台返日途中殞命（見第四章）。負責督導台澎要域防空的台灣軍參謀長樋口敬七郎陸軍少將，也同遭撤職。另外，為亡羊補牢阻擋中美機隊再度自華南出海空襲，日本陸軍自本土急調 246 戰隊駐守屏東，穩住陣勢。另自滿州遣 2 飛師 12 飛團主力，南下湖北武昌展開，增援華南的 3 飛師遂行要域防空，期以事先攔截中美機隊再度出海遠程轟炸的企圖。

諜影罩台　戰局逆轉

中美機隊奇襲台灣新竹基地的同一週，全球另有兩項影響戰局的事件正在發

生。首先是 1943 年 11 月 23 至 26 日，美、英、中三巨頭在埃及碰面舉行「開羅會議」，會後的《開羅宣言》要求日本在二戰結束後須將台澎與滿州歸還給中華民國。其次是 1943 年 11 月 20 至 24 日，美軍攻奪日軍駐守的南太平洋塔拉瓦環礁貝壽島，掀起太平洋戰爭期間最經典也是最血腥的兩棲攻防戰（參見第十章）。《開羅宣言》政略性的宣示，並未提及戰爭期間誰可攻奪台澎？即便二戰結束時日本仍然盤據，到底要如何歸還我國？在太平洋彼端，塔拉瓦兩棲攻防戰讓美國轉守為攻，日本在戰局中情勢逆轉，開始節節敗退。

　　《開羅宣言》與塔拉瓦兩棲攻防戰誘使美國思考重振「海權論」奪佔台澎，既可當作登陸日本本土的跳板，又可作為戰後美國在亞太地區的基地，以維護美國戰後在遠東掠取的既得利益。當美國將塵封多年的「橘色計畫第三版」重行檢視，才發現中日戰爭在 1937 年爆發後，日軍憲兵大幅限縮美國在台北領事館外交官的情蒐活動，雙方於 1941 年底宣戰後，美國甚至被迫閉館，致使美國宣戰後兩年多以來，對台澎內部情況的變遷一無所知。美軍陸航固然提供珍貴的空中偵照圖片，終究是冰冷的照片。偵照圖對美軍轟炸任務或許有莫大助益，對奪島作戰，就須要有接地氣的諜員潛伏蒐取諜報。

　　中日戰爭前期，我國與來華助戰的盟友交換情報互惠，也促使我國把獲取台澎的社、商、政、民、軍等情資與國際共黨活動資料，提高任務的優先層級。中日戰爭爆發前，由我國併編設置的「軍事委員會調查統計局」（軍統局，國防部情報局前身），就一肩扛起了蒐集台澎地區資料的重責。

　　當時蒐集密情，以直接擷取極機密的紙本文件最為有效。軍統局當即由閩、粵遴派台語、客語流利之諜員，先後潛入台北、基隆、淡水、高雄、左營、東港、馬公等日軍營區周邊展開佈建。運用愛國志士及抗日份子，蒐取日軍機密文件並予拍照，再透過兩岸商旅將圖照攜返研析運用。與美軍交換這些紙本情資後，深獲美方讚揚，肯定我方情蒐能力。

　　太平洋戰爭爆發後，美軍為了反攻西太平洋進逼日本本土，由美國「戰略情報局」（Office of Strategic Services，OSS，中央情報局 CIA 前身）主動與軍統局展

開合作，積極掌握台澎情資，為美軍奪島預作準備。1942 年 9 月，美國派遣化名偵譯專家威爾曼上尉（CAPT Theodore J. Wildman）及伊吉上尉（CAPT Daniel W. Heagy），攜帶最先進的譯電設備來華，教導軍統局的諜員偵譯日軍密情。唯兩國聯盟作戰，必須簽署同盟協定後，方能依法啟動合作。1943 年 4 月 1 日，中美雙方在美國華府簽署《中美特種技術合作協定》（Sino-American Cooperative Agreement），我國派外交部部長宋子文赴美簽字，美方由海軍部部長諾克斯（William F. Knox）簽字。

美方 OSS 因應最新情勢，遂協請我方諜員，潛赴台北及左營設置秘密電臺，就近掛線監聽、破譯、回傳以下三條日軍有線線路的加密電文──佐世保鎮守府至左營的高雄警備府線路；上海方面特別根據地隊至左營的高雄警備府線路；陸軍的東京大本營至台北的台灣軍司令長官部線路。

因應美軍在西太平洋兩棲作戰需求，中美雙方依照協定，在軍統局下新編成「中美特種技術合作所」（Sino-American Cooperative Organization, SACO）。情報特業部隊 SACO 的骨幹，由中美雙方檢派海軍官兵混編成「稻田海軍」。自 1943 年 7 月起，SACO 將每日所偵蒐之日軍紙本氣象情資，連同破譯之日軍氣象密情，加以統計、分析、討論與研判，調製成由華南沿岸外推 500 浬的海象及天氣預報圖，包括展期 36 小時的「普通氣象預報圖」與「分區概況預報圖」，用密電每隔 6 小時拍發滾動式更新之氣象情報，供美軍數十個戰術基本單位參用。

中美合作所迄二戰結束止，累計共拍發了約 8.4 萬份氣象密情電文予美軍；美方經反覆驗證後，對日軍作戰用氣象度量之精確、軍統局的截情研析預報之中肯、中美合作所拍發氣象密情之迅速，深表肯定。這些密情，戰略部份悉數作為美國修訂「橘色計畫第三版」奪佔台澎的參考資料，戰術部份連同中美合作所在外南洋佈建的諜報網之蒐報，就成為中美機隊出擊的依據。

日本在外南洋作戰，到了 1943 年底戰局開始逆轉。盟軍遂行跳島攻勢，戰火逐漸延燒回南海。日本為了搶運東南亞的戰略物資，包括原油、木材、橡膠、鋁土、鐵砂及糧食，加緊了外南洋－台灣－日本的航運頻率。而美軍也於此時

在西太平洋及南海實施潛艦封鎖戰，企圖將日本商船擊沉於途中，加速日本的覆亡。

　　台灣海峽水淺灘多，不適合潛艦活動，日本商船憑此天險，沿著海口－高雄－梧棲－基隆的台灣西海岸岸際航線，或汕頭－廈門－福州－寧波的浙閩粵近岸航線穿越台灣海峽，將外南洋軍需物資送回日本。既然美軍潛艦無力在台灣海峽截堵日本航運，任務順理成章就近交給了駐華的美國第 14 航空軍執行。像轟炸新竹基地一次出動 29 架飛機大規模的出擊，足足消耗掉駝峰航運 2 個月的運補量，再來一次恐怕要耐心等個半年以上。小規模的 2 機編組出海搜索炸射日本商船，倒是經濟實惠本少利多的作戰任務。為了避免轟炸機在大海中盲目搜索，白白損耗油料，這些任務通常由中美合作所的諜報網，經各港口及沿岸監視哨回報日本商船動態，通報船位、航速及航向。在桂林待命警戒的 14 航空軍 B-25 轟炸機，在作戰評估確認目標後，隨即下令雙機編隊出發，飛向預定攔截海域，將目標截堵炸沉。

　　針對攻船作戰的方式，B-25 研擬出一套準則。抵達目標船艦海域後，先由長機低空掃射制壓船上防空火力，僚機跟進投彈轟炸。繞圈互換位置後，第二輪由僚機掃射，由長機跟進投彈，再攻擊一次目標。由於攜帶攻船之定時炸彈及傘彈質輕，航程因而加大，滯空時間拉長，14 航空軍的 B-25 可在台灣海峽作更長時間留空搜索接戰，以有效截堵外南洋往返日本的商船。自 1943 年 12 月 1 日起，14 航空軍開始對台澎沿岸航道的日本商船，展開雙機編隊轟炸任務。23 日，還在新竹外海炸沉了日本商船南洋丸。

　　14 航空軍仍不忘情於奇襲新竹基地輝煌的戰果，然卻受限於駝峰航運量而無法執行大規模的攻擊。日軍嚴密的防空警戒，更不允許美軍對台澎要域白晝發動奇襲。因此，美軍僅於 1944 年初實施了一次小規模的遠程夜襲。

　　1944 年 1 月 11 日深夜，B-24「解放者」式重型轟炸機 10 架，於夜間飛臨高雄地區盤旋，地面日軍旋即燈火管制並施放空襲警報。美軍機隊向高雄港、日本鋁業高雄工場、小港陸軍飛行基地匆匆投彈。這是南台灣自開戰以來首次遭到

美軍之空襲，經諜員密電回報夜間盲炸，炸彈均未命中既定的軍事目標，倒是無辜台灣居民的生命財產，因炸彈不長眼而蒙受損失。

第六章

絕對防衛
——玉碎台澎

（1943 年至 1945 年）

　　1942 年，美、日海軍在中途島對決，日本大敗。美軍不但遏止了日軍南進的氣焰，戰局也隨之攻守易位。到了 1943 年底，美軍展開跳島攻勢，日軍節節後撤，敗相畢露。日本的絕對國防圈外緣，從硫磺島、特魯克、拉布爾、蘭印到緬甸，亦由後方轉變成前線。美軍一次到位的跳島攻勢，就是將矛頭穿心奪佔台澎，不但絞斷日本回運南方戰略物資的海上生命線，更可運用台澎地區既有的海港與空港作為跳板，先佯動向西跨越台灣海峽登陸閩南，與國軍在華南會師，牽制支那派遣軍與關東軍 200 萬兵力無法回防日本，再由台澎向北揮軍直取日本本土。

　　1943 年底的美軍原始作戰構想，是攻奪台灣作為登陸日本本土的前進基地。美軍所擬定攻台「堤道作戰」（Operation Causeway，或譯鋪道作戰）方案，先占澎湖泊區讓兩棲船團整補，待 1944 年 12 月氣象、海象適宜日程，兩棲登陸南台灣，待機襲捲全島。登陸日因兵力集結不及而一延再延，後因戰略情勢丕變而取消攻台計畫，總算逃過浩劫。

　　台澎地區不但是日軍南進的基地，也是日本掠奪外南洋軍需物資回運內地的中轉港。海港及飛行基地經過長年整建，一旦遭盟軍占領，反而被轉用成攻奪日本本土的前進基地。更有甚者，日本的刻意經營，已將台澎建設成一個工業發達的不沉空母。很自然的，日、美兩方都把台澎規劃為太平洋戰爭後期必然的主戰場。日本獲知美軍準備奪台後，自 1944 年起，積極地加強戰備，以迎擊美軍。

日軍防衛台澎地區的作戰構想，係以航空決戰摧毀入侵美軍艦隊、殲滅兩棲船團為優先，退而求其次則大量殺傷美軍於登陸泊區。若不能在海上阻止美軍登陸，則與美軍在岸灘決戰，並發動台灣民眾配合，在平原盆地進行焦土戰，在山地遂行游擊戰，企圖陷美軍於島內長期僵持，消耗其戰力。最後則軍民一體，玉碎台灣。台澎自活自戰的戰略目標，是膠滯美軍深陷島內，甚至不惜犧牲掉所有在地軍民，替日本本土防衛決戰的整備，爭取寶貴的時間與空間。

全面增兵　守衛帝國

日軍發動太平洋戰爭初期，迅速占領並鞏固外南洋各地後，南海由戰區變成平靜的內海，南海諸島一如台灣，成為日軍南進的中繼站。日軍巡弋於南海的軍艦、潛艦及飛機、飛行艇，經常於東沙島及新南群島的長島整補。1943 年起，美軍潛艦開始逐批潛入南海，企圖伏擊日本海運生命線，在南海航道上截堵日本將南方戰略物資回運。對於美軍潛艦在南海出沒次數的增加以及遭擊沉船艦噸位不斷地累積，大本營憂心忡忡地深入檢討成效不彰的海上航道護衛作戰。

南海平均水深超過 1,000 公尺以上且洋面遼闊，有利於潛艦伏擊作戰而不利佈放反潛水雷堰。在每年長達 5 個月的東北季風期，小噸位的日軍反潛艦艇在疾風猛浪中，往往無法執行偵潛搜索任務。到了 1943 年年中，在南海航道上遭美軍潛艦轟沉的日籍船舶已愈來愈多，遭擊沉的船舶噸位，已嚴重影響到南方戰略物資的有效回運。大本營在無計可施的情況下，遂將海上護衛戰術升級為海空聯合反潛作戰。南海諸島的戰略價值，於大本營南海護航作戰上，又發揮其作為茫茫大洋中後勤補給哨所的重要性。

執行南海海上護航及海空聯合反潛作戰的單位，是駐地在東港的海軍呂宋海峽反潛部隊指揮機構。幾經重組提升戰力之後，在 1943 年中，其下轄直屬的航空部隊 901 空（駐地東港，見第四章）及第 1 護衛艦隊的 936 航空隊（936 空，駐地新加坡）。2 隊作戰海域以新南群島的長島為界，涵蓋南海全境。兩隊均以

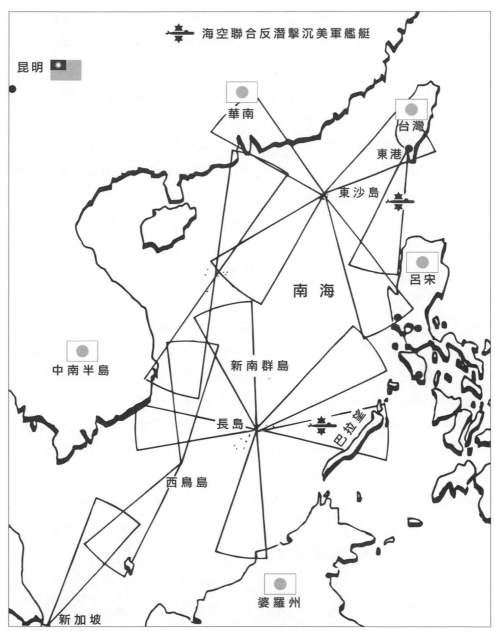

海空聯合反潛擊沉美軍艦艇

昆明

華南

台灣

東港

東沙島

呂宋

南　海

中南半島

新南群島

巴拉望

長島

西鳥島

新加坡

婆羅州

日軍發動太平洋戰爭初期，迅速占領並鞏固外南洋各地後，南海由戰區變成平靜的內海。圖為日本海空聯合反潛的作業分區圖。（作者、蔡懿亭繪製）

東沙島及新南群島的長島為轉場泊位，進行加油掛彈之整補，使南海偵潛飛行任務能維持長期滯空搜敵。901 空由堀內茂忠少將任司令官，轄飛行艇 48 架。936 空由吉田良夫大佐任司令，轄飛行艇 30 架。2 隊之飛行艇均裝有機載雷達（電探）及磁變探測儀（磁探），飛行艇與艦攻、艦戰混編成「對潛特別掃討隊 [1]」，擔任南方物資回運船團的空中反潛護航，挺身守護台澎周邊海運的安全。

日本海軍自南海諸島起飛的空中反潛掃討隊，在空偵巡一旦發現海面游弋的盟軍潛艦，當即以深水炸彈在其緊急下潛之際展開攻擊，同時滯空持續尾隨監控，通知偵巡中之反潛艦艇追捕獵殺之。雖然攻潛的機會頗多，但多無所獲，唯反潛掃討行動確實收到制壓美軍潛艦的宏效，讓大多數日本的船團均能安全通過南海。

美軍困於無法斷絕日本將大東亞共榮圈內的戰略物資回運，所派出之潛艦，在南海伏擊來往日本商船成效不彰。長此以往，戰局勢必延宕，見不到絲毫結束戰爭的曙光。1943 年底，美國高層的戰略規劃開始著手奪佔台澎的佈局，打蛇要打七寸。

太平洋戰爭爆發後，日軍航空兵力的建設有了根本性變化。海軍航空部隊負責機動攻勢作戰，在外南洋前線攻城掠地，須大幅擴充航空兵力。陸軍航空部隊負責守勢守備的要域防空作戰，在敵情威脅不大的後方，航空兵力擴充委實有限。到了太平洋戰爭爆發後第 3 年的 1943 年底，日軍航空兵力由開戰時的 4,000 架實用機，歷經 25 個月的戰爭損耗與需求，擴充到 6,500 架，絕大部份的增加，都屬攻勢的海軍航空部隊。

海軍航空部隊在 1943 年底的實力，陸基航空艦隊擴編至 4 個，航艦機動航空戰隊仍為 10 個。陸基航空艦隊編配如下：

第 1 航空艦隊（1 航艦，馬尼拉）於 1943 年 7 月 10 日編成，首任司令角田

1　編註：日文的掃討，具有掃蕩、討伐之意。

覺治中將，下轄 4 個航戰計 12 個航空隊。

　　第 12 航空艦隊（12 航艦，日本東北方面）於 1943 年 8 月 15 日編成，首任司令戶塚道太郎中將，下轄 2 個航戰計 5 個航空隊。

　　第 13 航空艦隊（13 航艦，新加坡）於 1943 年 9 月 20 日編成，首任司令高須四郎中將，下轄 2 個航戰計 7 個航空隊。

　　既有的 11 航艦（特魯克群島）時任司令草鹿任一中將，下轄 3 個航戰計 9 個航空隊。

　　海軍航艦在 1943 年底幾經戰損補充，仍維持 10 艘：輕型航艦鳳翔、瑞鳳、龍鳳、海鷹、神鷹、千代田及正規航艦翔鶴、瑞鶴、飛鷹、隼鷹之 10 個航空隊。連同陸基航空艦隊，共轄 43 個航空隊，實用機 4,000 架。

　　陸軍的航空部隊在太平洋戰爭爆發時，部署 5 個相當於爾後晉名的飛行師團（飛師），戰爭期間迄 1943 年底，僅增編以下 3 個飛師：

第 6 飛行師團（6 飛師，仰光），1942 年 11 月編成。
第 7 飛行師團（7 飛師，拉布爾），1943 年 1 月編成。
第 9 飛行師團（9 飛師，棉蘭），1943 年 12 月編成。

　　連同戰前既有的 1 飛師（札幌）、2 飛師（新京）、3 飛師（南京）、4 飛師（索羅門）與 5 飛師（曼谷）合計 8 個飛師，其下編配 21 個飛團計 62 個戰隊，實用機僅有 2,500 架，由既有的 3 個航空軍指揮機構負責維護保修。陸軍的飛師兵力規模，相當於海軍的航戰。陸軍的飛團，相當於海軍的航空隊，陸軍的戰隊則相當於海軍的加強飛行隊。

　　日軍航空部隊駐守絕對國防圈內緣的台澎地區，從太平洋戰爭爆發後迄 1943 年底，僅有海軍增加 1 個航空隊。駐守的實用機始終維持約 400 架且以海軍航空部隊為主體，包括高雄警備府 14 聯空（見第 4 章）轄屬之新竹空（新竹）、

新高雄空（岡山）、新台南空（台南）以及呂宋海峽反潛部隊的901空（東港）。駐台的陸軍航空部隊，僅有3飛師的3飛團（台北）與104教飛團（鹿港）。

　　美國第14航空軍的第21照相分遣隊，此時亦忙著偵照軍運頻繁的台澎地區。隨著戰線逐漸逼近日本的絕對國防圈內緣，日軍的軍事調動更形活躍。1944年1月10日，偵照顯示屏東基地停放著130架各型日機。隔日，偵照也發現岡山的高雄基地有113架日機。這讓盟軍非常納悶，後經中美合作所諜報員回報，這些飛行基地滿佈的停放機，全係陸軍屏東第5野戰航空修理廠出廠的堪用機，與岡山海軍61航空廠出廠的中島製全新飛機，由通過實機練的陸、海軍飛行員駕駛，前往外南洋交機參戰。因此，海軍61航空廠被盟軍標定為「日本本土以外最重要的軍事目標」。美軍要拿下台灣的必要性，愈來愈強烈。

　　1944年5月，F-5偵照機在左營的高雄要塞港，攝得6艘油品輪錨泊，讓美國高層非常震驚！原來，日本海軍的飛機，多駐防在外南洋熱帶島嶼的飛行場，這些叢爾小島不足以建置港埠碼頭供油輪旁靠卸油。最有效的補給方式非常傳統，就是將裝載航空燃油的密封油桶在小島岸際拋海，按油較水輕的物理特性，油桶會隨波漂浮。守軍用舢舨栓住油桶拖往灘岸，再以人力滾行油桶至飛行場站，立即可汲用，空油桶則用同一傳統方式回收再用。故距離外南洋戰地最近的左營海軍6燃廠，煉製好航空燃油裝桶後，由火車秘密運輸至4公里外左營軍用碼頭裝船，前運駛往外南洋。美國高層震驚之餘，奪佔左營軍事設施的使命感油然而生。

　　自1944年初起，美軍潛艦以狼群戰術進入南海伏擊，執行長期封鎖任務，企圖切斷日本的南海航道。南方原油回運時斷時續，所幸日本在外南洋掠取之原油，早在戰爭爆發後就搶運堆儲於高雄市，足夠煉製油品迄二戰結束為止。日本海軍煉製的航空燃油，前運外南洋甚至運返日本內地，也因美軍潛艦伏擊貨輪，被迫改用高速航行的一等輸送艦，以20節航速輕易擺脫美軍慢速潛艦的追擊。

堤道作戰　曇花一現

太平洋戰爭爆發後，美國在堤道作戰尚未建案前，就已依據封存的「橘色計畫第三版」兵棋推演腹案，先行研究台澎作戰問題。1942 年中，美國委託紐約哥倫比亞大學針對台澎政治、經濟、社會、交通、工礦、農林及民俗進行通盤研究，並代訓戰地政務人員，以利占領後的美軍統治。其中也運用中美合作所諜報網，以蒐獲滾動式的社、商、政、民、軍等情報，提報最新情資供哥倫比亞大學參考。我政府軍統局亦派員赴美參加研析，並協助開辦戰地政務訓練課程。

1943 年底，美軍依照中美合作所最新情資，再予修定「橘色計畫第三版」。是年底在《開羅宣言》公佈後，擬定奪台的「堤道作戰」前期計畫。當時的美軍太平洋艦隊司令尼米茲上將（ADM Chester W. Nimitz，美國海軍官校 1905 年班）堅持執行奪台行動，此計畫亦稱為尼米茲攻勢軸線或海軍攻勢軸線。

前期計畫須跨越太平洋 2,500 浬，遂行跳島攻勢，以美軍的海空兵力奪取台灣制海、制空權，先期占領澎湖，作為美軍兩棲船團整補泊區。主戰兵力為美國陸軍第 10 野戰軍團（Tenth United States Army）所轄之陸戰第 3 兩棲軍（III Marine Amphibious Corps）與陸軍第 24 軍（XXIV Corps），2 個軍共有 6 個加強師主攻南台灣，連同後勤單位共 32 萬餘人，近千艘各型艦艇及海軍 10 萬餘人，各型陸基作戰飛機及艦載機 2,000 餘架，計畫固守以左營軍港為核心、曾文溪以南、中央山脈以西的灘頭堡陣地。

在登陸 D 日直前，美軍擬派遣一個陸戰營先拿下高雄州東港郡的琉球庄（今小琉球），敉平島上駐守的日軍高雄要塞重砲部隊，免遭日軍重砲威脅美軍的 3 個登陸灘頭──鳳山郡林園庄的中坑門、東港郡林邊庄的崎峰、潮州郡枋山庄的加祿堂。登陸日當天，美軍另派一個陸戰團在恆春郡恆春街大板埒的南灣搶攤，迅速奪佔恆春基地，讓友軍戰鬥機進駐警戒，防範日軍自呂宋島北上逆襲反撲。

美軍鞏固以左營軍港為核心的灘頭堡後，運用南台灣既有的馬公、高雄、左營 3 個大型港口與 7 處飛行基地（見附錄三），派出美軍機、艦，切斷日本與外

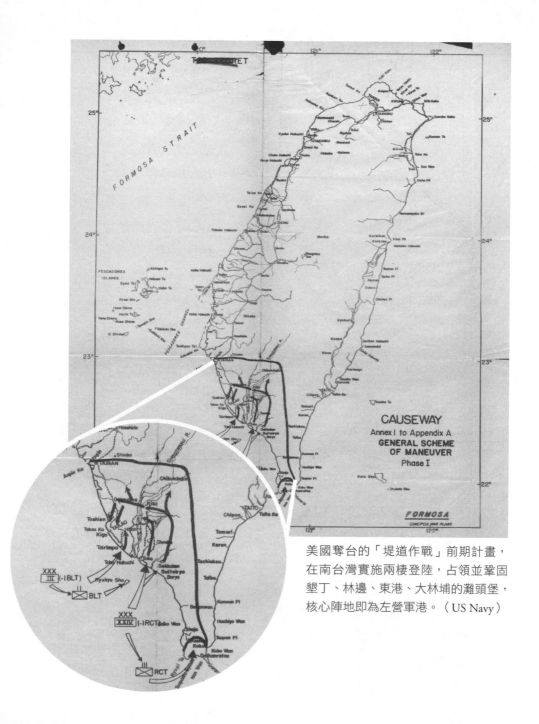

美國奪台的「堤道作戰」前期計畫，
在南台灣實施兩棲登陸，占領並鞏固
墾丁、林邊、東港、大林埔的灘頭堡，
核心陣地即為左營軍港。（US Navy）

南洋的海上交通線。美軍更準備於 D+40 日，從南台灣分兵橫渡台灣海峽，登陸閩南廈門、金門，與國軍在華南會師，牽制支那派遣軍與關東軍的 200 萬兵力，使之無法回防日本。後期作戰將待機占領全台，美軍再由台澎向北揮軍，直取 1,200 浬外的日本本土。

美軍若能占領台澎，可依恃其有效切斷日本之海上交通線。美國海軍總司令金恩上將（ADM Ernest J. King，美國海軍官校 1901 年班）十分支持低他 4 個年班的尼米茲攻勢軸線，並稱「台澎地區之占領，猶如對日本海上交通之瓶頸加封軟木塞，可一舉切斷出入台灣海峽及呂宋海峽之船舶，並可利用台澎作為基地，從空中、海上及海底扼制日本本土」。

1944 年 8 月，根據所收集累積的台灣當地情報及太平洋島嶼爭奪戰的經驗判斷，為期 5 個月的堤道作戰，預估美軍傷亡人數約為 5.3 萬人，包括陣亡 1.2 萬人與負傷 4.1 萬人。因此，美軍樂觀地估算，登陸占領台灣，是一項可接受且合乎成本的軍事行動。面對盟軍的火海攻擊，美軍推估駐守台澎的 12 萬日軍，將全部覆滅，無辜的台灣民眾，將有百萬人以上的傷亡。堤道作戰表定登陸 D 日為該年 12 月份，然美軍登陸部隊連同後勤支援單位，共需 42 萬官兵，部隊集結不易、後勤物資籌補不足，故 D 日勢必延後。奪台之美軍兵力配備，參見表 6。

不過，堤道作戰計畫並非沒有競爭對手。美國西南太平洋總司令部的總司令陸軍上將麥克阿瑟（GEN Douglas MacArthur），就非常堅持以菲律賓取代台澎，同樣可達成前述的 2 個戰略目標——切斷南海航道，並以菲島作為直取日本本土的跳板。所謂的麥帥攻勢軸線或陸軍攻勢軸線，係由奪取新幾內亞、摩洛泰後，以跳島攻勢重返菲律賓，以一雪麥帥開戰後被日軍逐出菲島之恥。麥帥的堅持，政治考量遠大於軍事意義，這從史實證明占領菲島後還得再攻奪沖繩作為登陸日本的跳板，說明麥帥只在乎挽回自己過往狼狽挫敗的聲譽，更甚於合理的戰爭邏輯思考。

美國陸軍與海軍對戰略指向之爭議，在太平洋彼岸的美國也同台演出。1944 年 3 月 11 日，戰爭部長與海軍部長兩巨頭，分別對參謀首長聯席會議（Joint

Chiefs of Staff）提出自己的攻勢軸線構想。代表陸軍的麥帥攻勢軸線，堅持先拿下菲島再直攻日本，代表海軍的尼米茲攻勢軸線，則堅持只須占領台澎而後直取日本。陸、海軍的各自堅持與互不相讓，使得雙方意見更加分歧。最後，參聯會只得兩案並列，準備集結美軍全部兵力，先於 1944 年 11 月 15 日攻奪菲律賓；登陸台澎的時程則被推遲兩個月，D 日延後至 1945 年 2 月 15 日。

　　有感於太平洋戰區海、陸軍統帥之間有嚴重戰略岐見，美國總統乃於 1944 年 7 月飛赴夏威夷，與尼米茲及麥克阿瑟面對面協商。麥克阿瑟趁此良機，以其卓越的政治手腕，向羅斯福總統推銷菲律賓優先的特點。麥克阿瑟的高壓銷售，終於導致羅斯福總統在 9 月 8 日的魁北克會議中，重新調整盟軍在太平洋戰區後期軍事行動的時程：1944 年 11 月 15 日，登陸菲律賓雷伊泰島；12 月 20 日，登

表 6　美軍奪台之堤道作戰前期計畫運用兵力

部隊名稱	編成日期	兵力（人）
陸軍 10 野戰軍團直屬戰鬥支援部隊	1944 年 06 月 20 日	29,000
陸軍 10 野戰軍團直屬勤務支援部隊	1944 年 06 月 20 日	9,000
陸戰第 3 兩棲軍直屬勤務支援部隊	1944 年 04 月 15 日	18,000
陸軍 24 軍直屬勤務支援部隊	1944 年 04 月 08 日	11,800
陸戰第 1 師	1941 年 02 月 01 日	23,000
陸戰第 2 師	1941 年 02 月 01 日	20,000
陸戰第 6 師	1944 年 09 月 07 日	27,000
陸軍第 7 步兵師	1940 年 07 月 01 日	15,000
陸軍第 77 步兵師	1942 年 03 月 01 日	15,000
陸軍第 96 步兵師	1944 年 08 月 15 日	15,000
海軍登島駐守港勤、艦艇部隊	D + 40 日	40,000
陸軍登島駐守機勤、守備部隊	D + 40 日	60,000
陸軍登島駐守航空部隊	D + 40 日	37,200
海軍太平洋艦隊特遣部隊	D - 40 日	100,000
合計		420,000

（鍾堅製表）

陸菲律賓民答那峨島。接著在 1945 年第一季是三選一：菲律賓呂宋島（D 日為 2 月 20 日）或廈門（D 日為 3 月 1 日）或台灣（D 日為 3 月 1 日）。

麥克阿瑟的陸軍攻勢軸線可說是完全被肯定，但尼米茲的海軍攻勢軸線並沒有全盤敗北，登陸占領台澎的堤道作戰計畫，儘管一延再延，還是排在作戰時程表上。而且，為積極準備奪佔，美國陸軍製圖局主任辦公室，專為堤道作戰計畫備妥了 103 份台澎地區 1：50,000 大比例尺地形圖冊，與 26 份 1：10,000 小比例尺城鎮圖冊。這些圖冊，均依據 1944 年連續偵察空照圖片研析繪製，機密軍圖均簽發給團級以上作戰參謀運用。

麥克阿瑟堅持反攻菲律賓，逼使堤道作戰跌入備選方案，其實並非堤道作戰計畫最終胎死腹中的主因。真正讓美軍放棄登陸占領的企圖，是重新評估美軍登島的傷亡過鉅而予以放棄。由中美合作所諜報網傳回來的現地查訪情報，的確讓美軍十分頭痛。美軍一旦登陸後，面對的恐怕不只是日軍，勢必還要面對近 600 萬充滿敵意的在地民眾。一旦在地軍民齊心協力共同抵抗登陸美軍，這場戰爭將會打得比攻奪廢墟處處的日本本土還要更辛苦。以日本陸軍於 1942 年招募台籍青壯為陸軍特別志願兵的過程為例，中美合作所諜員回報：第一輪招募 1,020 名台籍青壯，竟有 42 萬餘名應徵者踴躍報名，第二輪招募 1,030 名，台籍青壯應徵者更高達 60 萬人！

美軍在堤道作戰前期計畫所推定的戰損初估，人員傷亡最多為 5.3 萬人，連美軍參聯會都覺得太過樂觀。原始推算的依據，是以 1942 年至 1944 年期間，太平洋島嶼爭奪戰的統計結果推論出島嶼登陸戰的戰損，陣亡人數約為登陸部隊的 5%，受傷的人數約為登陸部隊的 17%。然而，這些戰爭經驗，僅適用於遭長期封鎖、長期轟炸、糧秣均缺的彈丸小島。台灣地廣山多、易守難攻，且全島要塞化、糧彈充足、兵員無缺，能夠自給自足、自活自戰。用小島登陸戰的戰損經驗比值，放大推算登陸台灣的傷亡，一定會錯得離譜，而且肯定大為低估。

最令美軍忌憚的，則是日本玉碎塞班島的慘烈效應。日本在塞班島上的 5 萬餘軍民，以鋼鐵般的意志力全部戰至最後。日軍陣亡 2.9 萬餘人，日籍居民殉命

2.2 萬人，也導致美軍傷亡 1.3 萬餘人！台灣民眾即使僅 10% 決心隨日軍玉碎，衍生出的美軍傷亡率勢將無法接受。

　　美軍於 1944 年 7 月奪佔鞏固塞班島後，即積極整建為 B-29 超級空中堡壘重型轟炸機的基地，其作戰半徑幾可涵蓋大部分日本本土。1944 年 10 月 12 日，距日本東京 1,200 浬的塞班基地正式啟用，美軍轟炸機隊開始濫炸日本。這使得攻奪南台灣作為基地，轟炸等距外的日本之堤道作戰計畫，益形缺乏說服力。

　　日軍在台澎前期決戰的構想，則是以神風特攻機衝撞美軍艦艇，以海面爆裝震洋艇衝撞美軍在泊區的登陸船艦，帶給美軍最大量的傷亡與艦艇損害。後期則是發動台灣民眾配合，在平原進行焦土戰，在山地遂行游擊戰，企圖阻止美軍使用既有飛行基地轟炸日本。美軍早在反攻菲律賓時，就已領教過神風及震洋特攻的厲害，美軍都還未自錨位換乘舟波登島，就慘遭重大傷亡，攻奪台澎是否值得，讓美軍十分猶疑。若真要蠻幹，美軍深入評估，登陸台澎還會遭到來自華東、日本、沖繩、菲律賓及台灣本島的特攻兵器四面夾擊，戰損勢必比登陸菲島要高出很多。

　　基於以上因素，美軍對登陸台澎地區的適當性產生極大疑慮。1944 年 12 月，中美合作所最新情資顯示，日本已獲得美軍攻奪菲律賓呂宋島確切訊息，駐守台澎的日軍陸續前運部隊赴呂宋島增援，留守兵力不足 10 萬。這讓堤道作戰的參謀群精神振奮，故美軍仍然把攻奪台澎排在時程表上，來年 1945 年的攻擊順序重新調整成：1 月 9 日登陸呂宋島；2 月 1 日硫璜島；6 月 1 日二選一登陸沖繩島或南台灣；11 月 1 日攻奪日本南九州；1946 年 3 月 1 日攻奪北九州；7 月 1 日攻奪本州關東平原，占領日本全境，結束戰爭。

　　同時，美軍也重新調整台澎登陸戰的戰損預判，以決定硬攻是否值得。島嶼爭奪傷亡的大小，要視以下五要素：

一、日軍特攻衝撞對泊區艦艇及海上艦隊造成損害的輕重；
二、搶灘登陸時岸灘決戰日軍的強弱；

三、登陸後美、日主力決戰雙方動用兵力的大小；

四、山地游擊掃蕩戰拖延時程的長短；

五、台灣民眾全民皆兵玉碎意願的高低。

1945 年 2 月，中美合作所最新情資又顯示，駐守台澎的日軍大幅徵召台籍青年入伍，守備兵力已增兵到 275,606 名官兵。當月最新戰報，美軍浴血硫磺島，鬥志高昂的日軍陣亡 1.9 萬官兵，美軍的傷亡卻高達 2.6 萬餘名！復以美方深受 19 世紀中葉「遠征福爾摩沙剿蕃作戰」慘敗及 20 世紀初「紅頭嶼事件」教訓（見第五章）的陰影揮之不去，加諸太平洋戰爭中期台灣原住民編成的「高砂義勇隊」在熱帶雨林與盟軍對戰，美軍又吃足苦頭，再則日本已在台澎大力推行皇民化運動，並對近 600 萬台灣民眾實施徵兵，務必達致「全民皆兵、全島皆兵」。美軍重新調整過的奪台戰損評估：僅考慮上開 5 項因素的前 3 項，傷亡已高達 8 萬人，若 5 項因素全都考慮，傷亡接近 38 萬人，美軍傷亡幾乎九成！

因此，美國在 1945 年 3 月終止堤道作戰計畫，正式放棄奪台，改為進攻沖繩。4 月 1 日，美軍登陸琉球群島，台澎地區總算在跳島攻勢下逃過浩劫。

作戰準備　沿海佈雷

1937 年 7 月，中日戰爭爆發，當時台灣軍的駐守兵力在 2 萬人以下。該年 8 月 15 日，台灣總督小林躋造以 1 號公告令：「警告台灣民眾對戰時應有之認識」，諭告台灣民眾支持日本的侵華戰爭。同日，台灣軍司令長官古莊幹郎中將宣告全島進入戰時體制並公布防空法，實施燈火管制。然而，戰爭卻遠在天際，絕大部份的台灣民眾絲毫感覺不到家園會受戰火波及，尚沒有「挺身報國」奉獻的必要。

當時陸軍之台灣守備隊的補充部隊，已在台灣累計完訓 2 萬日籍預備役兵員，立即編組成「台灣混成旅團」，還鼓勵台籍民眾以軍屬身份參與訓練，挺身報國隨軍加入侵華戰爭。七七事變後，台灣混成旅團擔任日本侵華的戰略預備部

隊；9月初，混成旅團派遣重藤聯隊參加淞滬會戰，其後也參與 1938 年的大武漢攻奪戰及 1939 年的桂南會戰。1940 年 12 月，台灣混成旅團擴編為第 48 師團。當時日本陸軍一個師團的戰力，相當於國軍 4 個滿編師。太平洋戰爭爆發後，部署在華南的第 48 師團，又被遣赴外南洋作戰。兵員的補充，仍由台灣軍所屬台灣守備隊之後備補充處，負責招募台籍民眾擔當軍屬派赴前線，執行翻譯、整備等支援任務。

太平洋戰爭局勢到了 1944 年初，對日本極為不利，使得日本內地開始感受到威脅。大本營認為有必要迅速強化台澎防務，期使日本與南方戰場間作為中繼站之台澎固若磐石。當時據守的地面部隊，僅有陸軍步兵一個團級規模的聯隊，以及海軍特別陸戰隊兩個營級規模的大隊。3 月 6 日，台灣總督長谷川清公告「台灣決戰非常措施要綱」，諭令軍民一體，加強軍事構工，務使全島要塞化。3 月 22 日，直屬大本營的台灣軍司令長官安藤利吉大將被賦予作戰任務，令其實施作戰準備，此即「10 號作戰準備綱要」，並將新編成的陸軍第 32 軍（駐守沖繩）配屬予台灣軍，由台灣軍司令長官部對其遂行作戰管制。

有關台澎防衛的 10 號作戰準備綱要指令，係大本營特別指示台灣軍，應與海軍協同迅速強化台澎與沖繩之防衛。其中台澎作戰區域之地境界線，定為東經 122 度 30 分以西，與沖繩第 32 軍為界；北緯 27 度以南，與支那方面艦隊銜接；北緯 20 度以北，與菲島第 14 方面軍鄰接；台灣海峽中線以東，與支那派遣軍為界。台灣軍的作戰地境，包含高雄警備府作戰管制的南海諸島之東沙島與新南群島。

10 號作戰準備綱要有關台澎防衛的方針，在以防衛並確保日本內地與南方作戰區之交通航道為目的，以防備美軍奇襲。當戰局逆轉時，需整備防守戰力到能摧毀美軍攻奪企圖之態勢。台澎地區的戰備，以航空作戰為重點，地面守備則以保衛核心飛行基地為優先，全盤作戰準備預定於 1944 年 7 月底完成所有戰備。

準備綱要內有關防衛台澎的重點，以空戰最為迫切。除加強整建各飛行基地，期使東海岸能進駐一個飛師外，更在全島各核心飛行基地外圍闢建飛行場

站，以利大批飛機進駐及疏散。航空資材如油彈補給品之儲存，預定在 7 月底前達到兩個月份的戰備貯量。事實上，太平洋戰爭爆發前，日軍已花了 22 年興建了 23 處飛行場站。而在戰爭爆發後三年內，加碼再增建 25 處飛行場站，其中僅 1944 年前三季，九個月內就搶建了 23 處之多！

日軍駐守台澎地區有關地面部隊的運用，以防衛飛行場站為主，並固守主要港口。台灣軍司令長官部遂以守備隊的補充部隊擴編，1944 年 4 月 4 日，長谷川總督公告「戰時犯罪將一律視為國內敵人嚴懲」，以警告台灣民眾不得與日軍戰備作對。5 月 3 日，台灣軍將第 48 師團之補充部隊轉用，新編成第 50 師團（駐防嘉義至屏東）及第 46 混成旅團（駐防花蓮至台東）。

1944 年 6 月中旬，美軍大舉進攻塞班島，日軍死守玉碎，絕對國防圈首度被侵佔。大本營認為美軍下階段作戰，攻擊指向之機率最大者，應該是北呂宋、台灣或沖繩南部。開戰時機應在東北季風來臨前的 10 月底，最可能在 9 月至 10 月搶灘登陸。大本營認為美軍欲儘快結束戰局，在戰略上攻台有兩大目標。一、切斷日本內地與南方資源要域之連絡；二、據此對日本轟炸以削弱本土防衛戰之戰力。若美軍不占領台澎，應會以潛艦封鎖台灣海域，至少可完成前項戰略目標。大本營的評估，幾乎完全猜對美軍攻勢企圖。

日軍除了持續強化防務外，為防止美軍使用海岸外的泊區進行登陸戰，並阻絕美軍潛艦溜入近海航道執行封鎖伏擊，日本早於太平洋戰爭開戰時，就分批在台灣周邊海域，尤其是高雄、左營、馬公、基隆外港的泊區與聯外航道，實施水雷礁與水雷堰之雷區敷設作業。

太平洋戰爭爆發後，馬公警備府提供日本船艦海上護航、反潛掃蕩及反潛情報之傳遞，負有以下航道的護衛責任：粵─台（廣東到台灣），菲─台（呂宋到台灣）、日─台（九州到台灣）、閩─台（福建到台灣）及南西航路（沖繩到台灣）。

反潛水雷，以日俄戰爭時期遺留下來之戰備觸雷充當，由馬公警備府徵用商船千洋丸及秋津丸，在兩年半的時間內完成近萬枚水雷敷設的佈雷大作業。要港

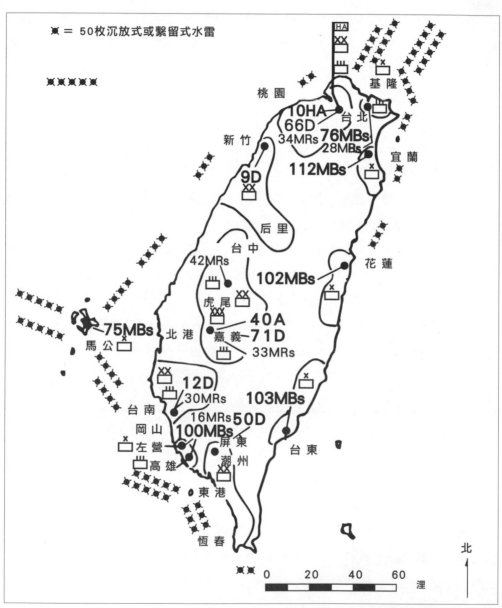

日軍在台灣周邊海域佈放水雷及地面衛戍部隊部署位置圖。（作者、蔡懿亭繪製）

外須開闢水雷堰側護的安全航道，並在航道內派遣反潛艦艇往復偵巡。泊區佈雷及航道佈雷見左圖及以下說明。

- 馬公外港淺海泊區（大海指第 17 號令），佈放 735 枚沉底水雷礁，1941 年 11 月 26 日完成
- 高雄的聯外深海航道（大海指第 27 號令），佈放 805 枚繫留水雷堰，1941 年 12 月 8 日完成
- 宜蘭海岸與龜山島間深海航道（大海指第 27 號令），佈放 196 枚繫留水雷堰，1941 年 12 月 8 日完成
- 基隆外港淺海泊區（大海指第 27 號令），佈放 223 枚沉底水雷礁，1941 年 12 月 8 日完成
- 基隆聯外深海航道（大海指第 311 號令），佈放 2,700 枚繫留水雷堰，1943 年 12 月 16 日完成
- 北台灣海峽深海航道（大海指第 311 號令），佈放 80 枚繫留水雷堰，1944 年 1 月 1 日完成
- 馬公廈門間深海航道（大海指第 334 號令），佈放 5,250 枚繫留水雷堰，1944 年 2 月 15 日完成

　　這些成排成列的反潛水雷礁與水雷堰，在台灣近海撒下天羅地網。雖然在二戰結束前並無大批美軍潛艦進入雷區以測其成效，然這次佈雷作業，至少對美軍潛艦產生嚇阻效應。美軍潛艦亦刻意遠離雷區，未潛入泊區與航道等海域伏擊日本船艦，而改用軍機由空中阻截航運（見第五章）。

　　日本陸軍航空部隊，在 1944 年持續擴充增兵，以因應太平洋戰爭的日、美航空戰。該年前 3 季，陸軍航空部隊的實用機自 2,500 架擴增至 3,000 架，基層的戰隊由 62 個增編為 76 個，上級的飛團由 21 個增編為 33 個、飛師由 8 個增編為 9 個。至於方面軍層級的航軍指揮機構，則由 3 個增編為 6 個：

- 1 航軍（東京）轄 10、11 飛師及 3 個獨立飛團
- 2 航軍（新京）轄 1 個獨立飛團
- 3 航軍（新加坡）轄 5、9 飛師
- 4 航軍（拉布爾）於 1944 年 7 月新編，轄 4、7 飛師
- 5 航軍（北京）於 1944 年 2 月新編，轄 4 個獨立飛團
- 6 航軍（福岡）於 1944 年 8 月新編，轄 12 飛師及教育訓練航空部隊

　　陸軍航空兵的戰略基本單位飛師，在 1944 年前 3 季幾經洗牌，由 8 個建制飛師調整為 9 個：

- 1 飛師（札幌）代號鏑部隊
- 4 飛師（撤退至馬尼拉）代號翼部隊
- 5 飛師（曼谷）代號高部隊
- 7 飛師（拉布爾）代號襲部隊
- 8 飛師（台北）代號誠部隊，1944 年 6 月新編
- 9 飛師（棉蘭）代號翔部隊
- 10 飛師（東京）代號天翔部隊，1944 年 3 月新編
- 11 飛師（大阪）代號天鷲部隊，1944 年 7 月新編
- 12 飛師（山口）代號天風部隊，1944 年 7 月新編

　　戰略基本單位的飛師，也有 3 個在 1944 年前 3 季廢除：2 飛師（新京）該年 5 月廢除，3 飛師（南京）該年 2 月擴編為 5 航軍，6 飛師（拉布爾）該年 5 月廢除。這也是太平洋戰爭全期陸軍航空部隊最鼎盛之際，有十分之一的航空部隊駐守台灣，即新編成的 8 飛師。

　　擔當台澎要域防空的陸軍航空部隊，在 1944 年之前，係由 3 飛師的 3 飛團（台

北）負責，下轄 8 戰隊（屏東）、14 戰隊（嘉義）、50 戰隊（西屯）與 104 教飛團（鹿港）。1944 年 6 月 10 日，戰火已蔓延至日本絕對國防圈的內南洋，大本營遂當機立斷，由本土 1 航軍抽出主力增援台灣，新編成代號誠部隊的 8 飛師（台北），首任師團長為山本健兒陸軍少將，歸台灣軍司令長官部作戰管制。8 飛師轄 368 架飛機，其內含 138 架實用機與 230 架教練機，兵力重新配置如下：

- 9 飛團（宜蘭），轄 26 戰隊（台北（南））、50 戰隊（台中（西屯））
- 22 飛團（屏東），轄 8 戰隊（恆春）、10 戰隊（台東）
- 25 飛團（花蓮港（北）），轄 105 戰隊（彰化）、108 戰隊（嘉義）
- 師團直轄 104 教飛團（鹿港）

　　8 飛師的 3 個飛團指揮機構，均自日本移駐台灣，陸軍的飛機則委請海軍航空母艦運往高雄港，再陸運至屏東第 5 野戰航空修理廠整備。10 戰隊及 26 戰隊自滿州移駐台灣，105 戰隊及 108 戰隊則於 1944 年 7 月於台灣接裝現地新編成，14 戰隊自台灣調回駐守日本本州。截至 1944 年 6 月止，由於日本尚未獲得美軍奪台的確切情報，防衛台澎的作戰構想，仍以防空作戰及沿海佈雷為主。然而，當美軍在 7 月初奪佔鞏固塞班島告一段落後，有立即揮軍西指台澎之態勢，致使台灣守備情勢於一夕間丕變。

　　漸趨激化的盟軍作戰指向，大本營已依據最新蒐集之情報判斷，評估出盟軍下一階段攻勢之目標，以奪佔菲島最大、台灣及沖繩次之。至於美軍從塞班島直取小笠原群島再推向 1,100 浬外的日本本土，或從阿拉斯加直攻 2,600 浬外的北海道，則因美軍缺乏長程空中掩護及兩棲船團泊區而機率最小。因此，日軍增援台澎地區防衛並進行地面決戰，總算於此刻排入優先時程，儘速完成戰備。而台澎地面決戰、航空決戰、航道反封鎖，三者之戰備均列為同等重要。

　　大本營海軍軍令部於塞班島玉碎後，當即決定將貯存於高雄警備府之岸灘水雷加碼敷設於美軍可能登陸之海岸正面。1944 年 7 月 7 日，大本營以大海指第

416 號令，通令高雄警備府軍需部將庫存壽山彈藥庫之 4,500 枚人員殺傷水雷，在澎湖豬母水、鳳山中坑門、東港崎峰、潮州加祿堂與恆春南灣等 5 處預判美軍登陸岸灘迅速佈放，以阻止美軍搶灘登陸。這些佈放於低潮線的岸灘水雷係沉底雷，安裝兩根觸角，觸動後擊發內藏 10 公斤炸藥，有如水中地雷。大本營在二戰時，曾大量產製水中地雷超過 14 萬枚，絕大部分留作日本內地灘岸決戰用。

台灣軍司令長官部於該年 6 月 26 日現地動員，將台北步兵聯隊擴編為第 68 混成旅團（駐台北至新竹）。7 月 10 日，駐東海岸的 46 混成旅團再擴編為 66 師團，駐地由花、東延伸至宜蘭、恆春一帶。另一方面，在大本營後期決戰中，為調撥機動反擊部隊於美軍可能登陸地點，迅速實施逆襲增援，乃於 7 月 24 日以大陸令第 2089 號，諭令「陸、海軍爾後作戰大綱」中，規定「不失時機在海、空合作下，以預先待命之反擊部隊增援絕對國防圈守軍，極力反擊美軍」。

所謂陸軍機動反擊部隊，係由精銳的滿州關東軍 10 個師團編成。著名的第 10 師團及 23 師團，即於 9 月中旬以機動反擊部隊之名義，由南滿州經上海前運至台灣，加強全島防務。1944 年 7 月底，防衛台澎的部隊已達 4 個師團加 1 個旅團，連同高雄警備府守備隊，總兵力已達 12 萬人。

9 月 22 日，大本營為強化台灣軍的指揮體制，將其提升為第 10 方面軍，轄第 10、23、50、66 師團、獨立第 68 混成旅團與 8 飛師。當時日本陸軍已有 10 個相當於西方軍團層級的方面軍，分別隸屬於 3 個集團軍層級的總軍——關東軍轄 3 個方面軍、支那派遣軍轄 2 個方面軍、南方軍轄 4 個方面軍、大本營直轄一個方面軍即台灣的第 10 方面軍。方面軍司令長官部的直屬部隊繁多，其綜合戰力已達 1 個師團。方面軍司令為資深中將或大將編階，首任也是最後一任的第 10 方面軍司令長官，由原台灣軍司令長官安藤利吉大將高階低佔接任，並於 12 月 31 日兼任台灣總督，對台實施軍政一元化之領導。

10 月 20 日，麥克阿瑟的跳島攻勢，由蘭印摩洛泰以優勢兵力直接跳到菲律賓雷伊泰島登陸，達成了麥克阿瑟「我將回來」的政治宿願。為了支援菲律賓北部決戰，大本營當機立斷，抽調駐台精銳部隊橫渡呂宋海峽，以增援呂宋島守備。

渡海南下增援的部隊計有：

駐守新竹的第 68 混成旅團 10 月 23 日移防；

駐守台南的第 23 師團於 11 月 4 日移防；

駐守嘉義的第 10 師團於 11 月 20 日移防。

2 個半師團的移出，幾乎造成台澎防衛真空，而且美軍登陸奪台威脅就在眼前。1944 年 12 月，大本營海軍軍令部第一次官富岡定俊少將（海軍兵學校 45 期畢業）在視察台澎戰備時，呈報了「台澎防衛業已無自信」的評估，並建議自滿州急調機動反擊部隊 6 個師團至台灣增援。

按照大本營的作戰想定及當年日軍「島嶼守備戰鬥教令」，台澎地區防衛決戰應有 8 個師團兵力始有勝算。第 10 方面軍的部署也朝此目標準備。為了貯備 8 個師團的裝備及補給品，第 10 方面軍也加速軍品生產製造，並向民間徵收戰備糧秣。迄二戰結束前，也的確達成此一後勤補給目標。

日本陸軍機動反擊部隊自 1944 年底開始火速增援。12 月 22 日第 12 師團自滿州移防台南，1945 年 1 月 4 日第 9 師團就近自沖繩回頭移防新竹，1 月 23 日第 71 師團自滿州移防嘉義。此後因海上交通線遭切斷，台灣變成孤島，後續機動反擊部隊無法渡海增援。陸軍第 10 方面軍遂就地取才，於 1945 年 1、2 月間，由全島各地要塞部隊現地動員，向台籍青壯徵兵，擴編成 6 個獨立混成旅團，連同既有的第 50 師團（鳳山）及 66 師團（台北），勉強湊成 8 個師團的兵力據守台澎。

由於第 10 方面軍要直接指揮 5 個師團、6 個獨立混成旅團及 1 個飛師，指揮幅度過大，部隊不易形成相互有效支援，大本營遂於 1945 年 1 月 8 日在嘉義新編陸軍第 40 軍，相當於西方軍級的指揮機構。第 40 軍承第 10 方面軍之責成，指揮南台灣既有的 3 個師團與 2 個獨立混成旅團，首任第 40 軍司令為中澤三夫陸軍中將，這也是陸軍在當時編成的第 30 個軍級指揮機構。然而，駐守的陸、

海軍除了將近 20 萬日籍官兵之外，也就地動員徵召 80,433 名台籍青年入伍，在本島駐守。不過，台籍日本兵戰力與日籍官兵相較，仍有相當大的差距；所謂日籍官兵，專指日本內地出生者，或父母均為日籍但在外地出生者（如灣生仔）。

1945 年 1 月 9 日，麥克阿瑟揮軍奪佔呂宋島，大本營推算美軍將於 3、4 月間攻奪台澎或沖繩。由於戰局急劇逆轉，海上交通全遭切斷，滿州機動反擊部隊無法再增援台澎，大本營乃於該年 1 月 20 日下達大海令第 37 號諭告：廢除陸軍原有之「陸、海軍爾後之作戰指導大綱」，另訂「陸、海軍作戰計畫大綱」，其中有關台澎防衛作戰部分，節略如下：

一、確立自活自戰態勢；
二、特攻出擊，消耗牽制來襲美軍，使其傷亡擴大；
三、縱深防禦配置，遂行游擊戰，阻止美軍使用島上飛行場站與港口；
四、指導台灣民眾體認日本始終不渝之東亞共榮赤誠，鼓勵台灣民眾配合日軍抵抗來犯盟軍，玉碎台灣。

1945 年 3 月，美軍兩棲船團集結於沖繩外海，大本營推定美軍主攻台澎，佯攻沖繩之機率仍然很大。為了防止盟軍登陸時將甲車與戰車搶灘送上岸，日軍開始將台澎地區灘岸直後之道路、橋樑、隧道分段破壞，以阻絕盟軍機甲部隊行動。另一方面，第 10 方面軍開始編組台灣民眾及蕃地原住民，準備實施長期游擊戰。至於神風特攻隊及震洋特攻隊，早已編訓完成並嚴陣以待。

4 月 1 日，美軍主力登陸沖繩島，台灣終被美軍跳島攻勢越過，免於戰禍，第 10 方面軍在台北總算鬆了口氣。1945 年 3 月，美軍終止奪台堤道作戰計畫前，日籍官兵按照作戰區展開部署，作戰區分別是：

（一）北台灣作戰區：後龍溪谷以北、中央山脈以西；
（二）中台灣作戰區：後龍溪谷以南、曾文溪谷以北、中央山脈以西；

（三）南台灣作戰區：曾文溪谷以南、中央山脈以西；

（四）東台灣作戰區：中央山脈以東；

（五）澎湖群島自成獨立作戰區。

　　5 個作戰區內防衛編配日軍合計 195,173 人，不含台籍軍屬、軍伕與台籍日本兵。連同駐守台澎的台籍日本兵，陸、海軍在台澎總兵力為 275,600 餘人（參見表 7）。迄二戰結束前的最後 4 個月，日軍除了神風特攻隊出擊之外，守備部隊均留駐原地備戰。

表 7　1945 年堤道作戰計畫終止前，日籍官兵在台澎作戰區內兵力編配

地區	日籍官兵部隊番號	駐地	兵力（人）
北台灣作戰區	陸軍第 10 方面軍第 28 船舶工兵聯隊	八堵	2,500
	陸軍獨立混成第 76 旅團	基隆要塞	3,997
	海軍高雄警備府基隆防備隊（含震洋隊 1）	基隆港	166
	陸軍第 66 師團	台北市	16,815
	陸軍第 10 方面軍司令長官部	台北市	5,988
	陸軍第 10 方面軍台灣軍管區司令長官部	台北市	2,000
	陸軍第 10 方面軍第 34 通信聯隊	台北市	2,500
	陸軍第 10 方面軍憲兵司令部	台北市	1,393
	陸軍第 8 飛行師團司令長官部（含特攻隊 9）	松山	4,200
	陸軍第 10 方面軍第 161 高射砲聯隊	三重	4,000
	海軍高雄警備府淡水防備隊（含震洋隊 2）	關渡	480
	陸軍第 9 師團	湖口	16,335
	海軍高雄警備府北台航空隊（含特攻隊 3）	新竹市	2,755
	海軍第 6 燃料廠新竹支廠	新竹市	348
小計			63,477

中台灣作戰區	海軍第 6 燃料廠新高支廠	清水	209
	海軍高雄警備府第 205 航空隊（含特攻隊 3）	公館	5,735
	海軍高雄警備府第 29 航空戰隊（含特攻隊 1）	公館	232
	陸軍 8 飛師飛行第 29 戰隊（含特攻隊 4）	水湳	4,200
	陸軍第 10 方面軍第 162 高射砲聯隊	水湳	4,000
	海軍高雄警備府第 132 航空隊（含特攻隊 1）	虎尾	3,731
	陸軍第 10 方面軍第 42 工兵聯隊	二水	2,500
	陸軍第 40 軍第 71 師團	嘉義市	16,309
	陸軍第 10 方面軍第 33 通信聯隊	嘉義市	2,500
	陸軍第 10 方面軍第 40 軍司令長官部 #	嘉義市	2,000
	小計		41,416
南台灣作戰區	陸軍第 40 軍第 12 師團	台南市	15,941
	陸軍第 10 方面軍第 30 船舶工兵聯隊	安平港	2,500
	海軍高雄警備府南台航空隊（含特攻隊 2）	歸仁	2,733
	海軍高雄警備府第 765 航空隊（含特攻隊 5）	岡山	3,834
	海軍第 61 航空廠	岡山	209
	海軍高雄警備府司令長官部	左營港	6,297
	海軍第 6 燃料廠	左營楠梓	1,143
	陸軍獨立混成第 100 旅團	高雄要塞	4,633
	陸軍第 10 方面軍第 16 重砲兵聯隊	旗后山	3,000
	海軍高雄方面特別根據地隊（含震洋隊 4）	高雄港	1,128
	陸軍第 40 軍第 50 師團	鳳山	14,990
	陸軍 8 飛師第 22 飛行團（含特攻隊 2）	屏東市	4,200
	陸軍第 10 方面軍第 8 高射砲聯隊	屏東市	4,000
	海軍高雄警備府東港派遣隊	東港	984
	海軍高雄警備府恆春派遣隊（含震洋隊 2）	海口	579
	海軍高雄警備府東沙島派遣隊 *	東沙島	180
	海軍高雄警備府新南群島派遣隊 *	長島	150
	小計		65,501

東台灣作戰區	陸軍獨立混成第 112 旅團	宜蘭市	5,119
	海軍高雄警備府宜蘭派遣隊	宜蘭市	724
	陸軍 8 飛師飛行第 17 戰隊（含特攻隊 6）	花蓮港	4,154
	陸軍獨立混成第 102 旅團	花蓮港	3,782
	海軍高雄警備府花蓮港派遣隊	米崙山	239
	陸軍獨立混成第 103 旅團	台東	3,709
	海軍高雄警備府台東派遣隊	鯉魚山	671
	小計		18,398
澎湖	陸軍獨立混成第 75 旅團	澎湖要塞	5,500
	海軍馬公方面特別根據地隊（含震洋隊 1）	馬公港	881
	小計		6,381

註：# 陸軍第 40 軍指揮機構於 1945 年 1 月 8 日在嘉義編成，同年 5 月 14 日移駐日本九州鹿兒島。

　　* 海軍高雄警備府東沙島派遣隊與新南群島派遣隊於 1945 年 6 月玉碎、解編。

（鍾堅製表）

捷號作戰　二航艦隊

　　1944 年 6 月，美、日雙方在塞班島與馬里亞納群島激戰，日本海軍航空部隊蒙受巨大戰損，3 艘航艦與 1 艘輕型航艦遭擊沉，新編不到 5 個月的 14 航艦遭全殲裁撤，就連戰爭初期曾經駐守台灣，赫赫有名的航空隊也都被全殲解編，包括 251 空（原台南空）、753 空（原高雄空）及 851 空（原東港空）。日軍塞班島玉碎之後，大本營展望下一階段作戰，勢必在絕對國防圈內緣開打，日本遂將殘存海軍航空兵力及毫無海面戰鬥經驗的陸軍航空部隊，催促出海接戰，以期投入下一期決戰。

　　1944 年全年，是日軍航空部隊損失最慘重的一年，全年損耗高達 28,500 餘架飛機！ 1944 年全年累計產出 25,000 架飛機，如 6 月份的新機單月產量，為破紀錄的峰值 2,857 架新機。然而同年 9 月，海軍航空兵力現役飛機數量亦達戰時

巔峰；該月底海軍航空兵的實用機自年初 4,000 架驟增至 6,300 架，連同也在巔峰的陸軍實用機，大本營擁有 9,300 架現役飛機。斯時，海軍基層的甲種航空隊由 33 個增編為 57 個，上級的航空戰隊由 11 個增編為 16 個，陸基航空艦隊由 4 個增編為 7 個，艦載機動的航艦航空隊由 10 個萎縮剩 9 個：輕型航艦鳳翔、龍鳳、海鷹、神鷹、千代田、千歲及正規航艦雲龍、瑞鶴、隼鷹。海軍航空部隊在 1944 年 9 月底的實力如下：

（一）第 2 航空艦隊（2 航艦，南九州），1944 年 6 月 15 日編成，司令為曾在菲律賓墜機倖存的福留繁中將（見第四章），下轄 2 個航戰計 7 個航空隊。

（二）第 3 航空艦隊（3 航艦，本州），1944 年 7 月 10 日編成，司令吉良俊一中將，下轄 1 個航戰計 8 個航空隊。

（三）第 14 航空艦隊（14 航艦，塞班島），1944 年 3 月 4 日編成，司令南雲忠一中將兼任，下轄 2 個航戰計 9 個航空隊。塞班島玉碎後，14 航艦於該年 7 月 18 日裁撤。

（四）既有的 1 航艦（馬尼拉），時任司令為寺岡謹平中將，下轄 4 個航戰計 12 個航空隊。

（五）既有的 11 航艦（特魯克），時任司令仍為草鹿任一中將，下轄 3 個航戰計 9 個航空隊。

（六）既有的 12 航艦（本土北東方面），時任司令後藤英次中將，下轄 2 個航戰計 5 個航空隊。

（七）既有的 13 航艦（新加坡），時任司令三川軍一中將，下轄 2 個航戰計 7 個航空隊。

　　1943 年底，海軍駐台航空部隊，為高雄警備府轄屬乙種航空戰隊的 14 聯空，統領新高雄空（岡山）、新台南空（台南）以及呂宋海峽反潛部隊的 901 空（東

港），至於新竹空（新竹）遭奇襲後已奉命解編。為增援駐台的海軍航空部隊，日軍於 1944 年前三季向在台灣移駐並現地新編以下 9 個航空隊：

（一）265 航空隊（265 空，新竹基地），1944 年 1 月 15 日自菲律賓的 1 航艦 62 航戰調回，編配艦戰 69 架，遞補遭中美混合聯隊奇襲後解編的新竹空。

（二）762 航空隊（762 空，新竹基地），1944 年 1 月 15 日現地新編成成軍，編配銀河陸爆 36 架。

（三）第 2 台南航空隊（2 台南空，歸仁飛行場），1944 年 2 月 15 日新編成成軍，屬教育訓練部隊，編配零戰 60 架。

（四）虎尾航空隊（虎尾空，虎尾基地），1944 年 5 月 15 日新編成成軍，屬教育訓練部隊，編配九三式中練 60 架。

（五）953 航空隊（953 空，淡水水上機飛行場），1944 年 6 月 1 日新編成成軍，屬呂宋海峽反潛部隊，編配各式水偵機及飛行艇計 30 架。

（六）763 航空隊（763 空，台中基地），1944 年 6 月 15 日新編成成軍，編配天山艦攻 36 架。

（七）台灣航空隊（台灣空，新竹基地），1944 年 7 月 15 日新編成成軍，屬基地要員的實機練部隊，編配原新竹空遺留的殘機 29 架。

（八）第 2 高雄航空隊（2 高雄空，高雄基地），1944 年 8 月 15 日新編成成軍，屬教育訓練部隊，編配九三式中練 60 架。

（九）341 航空隊（341 空，高雄基地）1944 年 8 月 31 日自本州千葉館山基地移防，編配有紫電戰鬥機 48 架。

迄 1944 年第 3 季，日本海軍所屬的 57 個第一線航空隊，在台灣就部署了 7 個，分別是新台南空、265 空、341 空、762 空、763 空、901 空、953 空。此外，為了讓日本內地航空學校預科練習生結訓後，赴南方作戰前完成初步訓練、整備

訓練、實用機訓練等飛行教育，在台的教育訓練飛行部隊，統由高雄警備府 14 聯空轄管初步練的虎尾空及 2 高雄空、整備練的 2 台南空、實機練的新高雄空及台灣空。飛行練習生進階完訓後，就將岡山海軍 61 廠出廠的新機，連人帶機飛赴外南洋前線，分別向 1、11、13、14 航艦報到。因此，陸、海軍飛機在台澎展開部署後，幾乎將當時 48 處飛行場站塞爆。

日本絕對防衛作戰要與盟軍較勁，航空兵力屈居明顯劣勢。1944 年第 3 季駐防在日本內地的陸、海軍航空部隊，加總僅有 4,000 架飛機。外南洋戰區的西南太平洋有 2,000 架，印支半島及支那各有 1,000 架，沖繩及台灣僅有 1,300 架。日軍全部航空兵力還不足 1 萬架，論數量是美軍在太平洋戰區的一半。論質量，歷經該年塞班島戰役及馬里亞納海戰殘酷的考驗，日軍航空部隊根本打不贏！儘管日本各航空廠加緊生產飛機以補充戰損，但是具實戰經驗的資深飛行員大都犧牲殆盡，戰力非常脆弱。

以海軍第一線陸基航空隊為例，每隊編制內的 54 名飛行員中，僅有 2 名是資深飛行員。例如遭解散的 251 空，全隊 8 名基層隊職官，每位帶隊官的飛行時數尚不足 200 小時，空勤組員皆為剛結訓的飛行生，或剛放單飛的在校練習生，戰力指數尚不及 3 年前開戰時的 15%。

即使在如此惡劣的防衛態勢下，日本仍不灰心，企圖在絕對國防圈內緣作最後一搏，與美軍進行航空主力決戰。主力決戰的正面，以菲律賓－台灣－沖繩的機率最大。尤有甚者，因美軍的狙擊，外南洋掠奪的軍需物資與原物料回運日本益形艱困。一旦婆羅州及蘇門答臘的原油回運被切斷，日本內地的戰備貯油僅能再撐 4 個月。因此，為確保南北海上交通線的安全，維護外南洋航道的通暢，大本營認為反封鎖的航空決戰，應選在關鍵戰略地位的台灣海域實施。

日本最後一搏的航空決戰，不能單靠元氣耗盡的海軍航空部隊。若想致勝，得將戰損不大但毫無海上作戰經驗的陸軍航空兵力整合，才能勉強威脅來襲美軍航空母艦。大本營認為整合戰力與美軍航艦之對決，當由海軍主導混編的陸、海軍航空兵力遂行決戰。1944 年 6 月底，大本營特為此召開 10 天縝密冗長的陸、

海軍協商，期以在兵凶戰危之際，雙方能摒棄長年以來的嫌隙成見，各讓一步相忍為國，精誠合作，一舉擊潰來襲美軍。協商會議整合成以下之陸、海軍後期作戰指導方針概要：

（一）陸、海軍合力在菲律賓、台澎、沖繩及日本內地空域實施主力決戰，殲滅美軍為主；

（二）陸、海軍之間及 2 個軍種與大本營間，需有一致之戰略方策；

（三）陸、海軍航空兵力應統合運用以發揚火力；

（四）航空主力決戰戰法，須妥加擬定並予演訓戰備。

此結論於 1944 年 7 月 6 日公告，即刻施行並於 8 月中完成戰備。大難當頭，陸軍對下階段決戰之主張，在決策層面雖與海軍有微妙歧異，但對於殲滅海上來犯之美軍，陸軍同意將航空兵力指揮權轉交給海軍掌管。唯決戰後，陸軍航空部隊須立即脫離海軍作戰管制。其中有關航空主力決戰部分，按陸、海軍陸基航空部隊、海軍機動部隊及海軍艦艇部隊三項分述如下：

（一）陸、海軍陸基航空部隊：以重建陸基航空部隊為最優先，海軍新編成的 2 航艦與 3 航艦，陸軍新編成的 8 飛師、10 飛師、11 飛師與 12 飛師，次第展開於九州、沖繩及台澎，實用機至少須 2,000 架。緊鄰台灣的菲律賓群島，海軍 1 航艦與陸軍 4 飛師，實用機至少須 600 架。日本本州、四國、北海道及小笠原群島正面，陸、海軍陸基航空部隊至少須備妥 400 架實用機，3 個作戰正面陸基飛機合計 3,000 架以上。

（二）海軍機動部隊：6 艘輕型航艦及 3 艘正規航艦，暫時退避至瀨戶內海，重建艦載航空隊，預定年底前可整備 6 個艦載航空隊，約有 400 架艦載機。唯絕對防衛作戰必然在 9 月中旬之後開打，故現有殘餘之艦載航空隊須轉移兵力，支援陸基部隊作戰。

（三）海軍艦艇部隊：水面艦艇緊急增強防空火砲，潛艦加裝被動式聲納，特攻兵器開始設計、戰測。由於艦艇部隊缺乏航艦護衛，無法遠離陸基飛機保護傘，不能單獨執行遠洋作戰，故僅能在近海與美軍對決，以保護海上交通線運輸安全。

航空主力決戰之依據，由大本營推斷並確認美軍來襲方向及登陸地點後斷然實施。大本營依美軍下階段攻勢作戰指向機率之大小，擬定「捷號作戰」，相應子計畫分別為：

- 捷一號作戰計畫──美軍進襲菲島時執行
- 捷二號作戰計畫──美軍進襲台澎、沖繩時執行
- 捷三號作戰計畫──美軍進襲本土九州時執行
- 捷四號作戰計畫──美軍進襲本土北海道時執行

擔任決戰正面之航空部隊，應出海截擊敵軍，以殲滅美軍航艦及登陸船團為首要任務。其他鄰接區之航空部隊及艦艇部隊，有立即馳援決戰正面部隊之責任。

針對陸軍航空部隊之參戰，大本營特別規定各型軍用機接戰之任務類別：軍偵機─遠洋偵巡；戰鬥機─制壓美艦防空砲火；輕爆機─攻擊登陸船團；重爆機─攻擊航艦。有關氣象、情報及飛行基地保修補給設備，陸、海軍航空部隊應主動相互交換使用；至於航空燃料及械彈，特別是攻船穿甲炸彈，則由海軍負責向陸軍提供。向來水火不容的日本陸、海軍航空部隊，在大敵當前、大難當頭的情勢下，總算有限度地攜手合作，共渡困境。

有鑑於日軍航空戰力的質與量雙雙急速萎縮，大本營特於 1944 年 6、7 月新編成內地的海軍 2 航艦與 3 航艦，打破慣例不納編在聯合艦隊之下，而編入大本營為直屬單位。大本營認為，若任由海軍聯合艦隊直接指揮 2、3 航艦，在面臨

慘烈戰況時，擔心會將此新編部隊過早投入戰場而白白犧牲殆盡，損及本土航空決戰戰力。因此，2、3 航艦成立伊始，在本土訓練整備，以一個月訓練 200 組機員參戰為目標，基層飛行幹部由王牌飛行員擔任，帶飛即將結訓的飛行練習生。

不過，隨著塞班島戰況逆轉，在日本內地剛開始整編訓練的 2、3 航艦卻匆匆進入備戰狀態，2 航艦由九州前推至台灣與沖繩，3 航艦則留守本州保衛京畿，但分兵前推至北九州，接替 2 航艦的防務真空。6 月 29 日，大本營以大海令第 29 號諭告，2、3 航艦於 7 月上旬之後，展開於上述地區，並賦予戰備任務：加強整備與戰訓、責任區之海上偵巡、截擊來犯美軍及分兵對支那作戰。責任區由本土東京向南延伸至呂宋海峽中線，綿延 2,000 浬。

海軍 2 航艦於 7 月 1 日陸續展開備戰部署，司令長官部設於南九州鹿兒島的鹿屋基地。為執行絕對國防圈內緣的捷二號作戰，也在高雄基地外小崗山山洞內趕築前進指揮所。在編制表上，2 航艦應有 564 架實用機，但實際上在 7 月初僅有 210 架。此外，一旦展開部署後，訓練中的航空隊必然成為作戰部隊，為了方便指揮管制，靈活調配其他航空部隊增援以加強其實力，2 航艦於 7 月 20 日自大本營解編，又改隸海軍聯合艦隊麾下。

聯合艦隊除應允在 8 月底前優先自岡山 61 航空廠供應 140 架新機予 2 航艦外，並於發動捷二號作戰防衛台澎時，下列航空部隊立即配屬於 2 航艦之下，集中實用機遂行主力決戰：

- 日本本州：陸軍 12 飛師 300 架，海軍 3 航艦 40 架
- 菲島守軍：陸軍 4 飛師與海軍 1 航艦各 140 架
- 中支駐軍：陸軍 5 航軍 60 架，海軍中支空 30 架
- 艦載機隊：塢修中的輕型航艦千歲及正規航艦雲龍所屬第四機動航空戰隊 93 架
- 駐台日軍：陸軍 8 飛師提供 22、25 飛團共 100 架

- 日本北海道及千島群島：陸軍 1 飛師與海軍 12 航艦提供 300 架為戰略預備機

　　紙面上，2 航艦在接戰前，應有 900 餘架實用機與 300 架預備機。但因指揮系統紊亂、調動不及、陸軍配合度意願不高，在捷二號作戰發動前，2 航艦統轄的航空部隊，海軍倒是全員到齊，陸軍只有駐防台灣的 8 飛師與上海的 5 航軍。陸、海軍加總後僅有實用機 463 架與預備機 150 架，尚不到日本陸、海軍全部航空兵力的 7%。日軍與美軍進行航空決戰，未能集中航空部隊全力一搏，誠可謂未戰先敗。

　　陸軍對海軍執行航空主力決戰的戰術思維，頗不以為然。鑑於美軍屢屢在島嶼爭奪戰逐次投入部隊之戰術運用規則，一旦在首次航空決戰時耗盡全部戰力，爾後美軍持續加碼來襲時，日本將無可用之兵保護絕對國防圈空域。因此，陸軍對捷二號作戰，也僅調派 5 航軍 60 架，陸軍 8 飛師第 22、25 飛團的百架實用機配屬於 2 航艦之下，8 飛師自己留用 9 飛團。陸軍僅提供 160 機予海軍遂行作戰管制，是陸軍航空部隊 3,000 架實用機的零頭，可見陸軍對海軍之配合程度有多低。

　　玉碎塞班島後，東條內閣於 1944 年 7 月 18 日總辭。7 月 21 日，美軍開始登陸關島，令日軍憂心忡忡的夏威夷－關島－台灣之所謂尼米茲海軍攻勢軸線，似乎轉瞬成真。因此，大本營要求海軍將 2 航艦立即於台澎地區快速展開，進入備戰狀態。7 月 28 日，海軍調派航空母艦，將 2 航艦飛機火速運往台灣左營軍港下卸。2 航艦司令長官部幕僚與裝備，搭專機飛赴左營進入小崗山山洞前進指揮所。陸軍則於 7 月 25 日將 8 飛師 2 個飛團的指揮權，轉移給岡山的 2 航艦指揮所。

　　關於大本營海軍指揮陸軍的航空作戰，也頗費周章。在協調近一個月後，陸軍第 10 方面軍總算同意，由直屬第 34 通信聯隊負責鋪設以下有線通聯網路，以利 2 航艦之指揮：台北（陸軍）至新竹（海軍）基地一條線路、台北（陸軍第

10 方面軍）至岡山（海軍 2 航艦司令部）一條線路、屏東（陸軍）至左營港（海軍高雄警備府）一條線路，另替海軍鋪設左營港（高雄警備府）至岡山（2 航艦司令部）一條專線。此外，8 飛師開放台北、宜蘭、花蓮港（北）及恆春等。各陸軍飛行基地予海軍航空部隊使用，以迎擊由太平洋方向來襲的美軍。

1944 年中美合作所協助美方心戰組設計空飄傳單，致使居民意識到戰爭臨頭，但成效有限。（US Army）

　　1944 年前三季，美軍夜襲台澎的力道，不若前一年自華南奇襲新竹基地那麼兇猛。9 個月期間，美軍僅夜襲 3 次：1 月 11 日高雄地區遭 10 架美機夜襲（如第四章）；6 月 29 日高雄港遭 3 架美機夜襲；8 月 14 日高雄、馬公兩港遭 3 架美機夜襲；8 月 31 日高雄港再遭 15 架美機夜襲。這些夜襲並未造成居民太多的生命財產損失，但每日清晨民眾均撿拾到美軍空飄傳單，預告美機將大舉轟炸駐守之日軍，致使台澎居民人心浮動不安。隨風飄降的除了心戰傳單，還加碼裝有文宣品、食物及香菸的空飄袋，以期獲得台灣民眾嚮往，轉而支持美軍搶灘登陸，加速日軍覆亡。不過，這些空投作業產生的效果微不足道，撿拾到的台灣民眾，紛紛將其上繳給日籍警察，美軍心戰空飄作業難有任何影響力。

　　8 月 22 日，總督長谷川清宣告全島進入戰爭狀態，各州廳頻頻召開防空會議。9 月 1 日，美軍於白晝大舉空襲菲律賓民答那峨島的納卯，戰火明顯延燒至絕對國防圈內緣。9 月 10 日，2 航艦司令長官部由日本鹿屋基地前推至岡山，準備迎擊來襲的美軍艦隊。

第七章

台灣航空戰
——第一階段

（1944 年 10 月）

　　1944 年 10 月，美軍航艦艦載機自花東海岸外蜂湧而至，美、日雙方在上空激烈交戰，稱為「台灣航空戰」第一階段，也是太平洋戰爭規模最浩大、最慘烈之空戰首部曲。此役之後，日軍航空部隊一蹶不振，美軍穩握台海空優。

　　日本的絕對國防圈，係以日本本土為中心，內南洋的南海諸島、台澎、沖繩、塞班島及硫磺島為馬蹄形防衛圈的內緣。國防圈上日本的海、陸軍建軍備戰，到了太平洋戰爭末期已可相連、互為依托，台澎地區，也就成為日本絕對國防圈的鎖鑰。

　　1944 年 7 月，美軍奪佔塞班島並規復關島，等同於在日本馬蹄形絕對國防圈打開一個潰堤缺口。儘管美軍下一階段攻勢為先取菲律賓，日本仍不敢掉以輕心，在硫磺島、沖繩、台澎等絕對國防圈內緣處處設防，擔心美軍會同步對各關鍵節點實施攻擊。事實上，美軍在登陸菲律賓雷伊泰島前夕，就同時對台灣及沖繩發動牽制性的空襲。

　　到了該年 9 月底，美軍在馬里亞納群島集結，說明主攻軸線暫時不會是台澎，而是菲島南部。接替墜海殉命的聯合艦隊司令長官古賀峰一大將的，是豐田副武大將。豐田大將係 1905 年自海軍兵學校 33 期畢業，掌聯合艦隊兵權前，任職橫須賀鎮守府司令長官。豐田大將在本土神奈川縣的聯合艦隊日吉指揮所，當機立斷下令在左營港的高雄警備府地下室，另設聯合艦隊第二作戰指揮所，並親自南下至台灣左營，就近督導即將爆發的捷一、二號作戰。

1944 年 10 月的台灣航空戰第一階段，美軍第 38 特遣艦隊（Task Force 38）連同陸航兵力出動各型戰機 2,729 架次襲台，戰損 71 架，戰耗 18 架。日軍出動各型戰機 1,340 架次反擊，戰損 311 架，戰耗 180 架，雙方 5 天內共出動 4,065 架次纏鬥。空中交戰弱勢的日軍慘敗、強勢的美軍大勝，日、美的戰機損耗比為 5.5：1。戰役結束後，卻催生了日軍的特攻思維。

美軍航艦　進逼台澎

1944 年 8 月，美軍在規復關島後，即開始準備進攻菲律賓雷伊泰島，預定登陸 D 日：10 月 20 日。為了牽制阻絕日軍經由台澎增援菲島，美軍調撥龐大的特遣艦隊，於登陸雷伊泰島之前，先將台澎夷平，以孤立在菲日軍。

美軍預定在 D-10 日以 2 天時間飽和轟炸，包括各飛行場站、港口泊區、橋樑涵洞、燃料廠、航空廠等戰略目標，並要求駐印度的第 20 航空軍戰略轟炸部隊，自成都助攻轟炸台澎。由駐華第 14 航空軍所執行的偵照任務，已判讀標定出的轟炸目標超過 1,600 處，其中 487 處為軍事基地以及設施。

為了達成上述之奇襲，美軍至少得在 2 天飽和轟炸中，實際出動 3,400 架次之能量。為此，需有 1,000 架以上之妥善機配置於航艦上。美國海軍第 3 艦隊司令海爾賽上將（ADM William F. Halsey, Jr.，海軍官校 1904 年班）特令所屬密契爾中將（VADM Marc A. Mitscher，海軍官校 1910 年班）編成第 38 特遣艦隊（TF38），下轄 4 個航艦特遣支隊：

- TF38.1 支隊——含正規航艦 2，輕型航艦 2，轄飛行大隊 3，艦載機 299 架
- TF38.2 支隊——含正規航艦 3，輕型航艦 1，轄飛行大隊 4，艦載機 291 架
- TF38.3 支隊——含正規航艦 2，輕型航艦 2，轄飛行大隊 4，艦載機 254 架
- TF38.4 支隊——含正規航艦 2，輕型航艦 2，轄飛行大隊 3，艦載機 254 架

美軍在每個航艦特遣支隊另編配有主力艦、巡洋艦及驅逐艦多艘護航。裝載有 1,098 架戰機的特遣艦隊，當然需要龐大的後勤補給與戰鬥支援，因此速度較慢的潛艦、掃雷艦、巡防艦、油彈補給艦、修理艦及救難艦須另行編組艦隊，分頭先行，以期在接戰前於指定海域會合。

要獲得絕對勝利，保密奇襲是關鍵。密契爾將軍所指揮的 4 個航艦特遣支隊，無論是航艦、主力艦、巡洋艦或驅逐艦，均可用 25 節航速編隊高速航行，日行 600 浬。密契爾恃此高航速運動優勢，自南太平洋出航，先誤導日軍認為特遣艦隊要進襲菲島。艦隊再兜大圈至北太平洋，再誤導日軍認為即將攻擊小笠原群島的硫磺島，最後則高速進逼台灣，企圖以聲東擊西之勢，奇襲據守台灣的日軍，出其不意、攻其不備。任務完成後，海爾賽上將轉移特遣艦隊至菲律賓雷伊泰島外海，以支援美軍重返菲律賓的登陸戰。

9 月初，TF38.1 及 TF38.4 支隊進入南太平洋新幾內亞海軍群島泊區（距台灣 2,200 浬）整補，TF38.2 及 TF38.3 支隊則進入西太平洋加羅林群島烏里西泊區（距台灣 1,300 浬）整補。10 月 4 日，自海軍群島泊區向北駛出的 2 個支隊，遭日軍潛艦偵知回報，致使日本絕對國防圈所有部隊全面進入備戰。6 日，烏里西泊區的支隊亦出航北駛，也遭跟監的日軍潛艦回報。不過，緩慢潛航的日軍潛艦，很快地在茫茫大海中跟丟了高速離去的特遣支隊。隔日，4 支特遣支隊在關島外海（距台灣 1,500 浬）會合後，由 9 艘大型油彈補給艦對 17 艘航艦實施海上橫向補給作業，於 10 月 9 日方告完成。

同日，密契爾派出 3 艘巡洋艦及 6 艘驅逐艦，高速奔向小笠原群島，對南鳥島（距台灣 2,000 浬）發動佯攻。3 次岸轟砲擊並施放煙幕佯裝要登陸，企圖誤導日軍認為主攻在此。惟佯動太過浮濫，日軍不為所動，反而使之更為警覺。陰錯陽差，同一天 08:45，1 架海軍 953 空（淡水）九七式大艇，在沖繩那霸東方 600 浬處遭關島起飛的美軍巡邏機擊落，日軍誤以為是美軍特遣艦隊來犯，準備啟動捷二號作戰，台灣及沖繩進入空前戒備狀態。此時，美軍特遣艦隊仍在沖繩那霸東南方 500 浬處自信滿滿，認為隔天急襲沖繩日軍，必定攻其不備。殊不知

日軍歪打正著，料對了美軍即將來襲而加強戰備。

　　10 月 10 日，美軍特遣艦隊逼近沖繩海域。自清晨起，連續派機炸射宮古島、奄美大島、南大東島及沖繩本島，至日落時始收兵。全日美軍出擊 1,396 架次。日軍早已預作疏散，僅有 30 架實用機在地面被毀，小型船艇合計共 1,100 載重噸被轟沉。美軍誇稱擊墜、擊毀日機 111 架，擊沉航艦 1 艘、運輸艦 4 艘、潛艦 2 艘及魚雷艇 12 艘之多。美軍付出的代價也不輕，計 21 架戰機遭擊落，飛行員 9 死 22 傷。這是美軍首度深入絕對國防圈大肆攻擊，日軍倒是不主動求戰，沉住氣等待最佳時刻在台澎地區遂行航空決戰。

　　10 日深夜，美軍特遣艦隊退避至台灣紅頭嶼東方 400 浬區進行整補，由 12 艘補給艦再替 17 艘航艦加油並補充各類彈藥。飛機運輸艦[1] 亦轉運 60 架戰機至航艦上補充戰損，海上整補作業一直弄到隔天日落時分方告完成。11 日中午，美軍特遣艦隊派出 61 架戰機佯攻呂宋島北的阿派里機場，企圖誤導日軍認為呂宋即將成為主攻目標；然而，日軍仍不為所動，僅派出戰備值班警戒機應戰，結果 18 架升空迎戰的日機遭擊墜、擊毀，美軍則有 7 架戰機遭擊落。入夜後，美軍特遣艦隊以 24 節高航速直奔台灣，台灣航空戰第一階段即將正式開打。

T 攻擊部隊　疾如颱風

　　日軍航空部隊在 1944 年歷經數次美、日航空混戰，只輸不贏，菁英盡失士氣低沉。日軍深知無論就人員素質、教育訓練、裝備性能及軍事科技研發言，與美國的差距愈來愈大，若還用老套與美軍作戰，只會愈輸愈慘。大本營鑑於此一痛苦經驗，特別要求海軍絞盡腦汁，快想辦法以弱擊強。

　　1944 年 7 月 13 日，海軍省曾大膽地提出了「利用颱風作戰正攻法」。此一

1　編註：指納編 TF38 之萬噸級 Aircraft Ferries *USS Hammondsport*, APV-2 及 *USS Kitty Hawk*, APV-1。

正攻法，特別著重運用終昏之後、拂曉之前的夜暗掩護，在惡劣氣象及海象條件下如颱風，對美軍船艦展開攻擊。主要係著眼於夜晚惡劣天候中，美軍艦載機因艦體搖擺幅度過劇而無法起降，且夜間美軍戰機習慣上甚少起降，若此時予以攻擊，當可提高致勝機率。海軍對此一奇特攻擊法，稱為 T 攻擊，執行此一任務的航空部隊為 T 攻擊部隊，英文字母 T 字，乃採用颱風（Typhoon）第一個字母為代號。

　　T 攻擊部隊之戰術目標，以一次殲滅 10 艘美軍航艦及其艦載機 1,000 架（約為美軍航艦總兵力的五分之一）為訴求。T 作戰正攻法，需有百架以上之飛機，於惡劣天候的夜色中對美軍來襲之航艦攻擊。因此，T 攻擊部隊之任務編組，以 2 航艦駐台 762 空（新竹）為骨幹，這個 270 機的超級海軍航空隊，納編以下 2 航艦部隊：

- 偵察部隊：轄 762 空 11 飛行隊及 801 空 301 飛行隊，以偵察機執行遠程海面偵巡，夜間照明
- 戰鬥部隊：轄 762 空 303 及 701 飛行隊，以戰鬥機執行夜間制空與機隊護航
- 艦爆／艦攻部隊：轄 762 空 161 及 262 飛行隊，以艦載爆擊機／攻擊機執行佯動攻擊，並制壓美軍艦艇防空火砲
- 陸攻部隊：轄 762 空 501、703 及 708 飛行隊，以陸基攻擊機執行低空貼海魚雷攻擊美軍航艦
- 雷達部隊：台澎地區各雷達站對空搜索敵機，對海面搜索敵艦
- 氣象部隊：台澎地區各測候所對接戰區海象、氣象情報之蒐集

　　聯合艦隊司令豐田副武大將，萬分欣賞此攻擊法。其幕僚亦認為本少利多，可帶給美軍災難性大衝擊。8 月 21 日以聯合艦隊作戰第 89 號令，下達「T 攻擊部隊之編成及作戰要領」。在 2 航艦新編 T 攻擊部隊任務編組，由曾任海軍第 702 航空隊司令的久野修三大佐（海軍兵學校 47 期畢業）任指揮官，含偵察飛

行隊 2、戰鬥飛行隊 2、艦攻飛行隊 2 及陸攻飛行隊 3，陸軍支援重爆戰隊 2，共有 269 架實用機編成。

　　要在夜間暴風雨中實施 T 正攻作戰，對飛航氣象資料，尤其是目標區的海象狀況必須確實掌握。因此，T 攻擊部隊特別要求加強氣象及海象觀測，並對颱風之形成、行徑予以追蹤，期以作出正確的氣象預報。除了增加各氣象測候站的觀測外，海軍更於台灣東方遠海配備漁船改裝的氣象觀測船 10 艘，並於需要時釋出無人觀測艇。氣象情報網與 T 攻擊部隊的氣象班聯線，於 9 月 10 日大致完成通聯，展開定時預報作業。

　　T 作戰正攻法，需在漆黑夜間低飛掠過濤天巨浪，因此雷達索敵不可或缺。8 月下旬，海軍特種監視隊已在台北石門、花蓮米崙山、台東鯉魚山、高雄壽山、大崗山及新竹緊急加裝電探一號一型陸用防空搜索雷達，增強基地搜敵能力。此外，大本營與海軍航空部協商，緊急調撥新式電探空六號二型機載搜索雷達，普遍裝設於 T 攻擊部隊之艦攻機（如中島天山式艦攻）及陸攻機（如中島銀河式陸爆），以利接戰時確認美艦方位距離。而機上雷達員之補充，則以 9 月 15 日結訓之飛行通訊班練習生擔任。

　　T 作戰所使用之武器，以九一式航空魚雷（改四至改七型）為主，魚雷彈頭可依目標艦裝甲防護之強弱，在出擊前依任務需求換裝 V 型穿甲彈頭。為了攻擊美軍航艦擠滿飛機、油彈的飛行甲板，T 攻擊部隊亦備有汽油彈、燃燒彈數百枚。此外，大本營兵器部還特地研發量產了二五番的「反跳彈」（代號稱「T 金物」），專供 T 作戰貼海掠襲用。反跳彈的正攻法，係由陸攻機以 10 公尺高度貼海飛行，距目標艦 200 公尺處將炸彈釋出，彈體裝有平衡翼的反跳彈，會如同扁石般在海面上水漂彈跳，可直接命中目標艦乾舷水線爆炸，導致目標艦受創大量進水沉沒。

　　T 攻擊部隊指揮官久野大佐，成為日軍反敗為勝唯一指望的武將。他要求大本營指派海軍倖存最優秀的飛行員來擔任他的隊職官，其中包括了王牌飛行隊隊長鈴木宇三郎大尉（海軍兵學校 69 期畢業）。他在服勤過的 204 空，與同僚

合力擊落 218 架美機。任官後因戰功彪炳，4 年內由少尉躍升至大尉，獲天皇賜贈「武功拔群」短劍。各級指揮官向 T 攻擊部隊鹿屋訓練基地報到後，於 9 月 4 日開始在瀨戶內海以輕型航艦鳳翔號為假想敵，實施 T 攻擊訓練。

　　T 作戰正攻法的最低要求，是訓練空勤組員能在風速每秒 17 公尺的暴風雨中，貼海衝入美軍艦隊陣列，以魚雷、燃燒彈及 T 金物反跳彈對目標艦施行攻擊。為期 16 天的初級訓練及 14 天的高級課目倒發現不少缺失，如夜間無法維持大編隊掠海飛行，機載雷達因真空管易燒毀，故障率高達 80%；多機編隊導致通訊混亂，電訊員素質低落，經常與基地失聯；照明彈失效比例過高，改七型的航空魚雷耐波力有問題等。不過，久野大佐在 10 月初 T 攻擊部隊完訓時，已依照密集訓練累積之經驗，對正攻法作了最適切的修正。

　　T 作戰正攻法的作戰計畫為：每次動用半數兵力，即 135 架妥善機，分成 5 個接敵梯隊。每梯隊 27 架任務機，使用 3 架偵察機照明，8 架艦戰制空掩護，16 架艦攻及陸攻對目標船艦執行魚雷攻擊與投彈。梯隊依次完成連續投雷與投彈後，分別返航不同基地加油掛彈，待命再度輪番出擊。T 作戰可從薄暮終昏開始實施，迄隔日黎明拂曉前結束。

　　9 月 21 日，菲島馬尼拉首度遭受美軍特遣艦隊空襲，此一警訊意味菲島決戰已迫在眉睫。大本營依情報判斷，捷一、二號作戰機率最大，且預告於 10 月中旬開戰。基於以上評估，聯合艦隊豐田司令長官於 9 月 25 日以作戰第 310 號令，要求 T 攻擊部隊完訓後立即在南九州待命出擊，於沖繩中轉，以新竹、台南及高雄岡山基地為 T 作戰返航場站。同時，豐田大將著令麾下 2 航艦之航空部隊，於台澎火速展開迎戰，2 航艦司令福留繁中將移駐岡山，指揮戰局。

　　10 月 4 日，情報顯示美軍特遣艦隊駛離新幾內亞的海軍群島泊區，向北航行，企圖不明。斯時 2 航艦在台澎地區已備戰，展開的航空部隊，計有 21 與 25 航空戰隊 303 架實用機、千歲及雲龍航艦所屬第四機動航空戰隊 80 架實用機及陸軍 8 飛師配屬部隊百架實用機。此外，T 攻擊部隊由本土九州轉場出擊，返航台灣所需之航空燃油及魚雷、炸彈，均在新竹、台南及高雄岡山基地貯存備妥。

台灣航空戰第一階段，如箭在弦，一觸即發。

航空決戰　虎頭蛇尾

　　對於即將到來的台灣航空戰第一階段，攸關日本之存亡，豐田大將放心不下，於 10 月 2 日親臨台澎，坐鎮高雄警備府的聯合艦隊第二作戰指揮所。當日即獲得情報，美軍特遣艦隊即將離開南太平洋海軍群島泊區北駛。參謀長草鹿任一中將（海軍兵學校 37 期畢業）預判，美軍將於 10 月 8 日奔襲台灣。豐田大將匆匆在 10 月 7 日由左營飛往馬尼拉，視導 1 航艦的備戰部署，旋即返回左營督戰。視導全程由 20 架零戰直衛護航，避免重蹈前兩任聯合艦隊司令長官空難殞命的「甲事件」及「乙事件」覆轍。

　　10 日，豐田大將赴新竹基地 T 攻擊部隊隊部視察戰備，得知沖繩日軍正遭美軍大轟炸，立即頒布「捷一、捷二號作戰警戒令」，並要求 T 攻擊部隊出擊。15:40，953 空（淡水）水偵在沖繩東方外海 100 浬及東南方 140 浬處，各發現一隊美軍航艦特遣支隊，立即引導 T 攻擊部隊出海搜敵。然受夜間惡劣氣象限制，未能標定美軍特遣支隊位置，日出後無功而返。11 日入夜後，水偵在台灣東方外海，斷斷續續與美軍艦艇保持雷達接觸。此際，美軍特遣支隊的位置，已在 T 攻擊部隊作戰航程以外。美軍刻意迴避，是為了確保海上整補作業安全。

　　福留中將所指揮的海軍 2 航艦，的確身手不凡。負責海上偵巡的 901 空飛行艇，於 11 日拂曉自東港起飛後，11:00 在紅頭嶼東方 450 浬處，發現航艦 3 艘及主力艦 3 艘，又在其西北方偵獲另一特遣支隊。中午以後，飛行艇以 3 架編組扇形展開，輪流保持與美軍的雷達接觸。入夜後，美軍直奔台灣，日軍飛行艇也如鬼魅般尾隨不放，從紅頭嶼東南方 300 浬一路跟監到天明。此時，美軍距紅頭嶼僅 60 浬。

　　福留中將的接戰計畫，是開門放任美軍戰機進入台澎空域，企圖以地利之便，在台澎上空與美軍艦載機決戰。日落後，再讓 T 攻擊部隊收拾潰退中的美

軍艦隊。不過，福留中將手上 2 航艦可用兵力卻太少。駐防台澎的海軍實用機固然有 383 架，陸軍 8 飛師配屬者也有百架之多。但 11 日深夜作戰會報時，清點之後卻發現能升空接戰的妥善機，除 T 攻擊部隊外只有以下各部隊。

- 台中（西屯）基地：陸軍 3 戰隊 50 架
- 新竹基地：海軍 265 空 50 架
- 台南基地：海軍新台南空 30 架
- 台中基地：海軍 763 空 50 架
- 屏東基地：陸軍 8 戰隊 50 架
- 高雄基地：海軍 341 空 32 架

能立即接戰的只有 262 架，連同分散於宜蘭、花蓮港（北）、高雄、東港各基地的備用機，可以起飛升空者加總才 325 架，妥善率為 67%。幸好駐紮中國大陸的日軍航空部隊罄不留機全數釋出，全數 90 架及時馳援到位相挺，湊成日軍在爾後 100 小時台灣航空戰第一階段期間所有的戰力，總計 415 架實用機。福留中將衡量敵我戰力，遂對 2 航艦下達戰令：

一、將戰鬥機集中於新竹州及高雄州 2 個空域，兵力各半，遂行航空決戰；
二、T 攻擊部隊於日落前由南九州經沖繩轉場，出海攻擊美艦，返航新竹、台南及岡山落地整補後，待命再度出擊；
三、散佈於台灣以外之航空部隊，天明後分批移防，增援台灣及沖繩迎擊美軍；
四、運輸機等非戰鬥飛機，立即趁夜疏散至中國大陸及南九州；
五、不能作戰之海、陸軍 144 架教練機，拖離跑道隱蔽在飛行場站周邊村落、竹林間，並加強偽裝。

　　10 月 12 日，最後歸航的 801 空 301 飛行隊水上偵察機，於 05:00 拂曉前，在紅頭嶼東方 20 浬處發現美軍艦隊直奔台灣而來。事實上，美軍 4 隊的特遣支隊，此際正在台灣東岸外 40 至 80 浬間的海域準備接戰。05:44，第一架 F6F「野貓式」戰鬥機自富蘭克林號正規航艦（*USS Franklin, CV-13*）升空，台灣航空戰第一階段正式登場！

　　對日軍來說，美軍的來襲一點都不意外，都在日軍連續嚴密監控中。06:10，花蓮米崙山雷達站偵測到大批超過 500 架的美機起飛、爬升。06:45，32 架美軍 F6F 首先進入台灣空域，後面緊隨著各型戰機，企圖一舉殲滅日軍航空部隊。嚴陣以待的是 120 架日機在新竹上空盤旋，130 架日機在岡山上空迎戰。豐田大將親臨新竹基地觀戰，福留中將則坐鎮小岡山洞庫外的 2 航艦指揮所督戰。07:30，美日雙方 700 餘架軍機在台灣有限的空域內大打出手。

　　福留中將在小岡山麓指揮所對接戰有生動的描述：「但見百機大纏鬥中，一架接一架從空中遭擊墜，大家都興奮地鼓掌叫好！可是用望遠鏡仔細一瞧，墜落的盡都是漆有日之丸標識的陸軍 8 飛師飛機，剎時眾人皆目瞪口呆，面如土色」。

　　在新竹基地觀戰的豐田大將批評得更露骨：「我軍飛機與兇悍之美軍 F6F 一交鋒，紛紛遭擊墜，猶如以卵擊石，剎那間呈一面倒之態勢。若長此以往，日本將會潰亡。看來，只有以飛機衝撞航艦，以求治本，別無他途。」第一波交戰之後，瞬間慘遭擊落的日機就有 80 架，多為陸軍 8 飛師支援作戰之 25 飛團（花蓮港（北））所屬中島二式戰鬥機。

　　第二波 500 餘架美機於中午時刻，又從台東外海蜂湧掩至。倉促升空迎戰者，僅有 75 架日機，其中 31 架瞬間如花絮隨風消逝在空中。待下午第 3 波美機來犯時，已無日機敢升空接戰，於是美機毫無顧忌地恣意低飛炸射馬公港及花蓮港，宣稱共擊沉 16 艘船艦。港區的碼頭、倉庫遭致嚴重破壞，花蓮港市的工業學校、花蓮港駅及花蓮港漁產加工場均遭襲擊。

　　台灣航空戰第一階段首日，日軍就蒙受慘重損失。日軍全日出擊 325 架次，遭擊落 111 架。美軍全日出擊 1,329 架次，戰損也不輕，遭日軍飛機及防空砲火

擊落 48 架。最令日軍痛心的，是當日竟有 13 名大尉級以上的飛行隊長資深隊職幹部殉職，對士氣打擊很大。

　　其實，日軍當天的表現並不差，例如駐守新竹的 265 空，以劣勢零戰 43 架升空迎戰。一天下來，擊落美機 23 架，本身戰損僅 14 架，為表現最佳之航空隊。其次為駐守高雄岡山的 341 空，以 32 架紫電局地戰鬥機升空迎敵，擊落美機 10 架，但本身戰損 14 架，此役為紫電首次參與實戰。其他航空兵部隊如陸軍 8 飛師則慘遭美機屠殺，如秋風掃落葉般地潰敗。傍晚，美軍特遣艦隊在回收攻擊台灣的艦載機後，向外海逸去，以防止 T 攻擊部隊入夜後追擊。

　　10 月 13 日，是美軍計畫轟炸台灣的第二天，也是原訂計畫的最後一天。06:10，美軍於紅頭嶼外 50 浬處讓艦載機起飛升空編隊，當日主要任務為炸射北台灣與東岸重要目標。

　　第一波美機進入北台灣空域後，就沒有日機升空迎擊，於是美軍的 SB2C 俯衝轟炸機與 TBM 艦載魚雷攻擊機，紛紛好整以暇俯衝投彈掃射。由於沒有日軍空中攔截，美軍艦載攻擊機命中率較首日空襲大幅提升。台灣船渠基隆造船所、瑞芳街金瓜石鍊銅廠、台北驛、桃園驛倉庫、新竹市區、新竹基地及苗栗煉油所全遭轟炸，大火焚燒終日，濃煙四佈。東岸的花蓮港酒工場全毀，花蓮港驛的一列離站客車，遭低飛而來的美機來回掃射，無辜乘客傷亡慘重。鄰近的壽豐溪溪口水力發電所也被炸，日本鋁業花蓮港工場亦難逃劫數，幾被美軍夷平。

　　第二波美機則轟炸南台灣，卻遭遇到近百架日機升空頑抗，但一經接戰則勝負立判，日機急忙奔逃避戰以保存實力。日本鋁業高雄鋁工場、屏東基地，左營海軍 6 燃廠、岡山的高雄基地及海軍 61 航空廠均遭轟炸！其中高雄基地 5 座棚廠、4 棟大樓全毀，福留中將在基地內巡視時，正好美機臨空炸射，在煙硝彈雨中僅以身免，狼狽逃返小崗山的山麓指揮所。

　　午後，天氣轉壞，烏雲密佈。美軍耐心等到薄暮時分，勉強再行出擊，轟炸日月潭第一水力發電站、虎尾基地、嘉義溶劑廠及嘉義基地。令美軍詫異的是，兩天低空炸射下來，標定的飛行場站不只原先認為的 24 處，竟有從未標定過者，

包括海軍仁德飛行場等共計 48 處之多！可見日軍在戰時偽裝、隱蔽良好，使得美軍三番兩次遭矇蔽。

　　航空戰次日即 10 月 13 日，由於天氣候轉劣，全天美軍僅出擊 933 架次，戰損 3 架，艦載機出擊台灣的兵力規模，僅為首日的七成。日軍亦僅出動 100 餘架次升空迎擊，戰損 15 架，其中海軍新台南空的帶隊指揮官亦戰歿。由於美國海軍攻擊機有穩定低飛之特性，貼地匍匐飛行掃射十分精準，命中率高，也導致兩天之內炸毀民宅逾千棟，台灣民眾亡 281 人，傷 258 人。

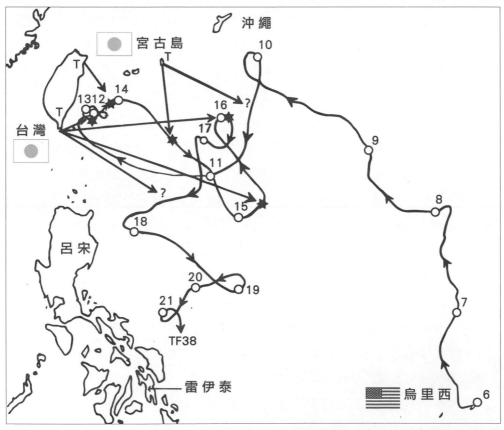

1944 年 10 月中旬，台灣航空戰第一階段的美軍第 38 特遣艦隊與日軍 T 攻擊部隊逐日戰術運動圖。（作者、蔡懿亭繪製）

　　為期兩天的台灣航空戰第一階段，到了 13 日夜間又有了變化。當晚 T 攻擊部隊，在紅頭嶼東方海面重創了 38.1 特遣支隊（見下節）。從終昏到隔日拂曉，美軍艦隊始終忙著與日軍 T 攻擊部隊周旋，並照護受創軍艦，戰術迴避退卻。密契爾中將臨時決定，10 月 14 日加碼再炸台灣一天，以阻撓日軍追擊。

　　台灣航空戰第三天，即 10 月 14 日清晨，美軍於紅頭嶼外海三度來襲。不過，僅有 38.3 特遣支隊派出 100 架攻擊機，由 135 架戰鬥機護航，主要任務為炸射新標定的飛行場站。美軍出擊兵力規模，尚不及首日的兩成。10:30，海軍高雄通信隊鳳山無線電信所，截聽到美軍特遣艦隊召回艦載機的閃急電訊，且中午以後未見美機再來襲。因此，日軍樂觀地研判美軍正在潰退。日軍萬萬沒料中的是，美軍的「潰退」，只是單純的讓出台灣沖空域，換由美國陸航戰略轟炸部隊自成都跨海大舉轟炸台灣（見下節）。

　　14 日全天，日機出動了 50 餘架次升空攔截，成果尚差強人意，擊落 17 架美軍戰鬥機及 6 架轟炸機，本身僅損失 4 架。其中以新台南空表現最佳。07:55，新台南空以零戰 16 架與美軍 40 架 SB2C、20 架 F6F 在岡山空域纏鬥；緊接著於 08:50，在彰化上空又迎戰 40 架美機，先後擊落其中 14 架，新台南空則損失了 3 架性能居於劣勢的零戰。

　　美軍在 14 日，除了持續轟炸台灣各飛行基地外，也再度以 6 架艦載轟炸機炸射日月潭第一水力發電所。不過，這天美機走了霉運，俯衝投彈掃射發電所之際，1 架美機遭地面防空砲火擊中，墜毀於集集大山附近。美軍連續 3 天對台灣低空炸射，投彈近萬枚約 700 噸炸彈，造成台灣民眾生命財產巨大損失。

　　經過三天的作戰耗損，美軍特遣艦隊於 14 日下午在紅頭嶼外 200 浬處進行海上整補。由於愈來愈多軍艦遭日軍 T 攻擊部隊追擊，美軍第 38 特遣艦隊於入夜後向遠海逸去。15 日晨，福留中將下令 2 航艦所有備用飛機全部升空，出海追敵。拂曉時分，新台南空於紅頭嶼外海偵巡，沒發現敵蹤空手而返。新竹的 265 空派出殘存的 11 架零戰在花蓮外海偵巡，與美軍巡邏機交火，2 架零戰遭擊落，帶隊的 265 空指揮官亦當場陣亡。其時，美軍已退避至紅頭嶼東南方 300 浬處。

16 日清晨，東港的 901 空飛行艇在紅頭嶼東方 400 浬處，標定 3 隊美軍特遣支隊。09:30，新竹的 265 空以 14 架零戰掩護 4 架銀河陸爆出擊，途中遇大霧迷航，無功折返。11:00，台南的新台南空及岡山的新高雄空聯合出擊，派出 55 架零戰，於 13:45 在紅頭嶼以東 200 浬處遭美巡邏機攔截，1 架零戰遭擊落，全隊只好折返。

下午，美國陸航戰略轟炸部隊自成都再度來襲台灣，福留中將忙著應付美軍重型轟炸機（見下節），暫且將美軍特遣艦隊的威脅擱置一旁。17 日起，特遣艦隊向南駛至菲律賓雷伊泰島海域，支援 20 日的登陸戰。台灣航空戰第一階段，對美、日交戰雙方言，都算虎頭蛇尾，匆匆告一段落。

拖延近 5 天的空戰，福留中將的 2 航艦計出動 550 架次執行要域防空作戰，在空中被擊落、地面遭擊毀的戰損計 132 架，空戰以外的戰耗如起降墜毀、機件故障熄火墜海及地面意外事故焚毀等，計 129 架。10 月 18 日，日本海軍駐防台灣的 2 航艦，手頭僅剩 108 架堪用機，其中妥善機為 61 架。此外，待修的飛機與無戰力之教練機計 236 架，決戰前後戰力量相差甚遠。

美軍的損失也不輕。第一階段空戰，第 38 特遣艦隊出擊 2,497 架次，被日軍擊落戰損 71 架，空戰以外戰耗 18 架，64 名飛行員陣亡。以數目相較，日軍對決美軍算是小輸。然而，衝鋒陷陣、犧牲殉國的盡都是資深飛行員。參戰 37 名少佐以上的飛行隊職官，就有 34 位陣亡，使得日軍自認台灣防空作戰大輸特輸，一切的「輝煌戰果」，有賴 T 攻擊部隊去爭取。

颱風正攻　前仆後繼

晝伏夜出的海軍 T 攻擊部隊，自 10 月 12 日薄暮後配合台灣航空戰第一階段，適時展開出擊。該日上午 10 時，聯合艦隊發布「基地航空部隊捷一、二號作戰發動」令，T 攻擊部隊指揮官久野大佐即令各飛行隊，分批自南九州轉場至台灣與沖繩的飛行基地待命。由於 T 攻擊部隊只挑昏暗夜色出擊，美機多半不會升

空攔截。因此，Ｔ作戰正如日軍所料，變成在台灣海域由空中的日機單挑海面美艦之奇特戰鬥。

12 日下午，鹿屋的 762 空 11 飛行隊偵察機於紅頭嶼東北、正東及東南方各 90 至 110 浬處，標定 3 隊美軍特遣支隊。此時天候惡劣，海象不良，久野大佐立即下達戰令出擊。第一波自鹿屋飛行基地出擊的有 56 架，於 20:20 展開貼海攻擊，返航台灣的只剩 29 架，其餘皆遭美艦防空砲火擊落或迷航墜海。第二波於子夜自沖繩出擊 45 架，接戰後遭砲火擊落 15 架，其餘皆返航新竹基地。第三波 5 架於拂曉前自新竹加油掛彈後再出擊，接敵後因大批美機升空攔截，故未實施攻擊。Ｔ攻擊部隊飛行員回報的戰果為以Ｔ金物反跳彈「擊沉美艦 2 艘，擊傷 2 艘，其艦種雖不明，但擊沉、擊傷之各一艘係航艦之可能性很大」。事實上，美軍艦艇毫髮未損。

13 日，是美國的黑色星期五。當天第 38 特遣艦隊依然猛烈空襲台澎各地，聯合艦隊司令長官部認定：昨夜Ｔ攻擊部隊之攻擊，初具成效但仍嫌不足，應把握美軍仍在近海之良機，反覆實施夜間攻擊。上午，Ｔ攻擊部隊的 762 空 701 飛行隊之零戰 12 架、801 空之大型飛行艇 8 架、762 空 262 飛行隊之艦攻 12 架及陸軍 98 戰隊的三菱四式重爆飛龍 12 架，轉場至沖繩基地待命。下午，日軍已鎖定位於花蓮正東 100 浬處正在回收艦載機之美軍特遣支隊，久野大佐遂下達接戰指令。44 架Ｔ攻擊部隊任務機於 15:47 起陸續衝場抬頭，掠海飛行朝美軍飛去。

先行偵察的大型飛行艇，於 17:20 回報：紅頭嶼東方 40 浬處再標定 1 隊特遣支隊。領隊高橋太郎少佐下令機隊轉向加速，護航的零戰於 17:50 擊落 1 架落單迷航的美機後，零戰均因油料不足而陸續提前北返宮古島。18:00，24 架艦攻與重爆以 3 機 1 組跟蹤隊形，編隊先朝西向台灣貼海低飛 70 浬，佔有利背光位置後，再折向東朝美艦進襲，利用耀眼的日落陽光作為攻擊美艦的掩護。

久野大佐擔心負責護航、油料不足的零戰返航後，會造成攻擊機隊缺乏側護而被美機屠殺。故鈴木大尉主動請纓，奉准後親率 701 飛行隊已完成加油掛彈之零戰，由宮古島緊急升空直奔Ｔ攻擊部隊接力護航。在日落終昏後，鈴木大尉

衝向 4 架美軍 F6F「野貓」式戰鬥機，成功阻撓美機攔截 T 攻擊部隊的企圖。唯鈴木大尉的座機亦遭擊傷，在紅頭嶼外墜海殞命。戰役結束後，天皇賜頒表彰狀予鈴木宇三郎，追綬為海軍少佐。

　　19:30，紅頭嶼東方 66 浬處，高橋少佐在薄暮中目視鎖定 7 浬外美軍特遣支隊，遂下令陸軍 98 戰隊細田哲生大尉的 12 架四式重爆飛龍奔向美艦，實施魚雷攻擊。第一批 4 架針對特遣支隊最大的目標投放魚雷，但夜暗中無法判定是何種軍艦，然全遭美艦火砲擊落，唯見美艦甲板有衝天燃燒火柱。第 2 批 8 架直奔另一目標艦，途中被交叉防空艦砲擊落 6 架，僅 98 戰隊 2 中隊 3 號機投放魚雷攻擊，直接命中目標艦主桅與煙囪間之乾舷，所引起沖天水柱，比艦上雷達天線高出四倍！其他各機在水偵投下照明彈後，於漆黑海面上捕捉敵艦並實施魚雷攻擊。該夜 T 攻擊部隊遭擊落 10 架，迷航墜海失蹤 11 架，回報確定擊沉美軍航艦 2 艘，大破航艦 1 艘。

　　事實上，日軍戰報只對了三分之一。首先遭到攻擊的是第 38.4 特遣支隊的正規航艦富蘭克林號。4 架重爆在貼海逼近時，第 1 架遭返航落艦的戰鬥機「順道」尾追擊墜，第 2 架遭護航的巡洋艦艦砲打下，第 3 架在投放魚雷後被富蘭克林號的防空砲火擊落，魚雷也被富蘭克林號急轉閃躲掉。最後的第 4 架投放魚雷後，遭火砲擊中變成一團火球，在飛行甲板上撞毀再翻滾跌入舷側爆炸，造成富蘭克林號大破。第 4 枚魚雷則筆直朝富蘭克林號奔進，但因入水過深而在艦體龍骨下方無害通過。

　　倒大霉的是第 38.1 特遣支隊的重巡洋艦坎培拉號（USS Canberra, CA-70）。在遭 8 架日軍重爆圍攻後，1 枚魚雷擊中側舷裝甲以下水線，令艦上官兵 23 人當場陣亡！艦上因彈藥庫跟著起火爆炸，導致輪機艙進水量高達 4,500 噸之多，當損管隊搶修完成隔艙堵漏後，坎培拉號已失去動力。艦隊司令海爾賽上將嚴令不准棄船，改由救難艦以 2 節低速將其拖離台灣外海。雖然兩艦遭日軍夜襲僅為大破，唯對美軍官兵心理造成極大震憾。夜間作戰航艦形同廢物，官兵心生恐懼不安，促使海爾賽當夜決定儘早脫離戰場。美軍發動的台灣航空戰第一階段，被

日軍拼死來攻，搞成美軍虎頭蛇尾。

　　日本發動太平洋戰爭後，已經快兩年從未擊沉過美軍航艦。海軍經過 2 天的 T 攻擊誤報戰果，使得聯合艦隊雀躍不已！豐田大將遂下令 10 月 14 日為 T 攻擊部隊總攻日，集中全部兵力遂行主力決戰，以挺身必殺之攻擊，企圖完全殲滅所有美軍航艦。當天，特遣支隊僅來襲一次，其運用兵力只有 2 天前的六分之一，之後鳳山無線電信所截聽到航艦急電召回艦載機返航，疑似退避之徵候。位於新竹基地督戰的豐田大將研判，特遣支隊已遭重創，此刻正敗退脫離戰場。為捕殲美軍受創艦隊，T 攻擊部隊於該日終昏後分 3 批出擊，共計 450 架次。

　　當日表現最傑出者，為 T 攻擊部隊陸軍 98 戰隊飛行 2 中隊齊藤敢大尉的座機組員。該日中午，98 戰隊接續前一日輝煌的表現，殘存的 16 架飛龍重爆自上海本場出航，先於宜蘭基地加油掛彈後，再離場低飛至花蓮東方 100 浬處搜索敵蹤，領隊為戰隊長宮崎滿少佐。18:00，機隊目視鎖定 6 浬外美軍艦隊，旋遭美軍巡邏機近距離攔截，一路窮追猛打，但被宮崎少佐以貼海低飛忽快忽慢變速擺脫。

　　18:29，宮崎少佐發出單機跟蹤隊形用魚雷攻擊的電訊，率先衝入美艦陣列中。由於美艦防空火砲交叉射擊猛烈，剎那間 14 架飛龍重爆慘遭擊墜，領隊宮崎少佐亦當場殉職。18:35，進入美軍陣列者，僅有齊藤大尉以左迴旋貼海低飛衝入，對準一大型目標艦投放魚雷，直接命中桅桿下左舷側，引發沖天火柱並確認已炸沉！隨後齊藤大尉以 S 形橫滑特技飛行，迴避美艦密集之防空火網彈幕，全機連連中彈 30 發，奇蹟似地安返台東基地。是夜，T 攻擊部隊有 200 餘架次飛機衝入美艦陣列攻擊，損失將近 80 架，但也電訊回報擊沉航艦 2 艘，艦型不詳者 2 艘，驅逐艦 1 艘。

　　實際上，該夜只有美軍第 38.2 特遣支隊的輕巡洋艦休斯頓號（*USS Houston, CL-81*），於紅頭嶼東方 140 浬處遭齊藤大尉擊中大破。其他遭日機攻擊中彈小破者，尚有航艦漢考克號（*USS Hancock, CV-19*）、第 38.3 特遣支隊的輕巡洋雷諾號（*USS Reno, CL-96*）及驅逐艦卡辛揚號（*USS Cassin Young, DD-793*）。

　　15 日，日本海軍為擴大戰果，豐田大將下令所有 T 攻擊部隊向前推進，於台灣各飛行基地展開部署。09:30，東港的 901 空第 4 飛行隊水偵在紅頭嶼東方 200 浬處，標定癱瘓中的美軍艦隊，含航艦 1 艘、巡洋艦 2 艘及驅逐艦 11 艘。日落前，久野大佐發動致命一擊，派遣 170 架堪用機自台灣出海搜敵，回報之戰果則更豐碩。以 T 金物反跳彈擊沉航艦 1 艘，擊傷 2 艘、主力艦 1 艘、巡洋艦 1 艘與艦種不詳者 10 艘。實際上，僅有富蘭克林號再度中彈，導致飛行甲板不能使用而已。是日，T 攻擊部隊損失也很慘重，中隊長少佐以上之資深帶隊官有 6 名陣亡。

　　16 日，為了追擊撤退中的第 38 特遣艦隊，T 攻擊部隊久野大佐大膽地再度於白晝派出 29 架重爆出擊。下午 3 時回報，又擊沉了航艦 3 艘、主力艦 2 艘及巡洋艦 3 艘，另擊傷巡洋艦 3 艘。事實上，只有受創的輕巡洋艦休斯頓號，於 13:40 在紅頭嶼東方 190 浬處再度中雷而已。按照 T 攻擊部隊的戰報，第 38 特遣艦隊的航艦，在為期 5 天的台灣外海 T 作戰中，已被日軍轟沉或擊毀了 15 艘。T 攻擊部隊 5 天共出擊 790 架次，損失也十分慘重，含戰損 179 架，戰耗 51 架，幾佔 T 攻擊部隊戰力的 86%！台灣航空戰第一階段結束後，任務編組形態的 T 攻擊部隊殘機 37 架，隨著 T 攻擊部隊解散而歸建原單位。

誇大戰果　自古皆然

　　聯合艦隊司令長官豐田大將在誤報輝煌戰果之狂歡中，只陶醉了一個下午就被嚇醒。10 月 16 日終昏後，T 攻擊部隊的 801 空飛行艇，於紅頭嶼東方 350 浬處，再度標定第 38 特遣艦隊。仔細一數，航艦竟有 13 艘之多！第 38 特遣艦隊原有 17 艘航艦，不是已遭豐田大將的部屬轟沉 15 艘了嗎？豐田大將悄悄下令正由沖繩水道南行的水面攻擊艦隊折返，退避至左營港，免遭美軍仍然健在的特遣支隊誘出獵殺。

　　對於 T 攻擊部隊豐碩的戰報，豐田大將隻字未改，直接呈報天皇公佈。對

戰局前途充滿不安的日本皇民，聞訊後頓時欣喜若狂。10 月 21 日，天皇賜頒詔書給駐蹕左營的豐田副武大將，嘉勉他在台灣航空戰第一階段親自坐鎮督戰的英勇表現。小磯首相甚至公開演說：「台灣航空戰的 T 攻擊部隊扭轉乾坤，大日本勝利在望！」東京及台北各處隨後舉行慶祝大會，舉國歡騰，沉醉在虛幻的勝利假象中。豐田大將也假惺惺地行禮如儀，對有功官兵大肆表彰、論功行賞。

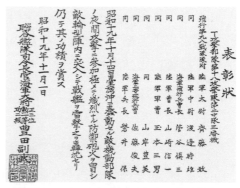

1944 年 11 月 1 日，聯合艦隊司令長官豐田副武大將，賜頒表彰狀予 T 攻擊部隊陸軍配屬之 98 戰隊，大破美艦著有戰功官兵之勳表。（作者提供）

　　事實真相是，美軍僅有 2 艘正規航艦中彈大破受損暫時退出戰鬥序列（富蘭克林號及漢考克號），2 艘巡洋艦大破受損（坎培拉及休斯頓號）直接報廢，並沒有大幅影響到美軍支援雷伊泰島登陸戰役的作戰能量。豐田大將為了海軍顏面，始終不肯將最新敵情及 T 攻擊部隊任務歸詢調查結果呈報，大本

媒體大肆報導，彷彿台灣航空戰煞有其事一般地取得豐碩的戰果。

營也被矇蔽，嚴重影響到爾後菲島防衛作戰的敵我態勢研判及用兵策略。當海爾賽上將截聽到東京電台廣播全殲美軍航艦時，他幽默地以明碼拍電報回夏威夷太平洋艦隊總司令部宣稱：「我特遣艦隊目前正以全速在海底撤退中。」

　　戰果誇大報導，除臨戰者好勝心理因素外，亦有很多變數使之逐次相乘，大幅偏離事實。夜間惡劣氣象中實施貼海攻擊敵軍船艦，要在短短數分鐘接戰過程，在滿天曳光彈交叉火網內，去分辨何者是艦砲射擊之砲口火焰，或是友機被擊中起火爆炸閃燃，或是敵艦遭我軍擊中起火燃燒，只有天曉得！若再加上各機

同見一景，重覆回報同一結果，變相浮報戰果。加諸機組組員實戰經驗不足，把驅逐艦當成主力艦，油彈補給艦當成航艦亦不足為奇。更何況，很多戰果唯一的依據，是飛行員陣亡前在無線電通訊慌亂中的殘缺觀測通報，到頭來又是死無對證。要對戰果作出正確認定，以當年的科技，實在是難上加難。

日軍 T 攻擊部隊誇大不實的戰果，主要肇因是夜間惡劣天候導致觀測困難，不用太過苛責。其實，戰果報導之誇大，古今中外各國的軍隊均犯同樣錯誤，美軍亦然，只不過是五十步笑百步爾。美軍在 5 天會戰期間，當時戰報也誇稱擊落、擊毀日機 655 架，擊沉、擊傷日艦 110 艘。實際上，日機僅有 311 架遭擊墜、擊毀，戰耗 180 架，稱得上船艦者，只有朝火丸商船及鳩號魚雷艇 2 艘被擊沉，另外有 50 艘舢舨、漁舟遭掃射受損而已。

—— · —— · ——

在 1944 年台灣航空戰第一階段之前，為了配合第 38 特遣艦隊攻擊台灣，美國參聯會要求陸軍第 20 航空軍自華中全力出擊，轟炸台灣以抑制日軍出海攻擊美艦的力道。10 月 10 日，第 20 航空軍原擇定岡山的海軍 61 航空廠為目標，惜因隔日氣象條件太差而推遲轟炸日程。

3 天後的 14 日晨，駐防成都的第 20 航空軍出動 130 架 B-29 重型轟炸機，飛向台灣執行成軍以來的第 10 次戰略轟炸任務。13:55，B-29 飛臨岡山，對 61 航空廠施以高空投彈，日本陸軍 50 戰隊（彰化）與 108 戰隊（嘉義）新型川崎三式戰鬥機共 80 架升空攔截，因升限不足，無功而返。

16 日，70 架 B-29 於午後再炸岡山及屏東，海軍派出戰機攔截，鑽升追逐近兩小時，卻毫無收獲！17 日，32 架 B-29 三度來襲，濫炸台南基地、市區及工廠，日軍各型戰機又匆匆升空攔截，依然沒有戰果，弄得日軍軍心惶惶，灰頭土臉！

美軍的 B-29 航速快，近 320 節；升限高，超過 1.2 萬公尺；火力強，龐大的機身前後上下遍佈 13 挺重機槍與機砲，使得日軍各型戰機幾乎連近身機會都

沒有，只有眼睜睜地看著這些龐然巨物來去自如。3 天的連番轟炸，B-29 共出動 232 架次，竟沒有 1 架遭日軍攔截擊傷、擊落！美軍在這 3 天總計投彈 1,600 餘噸，以通用炸彈及燃燒彈幾乎把屏東基地夷平，屏東市區內的台灣民眾，在 B-29 濫炸下死傷逾 300。最慘的還是主要目標岡山 61 航空廠，總廠區 80 棟廠房全毀 65 棟，半毀 9 棟。所幸重要生產線及零附件早已移入附近小崗山洞庫中，未受波及。緊鄰岡山的高雄基地內，34 棟建物全毀 18 棟，半毀 9 棟。4 個月之後，61 航空廠又重行開工生產，每個月產製 50 架新機，供海軍航空部隊接裝使用。

17 日，菲律賓戰況吃緊，捷一號作戰亟需航空部隊增援，日軍遂將大部分駐守台灣的陸、海軍堪用機，移防至呂宋島以支援反登陸作戰。日本內地關西及九州的航空部隊，亦奉命轉場台灣，待命躍進至菲島與美軍決一死戰。到了 11 月初，駐台日軍堪用機減裝。陸軍 8 飛師僅剩下 9 飛團的 68 架堪用機，海軍 2 航艦僅剩 84 架。

台灣航空戰第一階段，交戰雙方均傾全力出擊，若連同美國陸航戰略轟炸部隊對台灣的轟炸，這場海空大戰，美、日兩方五天內共出動了 4,069 架次對戰，是太平洋戰爭中最慘烈的一次海空大戰，也是最後一場的航空戰。日、美雙方在台澎的制空爭奪戰，以 5.5：1 收場，日軍 T 攻擊部隊傷亡殆盡後，也只造成美軍航艦部隊的輕微損害。日敗美勝，是不爭的事實。

台灣航空戰第一階段開戰之前，日軍居於絕對國防圈島鏈中央位置，與友軍應可相互快速增援，佔盡地利之便，靜待美軍特遣艦隊來襲，以逸待勞。論數量，美、日雙方在任一時刻的在空作戰飛機數目也應概等，但為何日軍依然慘敗？依相對戰力評比，可發現日本陸、海軍航空部隊的落敗，其來有自：

一、飛行員素質低落，人員大多剛從航空學校與練習航空隊結訓，且速成訓練品質粗糙，飛行時數太少，但仍匆匆趕赴戰場；

二、偵搜裝備性能拙劣，日軍所使用的機載雷達及陸基防空雷達性能不穩定且缺乏零附件，維修人員教育不足；

三、指揮通信落後，機載無線話機通聯不良，通信量及品質均差，接戰時對
　　指管通聯造成嚴重延誤；

四、飛機品質不佳、材質不良，中彈時易著火閃燃，影響飛行員心理至鉅；

五、美艦防空砲彈採用新式變時信管、近接引爆，不需直接命中也可輕易擊
　　毀日機。

10 月 23 日，台灣神宮（原台灣神社，1944 年 6 月改為神宮，現今圓山忠烈
祠）為新神殿整修完竣舉行例祭時，一架陸軍 8 飛師的輸送機，在台北基地進場
降落時，機件故障偏離航道，撞毀在神宮內山門屋頂引發大火，延燒焚毀了新神
殿。當天，南台灣民眾則競相走告：濁水溪河水突然由濁變清，天有巨龍形狀彩
雲出現。兩相印証，坊間即盛傳此為日本敗亡之凶兆。

聯合艦隊司令長官豐田大將未因浮報戰果受到懲處，反因誤報戰果激勵皇民
士氣而留任，繼續督導絕處求生的特攻戰法，以因應來年年初的第二階段台灣航
空戰。1945 年 5 月，天皇拔擢豐田大將接任海軍軍令部總長，迄二戰結束為止。

第八章

台灣航空戰
——第二階段

（1945 年 1 月）

　　日本據守絕對國防圈內緣的要塞化島嶼逐島淪陷，地利之便已蕩然無存。美軍航空部隊愈來愈多，日軍資深飛行員傷亡殆盡，論質論量，日軍必敗。加上交戰雙方軍事科技差距愈拉愈大，日本武備明顯落後，遲早會敗亡。儘管大日本帝國皇軍以大和民族之質優自許，在對美作戰時，無論就人員素質、武器裝備、戰鬥戰法或後勤補給而言，處處皆居下風。

　　1944 年全年，陸、海軍的航空兵力規模在年中尚有 9,300 架，全年也生產交機 25,000 架。在歷經太平洋諸多島礁攻防戰及空戰後，損耗高達 28,500 架實用機。到了年底，陸、海軍僅餘 5,800 架戰機，已成強弩之末，但猶作困獸之鬥。

　　到了 1944 年台灣航空戰第一階段前夕，日軍雖有發動殘餘菁英部隊與美軍全力一搏的豪情壯志，然也不得不開始挖空心思著手研製特攻兵器及特攻作戰，藉之扭轉戰爭頹勢，防止戰火波及日本內地。期以阻絕美軍直接登陸日本皇土之企圖。

　　這些特攻兵器，五花八門種類繁多，名稱詭異令人心悸。如六號特攻兵器定名為「回天人間魚雷」。實則為有人駕駛操控的人肉魚雷，由潛艦攜行潛入泊區對敵實施精準奇襲。特攻作戰初創時還講究人道精神，在特攻兵器上設有逃生裝置，好讓特攻隊員能脫身，然發展到實際作戰階段，能省則省，連脫身逃生都嫌麻煩，反而強調驚心動魄的「必死必中、一人撞沉一船」，發揚以一換百的特攻殉國攻擊精神。

　　有鑑於台灣航空戰第一階段逢戰必敗的悲壯結果，防衛菲島的 1 航艦司令長官大西瀧治郎中將（海軍兵學校 40 期畢業），於 10 月 20 日編組自創之神風特攻隊待命出擊，將太平洋戰爭帶進另一個血腥時空。台澎地區，無可避免地也捲入了神風特攻戰。

　　1945 年 1 月份的台灣航空戰第二階段，美軍第 38 特遣艦隊再出動各型戰機 3,145 架次，戰損 138 架，戰耗 67 架，傷亡官兵 1,095 人。日軍出動各型戰機 250 架次，損耗僅 66 架。唯空中交戰卻讓弱勢的日軍大勝、強勢的美軍落敗，日、美雙方的戰機損耗比為 1：3.1，翻轉了台灣航空戰第一階段之 5.5：1 戰果，這完全歸功於日軍神風特攻衝撞。

　　兩階段的台灣航空戰結束後，美軍下一階段在日本絕對國防圈內緣的攻勢作戰，大本營預判美軍的跳島攻勢會從菲律賓一舉跳過台澎，直取沖繩。然而，美軍奪台的機率還是不小，大本營不敢掉以輕心，且防衛沖繩仍須就近以台澎為依托，故大本營加快台澎地區的戰場經營。1945 年 1 月至 8 月絕對國防圈內緣作戰期間，自台灣出擊的神風特攻機計 264 架次，造成盟軍艦艇嚴重損毀，但仍無法扭轉乾坤，回天乏術。

海面震洋　空中櫻花

　　回到台灣航空戰第一階段現場。1944 年 10 月 12 日，在新竹基地督戰的聯合艦隊幕僚群，眼見日軍飛機不敵，就向司令長官豐田大將建言：「天空上的接戰實在不行，在戰爭初期飛行員之訓練素質尚可與美機纏鬥，現在的多半都是剛完成單飛的飛行員。這些年輕人即使對敵艦實施轟擊，亦徒然增加無畏之傷亡，不能獲取戰果。我等認為只有衝撞敵艦，別無辦法，但不能以上級命令強制執行，必須培養自願殉國的愛國鬥士才行。」

　　當時大本營雖有震洋特攻艇及櫻花特攻機等概念兵器，但從未認真考慮過將辛苦栽培的飛行員及珍貴的兵器當作特攻使用、與敵艦玉碎。抗戰初期，我空軍

9 中隊沈崇誨烈士於 1937 年 8 月 19 日駕機猛撞長江江面日軍戰艦，壯烈成仁。翌年 4 月 29 日武漢空戰，21 中隊陳懷民烈士也以座機衝撞日機，同歸於盡。兩件個案對日本有若干啟示，但也僅止於構思神風特攻概念而已。直到 1944 年美軍 B-29 對日實施戰略轟炸，日軍所有戰機竟無攔截能力，形同廢物，任由美機濫炸。日本這才猛然覺悟──何不將素質差的日軍飛行員儘量利用，反正最終都是陣亡，乾脆以一機一命換一艦百命。利用神風特攻衝撞敵艦，造成美軍人員裝備的大量損毀，以挽回頹勢。

　　鑑於絕對防衛圈內緣之作戰，最後終須與美軍在岸灘皇土殊死爭鬥。日本為了先制攻擊，擬在美軍可能兩棲登陸之泊區，作為決戰場所。早在 1944 年 8 月 18 日，大本營就決定採用八號特攻兵器──續航力達百浬的爆裝特攻艇。該艇艇艙裝填 270 公斤炸藥，命名為震洋艇，計畫由岸灘隱蔽處趁夜色啟航，衝入盟軍登陸船團泊區，企圖一艇衝撞一艦，以小換大同歸於盡。

　　震洋艇結構簡單，使用豐田卡車引擎，海象良好時，極速可達 28 節。震洋特攻戰法，係在指揮引導艇上的領隊帶頭，每次出擊 50 艘，以高速衝入盟軍泊區，對準近距離之登陸艦、運輸艦衝撞。震洋特攻隊駕駛於最後 100 公尺航程之前，鎖死舵輪，藉脫身裝置於最後一刻離艇跳海逃生。美軍登陸艦及運輸艦滿載登陸部隊，連同艦上官兵少說也有 300 至 500 人，若以單人操作的震洋艇撞擊如主機艙乾舷水線要害處，可造成非沉即毀的重大損害，倒也是本小利多的特攻戰法。

　　為了配合捷號作戰，防止美軍在絕對國防圈內緣任一處登陸攻擊，日本下令內地 16 家造船廠加緊生產震洋艇，編成 147 支震洋隊，優先配發美軍登陸攻擊機率較高之防區。海軍高雄警備府亦於該年 10 月 20 日之後，陸續將震洋艇 537 艘編成 10 隊如下：

一、第 20 震洋隊，轄艇 55 艘，駐左營碑子頭（現左營西自助眷村遺址）；
二、第 21 震洋隊，轄艇 55 艘，駐左營碑子頭（現左營西自助眷村遺址）；

三、第 24 震洋隊，轄艇 55 艘，駐澎湖望安島鴛鴦窟；

四、第 25 震洋隊，轄艇 55 艘，駐基隆港八斗子；

五、第 28 震洋隊，轄艇 50 艘，駐屏東南灣水泉（現後壁湖港）；

六、第 29 震洋隊，轄艇 54 艘，駐左營桃子園（現海軍陸戰隊保修廠營區）；

七、第 30 震洋隊，轄艇 50 艘，駐屏東海口港；

八、第 31 震洋隊，轄 55 艘，駐左營碑子頭（現海青工商校區）；

九、第 102 震洋隊，轄艇 25 艘，駐淡水江頭（今關渡宮側）；

十、第 105 震洋隊，轄艇 28 艘，駐淡水江頭（今關渡宮側）。

　　加上台灣海峽對岸的廈門也部署了 3 支震洋隊、沖繩部署了 10 支，再驗證美軍堤道作戰計畫，攻奪台澎與後續登陸廈門，以及改攻沖繩的登陸作戰（見第五章），日軍震洋隊的配置堪稱恰當。迄二戰結束時，台澎仍貯有震洋艇 395 艘之多，日本絕對國防圈內緣其它要域，海軍備妥的震洋艇，更高達 5,795 艘。就連日本陸軍也搶著急造 3,000 餘艘，編成海上挺身隊禦敵！

　　海軍將震洋艇視為兵器，而非海軍艦艇，駕駛多為海軍飛行預科練出身，僅實施 2 週的教育訓練即完成戰備。為防範美軍登陸，高雄警備府設營隊在基隆、淡水、望安、左營、海口等岸灘後，建立隱蔽良好的震洋艇庫掩體，靜待美軍登陸船團來臨。

　　可是，到了 1944 年底，特攻隊發現震洋艇駕駛航行相當困難，尤其耐波力較差，難以維持既定航向。熱血沸騰的特攻隊駕駛遂以自願殉國之志，簽請不須離艇逃生，握穩舵盤連人帶艇裝炸藥執行最後衝撞。大本營衡量命中率的大幅提升，遂勉強批准震洋特攻的基本戰法，改由特攻隊駕駛直衝敵艦引爆，必死必中。爆裝艇，也就成為名符其實的震洋艇。

　　不過，震洋艇在低視度的夜暗中摸黑鼓浪前進，航速不能加快，反易遭美軍艦艇火砲擊中。由於震洋艇汽油引擎一旦遭擊中，必然起火爆炸，因此日軍並不看好震洋特攻作戰的成效。日軍的估算是：盟軍的空襲及岸轟，造成震洋特攻隊

戰損一成，剩餘九成的震洋兵力全數出動，衝撞、炸沉敵艦的機率也是一成。因此，美軍若在台登陸，最多僅有 36 艘登陸艦及運輸艦被撞，相當於半個陸戰師的裝載量爾。換言之，若美軍當真執行堤道作戰（見第五章）登陸奪取台澎，震洋特攻頂多只消耗掉 6 個師級登陸部隊的 8% 戰力而已。不過，由於戰局丕變，美軍沒有登陸，震洋艇也就躺在岸灘後任其銹蝕，始終沒有機會一顯身手。

　　既要震洋，當然也要震天。「海軍特攻兵器，在震洋艇推出的同時，亦由大本營賦予「櫻花」兵器之名。櫻花機實際上是「人肉火箭」，不是飛機；特攻駕駛無逃生裝置，以一人換一艦必死之決心，駕駛櫻花兵器對準敵艦俯衝猛撞引爆，將之炸沉。

　　海軍製造了 852 架櫻花機，這種人肉火箭，彈長 6 公尺，彈頭裝填 1,200 公斤炸藥，彈尾有單節火箭，翼展 3 公尺，座艙備有簡易駕駛桿以操縱飛行。總重不到 2 噸，由改裝的一式陸攻外掛攜行，在距目標 20 浬內的高空鬆脫釋放。櫻花機以 200 節的慣性航速、負 5 度的攻角，靜音滑翔飛行 5 分鐘。距離目標 2 浬時，駕駛啟動櫻花機的火箭推進器，操控駕駛桿對準目標艦，以 350 節高速完成最後 20 秒衝刺，撞擊敵艦。

　　1944 年 10 月底，美軍在菲律賓雷伊泰灣不但已奪佔鞏固灘頭陣地，且日本海軍 3 艘輕型航艦瑞鳳、千代田、千歲及 1 艘正規航艦瑞鶴號亦遭擊沉，戰況對日本極為不利。大本營緊急調撥尚未成軍的櫻花機 70 架至高雄警備府。然而，因為海運遭阻絕封鎖，運載首批 30 架櫻花機的雲龍號正規航艦，於 12 月 19 日在基隆港以北 200 浬處，遭美軍潛艇紅魚號（USS Queenfish, SS-395）轟沉。直到 1945 年 1 月 8 日，才由龍鳳號輕型航艦運載 58 架櫻花機安抵基隆港，撥交駐防新竹的台灣空點編成軍使用，以衝撞來犯美軍艦艇。攜帶櫻花機的海軍一式陸攻缺乏有效護航，連從台灣出海施放人肉火箭的機會都沒有。櫻花機也只能擺在耐爆機堡掩體內，炸藥與引擎移作它用，直到二戰結束。

　　10 月 25 日晨，駐守菲島 1 航艦的敷島神風特攻隊，由關行男大尉（海軍兵學校 70 期畢業）率 5 架零戰自菲律賓宿霧出擊，在雷伊泰外海衝撞美艦。2 架

零戰當場撞沉萬噸級的輕型航艦聖羅號（*USS St. Lo, CVE-63*），造成艦上官兵143 員陣亡，獲豐碩之戰果，開創了神風特攻一機一命換一艦百命的契機。衡量現實，日本了解到飛行員素質低劣，裝備性能差，飛機數量相對不足，航空燃油短缺；堪可告慰的，只有年輕資淺飛行員均有以身殉國的堅定意志，駐台日本陸軍遂由第 10 方面軍安藤司令長官下令，在台灣號召陸軍自願特攻隊員，率先在8 飛師開始編組神風特攻隊。

　　駐台日本海軍也不落人後。該年 10 月底，14 聯空在台灣從殘存的 5 個教育訓練航空隊——台灣空（新竹）、虎尾空（虎尾）、二台南空（歸仁）、新高雄空（高雄）及二高雄空（高雄）招募烈士。首批即響應熱烈，嚴選出 44 名特攻隊員，含 2 高雄空 24 名與 2 台南空 20 名，海軍神風特攻隊也首度在台點編成軍，44 名特攻隊員共編為 4 個特攻隊，命名為第 1 至第 4「新高特別攻擊隊」。新高，係取新高山（玉山）為其隊名，以尊仰特攻隊崇高之必死必殺決心。海軍持續甄選的特攻隊員，則分批編成其它特攻隊。換言之，駐台的日本海軍 5 個教育訓練航空隊飛行員，幾乎全數轉換為特攻隊員。

　　神風特攻機，以單程衝撞敵艦同歸於盡為主要訴求。飛機新舊、性能優劣、裝備良窳都不重要。只要機身輕巧、被彈面小，別在飛行途中遭擊墜即可。因此，現役可單人操作的教練機、偵察機、戰鬥機，都是上好的特攻機。即便多人操作的陸攻機、爆擊機、飛行艇及輸送機，減員後亦可飛操衝撞敵艦。只要稍事加裝、改裝，移除非必要裝備以填塞炸藥，外掛炸彈及注滿的副油箱，即可在衝撞敵艦時瞬間巨爆並引燃大火延燒，擴大神風衝撞效應。雖然海軍岡山 61 航空廠因遭全面轟炸，機能受到影響，但執行特攻機改裝工程仍然綽綽有餘。到了 12 月 8 日，自岡山完成改裝出廠的海軍神風特攻機就有 53 架。

　　神風特攻隊的編組與兵力規模，相當於海軍的飛行隊與陸軍的飛行中隊，特攻隊制式編組轄有 3 個特攻小隊，每小隊有 4 架特攻機。每次出擊以 4 機特攻小隊為核心單位，另編配強而有力的 4 機戰鬥小隊護航及 4 機偵察小隊伴動，使 4機特攻小隊專注於衝撞目標艦，戰果確認由偵察小隊回報。護航及偵察小隊飛行

員凡在特攻作戰殉職者，視同特攻烈士頒綬尊榮勳表。每次特攻衝撞，均發動 2 至 3 個 12 機任務編組，自不同方位同時進攻目標船團，在敵艦慌亂迴避中增加命中率。經偵察機確認目標艦後，特攻機俯衝或貼海飛行衝撞之。攻擊時間設定於盟軍戰鬥機及艦艇防空火網較不易發揮之時段，即日出前 30 分鐘的拂曉，日落後 40 分鐘的終昏，還有明月高掛視界良好的夜間。

由於絕大部分自願挺身的特攻隊員，係教育訓練航空隊甫自航空學校結訓之初級飛行員，甚至是才剛放單飛的練習生，因此大本營特令海軍各航艦與陸軍各飛師統一神風特攻教程，訓練教育時間為 2 個月。其中第一個月著重基本戰技之養成，含課程 4 天，基本航行法 2 天，特攻初練飛行 10 天，特攻衝撞中練飛行 4 天，特攻高練飛行 10 天。第二個月著重特攻戰技實用機精練，含黎明、薄暮及夜間目標衝撞模擬各 10 天。特攻作戰的戰術教官，由殘存的 T 攻擊部隊飛行員擔任。在台的第一批特攻訓練班，於 1944 年底於台南基地完訓，含 113 組特攻隊組員結訓，編成 28 個特攻小隊。

台灣航空戰第一階段結束後，近 3 個月的空檔美軍未再來襲。在台的日本陸、海軍航空部隊趁此良機，將殘機拆零、檢整併修、新機接裝。另一方面，日軍在菲律賓的航空部隊約 1,500 架堪用機，經特攻衝撞折損 500 餘架後，眼見大勢已去，於 1945 年 1 月 1 日奉命退出菲島，撤回台澎以保存戰力。有人但缺機的駐菲 1 航艦，則利用輸送機及潛艦，紛紛奪路逃返台灣，成功返台的 1 航艦飛行員及維修人員總數達 1,060 人，回撤的日機僅有 252 架。其中有 18 架在奔逃途中遭美機擊墜於呂宋海峽。由於 1 航艦有人無機，2 航艦歷經台灣航空戰第一階段後名存實亡。大本營遂於 1 月 8 日把戰敗的 2 航艦裁撤，殘機則由撤退至高雄基地的 1 航艦收編，司令長官仍為敗將大西瀧治郎中將，他也是神風特攻作戰的推手。奔逃返台的海軍殘機，全部納編特攻隊，連同 2 航艦首批特攻訓練班成員，總共編成 38 個特攻小隊，駕駛 152 架特攻機待命出擊。

1945 年 1 月，海軍衡量現勢，在台殘存的訓練航空部隊隊員，均離職參加特攻隊準備以身殉國，故高雄警備府將練習航空隊的 2 高雄空（高雄）、新高雄

空（高雄）及 2 台南空（歸仁）解隊，所遺資材與裝備，移轉充實僅餘的台灣空（新竹）。至於歷經台灣航空戰第一階段的 5 個駐台甲種航空隊，經盤點後將僅剩少數堪用機可作戰的新台南空（台南）、341 空（岡山）及 265 空（新竹）解隊，殘機移撥給新編成的 765 空（新竹）及菲律賓撤回的航空隊。至於一戰成名的 T 攻擊部隊骨幹 762 空（新竹），榮調返日本內地，作為遂行本土決戰示範部隊。901 空（東港）餘少數妥善機可用，隊部撤回日本本土，歸建海上護衛總隊，餘機撥交增防 953 空（淡水）。台灣航空戰第二階段開打之前，海軍駐台航空兵力計 438 架實用機編配如下：

12 空（新竹）由菲島撤台，轄艦攻與艦爆 36 架；

132 空（東港）由菲島撤台，轄水偵 18 架；

205 空（台南）由菲島撤台，轄零戰 60 架；

221 空（台中）由菲島撤台，轄零戰 60 架；

381 空（新竹）由新加坡撤台，轄零戰 60 架；

763 空（台中）轄艦攻 36 架；

765 空（新竹）轄陸攻 24 架及夜戰 12 架；

953 空（淡水）轄水偵 12 架；

虎尾空（虎尾）轄中練 60 架；

北台空（新竹）由台灣空改編，轄堪用機 18 架及櫻花機特攻兵器 58 架；

南台空（台南）由台灣空台南教育飛行隊擴編，轄堪用機 42 架。

海軍 1 航艦承接已裁撤之 2 航艦指揮權，對駐台的 12 空、132 空、205 空、221 空、381 空、763 空、765 空及 953 空遂行作戰管制。高雄警備府的 14 聯空指揮機構則縮小作戰管制幅度，僅轄虎尾空、北台空與南台空。如是，海軍駐台兵力規模，在台灣航空戰第二階段開戰前帳面上有 438 架，甚至不會比台灣航空戰第一階段的堪用機少太多，唯白晝大都低調不升空巡邏警戒，讓美軍輕忽來自

台澎的特攻威脅。這些飛機經整備為堪用機後,其中 152 架改裝為特攻機使用,餘皆納編為特攻機的護航與偵察部隊。

此外,有感於空優漸失,飛行場站必然遭致美機肆意濫炸,為達致欺敵效果並隱藏戰力,台灣總督府發動學校師生配合各地鋸木工場,趕製仿真的竹製誘餌機,既有機身又有塗裝,還裝上竹輪架方便拖行。在美機來襲前,各校師生推出適量誘餌機置於飛行場站明顯處,誘使美機炸射虛耗彈藥,而堪用機則推入樹林、洞庫或隱蔽良好處躲避空襲。這些竹製誘餌機於戰時趕製了近千架,幾乎全遭美機使盡全力炸毀在飛行場站。

新高特攻　天誅神武

美軍在台灣航空戰第一階段,動用艦載機及戰略轟炸機徹底炸射台澎,咸信日軍業已遭全殲。白晝綿密的空中偵照,美軍亦未發現日軍飛機升空活動,更讓美軍自信滿滿,認為駐台日軍對菲律賓爭奪戰完全不構成威脅。殊不知,日軍利用台灣航空戰第一階段直後難得的 2 個多月空檔期,晝伏夜出,加緊培訓神風特攻隊飛行員。

趁此難得空檔,大本營自日本內地、滿州與台灣急調近千架堪用機,前推至菲律賓增援捷一號作戰。台灣各主要飛行場站成為過境的中停點,除替過境支援前線的飛行員與戰機提供整備、補給外,還將台灣各糖廠附設酒精工場生產之酒精燃料注滿副油箱,外掛攜往戰場使用。過境中停的陸軍航空部隊有 12 支戰隊與 5 支教育飛行聯隊(戰力相當於乙種戰隊),合計 610 機。海軍則有 7 支航空隊計 440 機,它們前推菲島參與特攻作戰,半數以上有去無回。

1944 年 12 月 15 日,美軍在菲律賓中部的明多羅島登陸,日本陸、海軍駐守菲島所有的航空部隊傾全力反擊,幾乎將飛機都用於特攻衝撞消耗殆盡。菲律賓防衛的神風特攻作戰,海軍損失了 327 架特攻機,陸軍損失了 214 架,還是挽回不了戰敗噩運。其中陸軍航空部隊的特攻衝撞成績平平,不若海軍戰果輝煌。

此乃因陸軍航空部隊的建軍與用兵，傳統上係以支援地面部隊的要域防空作戰為本，一旦出海攻擊快速移動目標，在毫無實戰經驗之下，當然都成砲灰，毫無建樹。

12月18日，大本營鑑於航空燃油短缺，下達台灣各糖廠附設酒精丁場加快生產酒精燃料，並對航空部隊發佈「使用酒精燃料」通告，規定E75代用航空燃料（指航空燃油加注75%酒精燃料混用，見第四章）依下列指示轉用——特攻機及教練機100%轉用E75代用航空燃料，其他堪用機80%轉用，新出廠飛機50%轉用，以延長各類航空燃料使用期程，維繫航空戰力不墜。

美軍太平洋艦隊的第38特遣艦隊，為支援呂宋島登陸戰、掃蕩南海待命出擊的日本海軍聯合艦隊艦艇，打擊各地神風特攻隊，再度挺進西太平洋，兵力規模也由17艘航艦增強為19艘，艦載機1,300架。12月30日，第38特遣艦隊駛離西太平洋加羅林群島烏里西泊區直奔台灣，展開為期20天的台灣航空戰第二階段戰鬥。

1945年1月3日，日軍偵獲第38特遣艦隊駛抵台灣紅頭嶼外海。為了防備神風特攻機衝撞，特遣艦隊在紅頭嶼東方100浬處開始放飛艦載機，航向台澎地區炸射全島各機場港口。然而一條低壓冷鋒面橫跨在台灣與美軍艦隊之間，台澎地區完全被籠罩在低雲驟雨中。近500架任務機根本無法標定目標，只好胡亂投彈，新竹和花蓮港均無辜挨炸。到了下午，天氣變得更壞，海面風高浪急，艦隊只得向外海退避。隔日，氣象依然惡劣，整個上午美軍艦載機在雲頂上對台灣盲目濫炸，傍晚艦隊再度駛離台灣，以迴避特攻襲擊。事實上，1945年開頭的前八天，台灣沖四周烏雲密佈，強勁的東北風迫使初出茅廬的特攻隊員停飛，無法出海接戰。

1月9日，美軍在呂宋島仁牙因灣搶灘登陸，且中美合作所諜報網獲悉日軍大批艦艇駐泊馬公港，第38特遣艦隊自05:30起，動用所有艦載機炸射各飛行場站與港口。美軍在台灣航空戰第二階段的1月3日、4日、9日3天，共出動1,594架次，連美國海軍陸戰隊的F4U「海盜」式艦載戰鬥機都投入炸射。駐台日軍的

堪用妥善機，這回也出動 158 架次升空迎擊。美機 3 天投彈 9,110 枚約 700 噸，在空中擊落日機 38 架，海面擊沉 4 艘日艦，地面摧毀 212 架日機──其實大都是竹製誘餌機。美軍戰損也不輕，遭地面熾烈防空砲火擊落 86 架艦載機。

　　同一天，美國第 20 航空軍再度自成都派出 46 架 B-29 轟炸機，跨海轟炸基隆港，唯目標區密雲四佈，遂改為雷達導引雲上轟炸，投彈 293 噸。因沒有飛行員確認看到目標，戰略轟炸機群帶隊官甚至懷疑，他們根本沒有飛抵台灣。這天美軍航艦的遠海迴避行動，使得神風特攻隊猶豫再三，還是沒有出手。

　　在日本陸、海軍航空部隊中，自願以身殉國之神風特攻隊飛行員，需先呈報大本營批示，以尊重並彰顯其犧牲精神，使隊員從容赴義。其次，特攻作戰對皇軍士氣之提升及皇民戰志之振興關係至大，在各隊出擊衝撞玉碎前，為表彰其至忠至誠，於特攻機旁舉行出陣式，由神道教的正階神官披白袍主持特攻隊員送行儀式。特攻隊隊部也動員隊員家眷及附近學生，於機邊向烈士送行訣別。大本營並於事後適當時機，將特攻隊隊名及殉國隊員發表公告，並朗誦獎狀，以促成風氣，使其他航空部隊群起效尤。

　　1 月 9 日之後，台灣地區進入東北季風期，雲層低垂厚實，不適合轟炸。根據中美合作所諜報網在印支半島回傳的情報，略以日本海軍 72,000 滿載噸的大和號主力艦，就在越南金蘭灣整補。10 日夜半，第 38 特遣艦隊獲報後，在南台灣外海回收襲台艦載機，暫時脫離台灣航空戰，高速穿越呂宋海峽進入南海搜索。在當時，這是一項風險極大的軍事行動。整個南海周圍一圈，從台澎、呂宋、巴拉望、婆羅州、印支半島到華南沿海，都在日軍掌控之下，散佈於南海的東沙、西沙與新南群島，亦有日軍駐防。美軍只要稍一不慎，極可能慘遭圍殲。因此，第 38 特遣艦隊進入南海海域後，特別著重行動快速隱密、攻擊急襲精準。

　　另一方面，日軍的神風特攻隊需求精確的氣象預報，以順利出航衝撞美艦。戰火既然已延燒至南海周邊，美軍也陸續在灘頭堡設置自己的氣象站，不再倚賴中美合作所諜報網截聽日軍的氣象情報。南海周邊各處的日軍氣象測候所，包括東沙島測候所、西沙島測候所及長島的新南測候所，還有駐泊南海諸島的日軍飛

行艇與島上的通信站，形同日軍耳目。因此，為使日軍特攻作戰既盲又瞎，這些耳目，都成為美軍進入南海第一擊優先摧毀的目標。

美軍預期南海掃蕩任務四面環敵，將會有大量傷亡，也就格外加強落海飛行員的搶救。對新南群島高射砲密佈的長島炸射，特別要求遭擊傷的飛行員若無法飛回母艦，可就近在長島外的鄭和群礁潟湖內跳傘，美軍太平洋潛艦司令部更派遣潛艦琵琶魚號（USS Angler, SS-240），赴該水域擔任海上救生部署之守值勤務。

1 月 11 日天明之前，第 38 特遣艦隊在茫茫南海中開始海上整補，各航艦飛行甲板上官兵忙著替出擊的戰機加油掛彈。11 日午時，艦隊完成大編隊海上整補，以高速航行逼近印支半島。自隔日拂曉前 03:30 起 4 小時內，美軍派出 1,465 架次艦載機，沿著安南海岸轟炸掃射，惜未捕捉到日軍這艘超級戰艦大和號。同一時分，美軍艦載轟炸機各一個中隊，分頭奔向西沙及新南群島的長島奇襲，將島上之神社、庄役所、通信站、測候所、營舍、倉庫、廠房、油槽、給油設施及碼頭悉數炸毀！

13 及 14 日兩天，美軍在南海迴避逼近的低壓槽線，也順便實施海上整補。15 日拂曉 04:00，企業號（USS Enterprise, CV-6）派出 8 架艦載轟炸機，低飛突襲東沙島，炸射島上測候所、通信台、飛行跑道、給油設施、突堤碼頭、營舍、蒸餾設施與海產罐頭工場，致使一些日軍及台工傷亡。

隔日，美軍全力出擊，掃蕩閩、粵沿海及海南島之日軍，順道再次飽和轟炸西沙島測候所。自此，日軍在南海諸島經營多年之建設及軍事整備，在美軍艦載機三番兩次轟炸下，這些彈丸小島幾被夷為平地！殘餘的日軍，在缺糧缺彈的情境下，仍堅決困守這些南海孤島，心驚膽顫地擔心美軍在轟炸後隨之而來的兩棲登陸。

在成都，第 20 航空軍無視於惡劣氣候，於 14 日又派出 82 架 B-29 空襲台灣，其中 54 架炸嘉義，13 架炸台中，8 架炸花蓮，7 架迷航找不到台灣。其中嘉義市區毗鄰飛行基地，慘遭濫炸，市區有三分之二建物遭炸毀。17 日，陸航再派 92 架 B-29 空襲新竹，將經年累月自印度飛越駝峰貯存於成都的炸彈全部擲下，

投彈 397 噸。濫炸的結果，使得新竹市區 70% 全毀，台灣民眾死傷 40 餘人。

整個 1 月份，B-29 出動 220 架次轟炸台澎，共計投彈 940 噸。陸軍 8 飛師 22 飛團所屬 8 戰隊，雖然出動航速最快的中島四式戰鬥機攔截，竟然連一架 B-29 也沒擊傷，讓美軍全師而返。1 月 31 日，第 20 航空軍撤離成都返回印度駐地，自此之後迄二戰結束止，B-29 再也沒有飛臨台灣。

1945 年 1 月 15 日，美軍第 38 特遣艦隊接續台灣航空戰第二階段，再度空襲台澎地區。不過，這回是在高雄港西南 130 浬處即放飛艦載機 10 批共 306 架，日軍僅出動 66 架次迎戰。美機有 8 批攻擊南台灣各港口，2 批擔任制空掩護，整個上午就在高雄港、左營港、馬公港轟炸，計擊沉 3 艘日艦，空中擊落日機 16 架，美機戰損 12 架。不過，美軍艦載機在來回炸射台澎地區時，面對日軍高射砲反擊卻吃足苦頭。美軍航艦艾塞克斯號（*USS Essex, CV-9*）第 4 飛行大隊中校大隊長格林斯曼中校（CDR George O. Klinsmann，*海軍官校 1932 年班*），率隊轟炸澎湖馬公方面特別根據地隊時，遭日艦防空砲火擊中座機，墜海失蹤。他是整個第 38 特遣艦隊在兩階段的台灣航空戰中，作戰陣亡的最高階軍官。再以美軍航艦企業號為例，此期間竟有 12 架艦載機共 22 位空勤組員被擊落，救回 10 人、陣亡 9 人、遭俘 3 人。

此際，日本海軍 221 空 317 飛行隊編成的第 1 新高特攻隊一個小隊，於 16:00 由台中基地起飛迎戰，向馬公南方 150 浬外搜索，因無美軍航艦確切船位情報，無功而返，還折損了一等飛曹森岡光治，也是從台灣出擊殞命的首位特攻隊飛行員。

經過兩週來斷斷續續的連番炸射，美軍特遣艦隊不但沒遭受來自台澎的神風特攻衝撞，在本區域也僅遇到日機輕度抵抗，這與三個月前的第一階段台灣航空戰相較，簡直有天壤之別。美軍遂決定待天氣好轉時，再拼全力轟炸台澎地區，徹底殲滅島上日軍殘餘航空兵力以擴張戰果。此際，美國陸、海軍的陸基航空兵力也前推至菲律賓灘頭堡，接力自前進機場出擊轟炸台澎，也首次出動 PBY-5 水上巡邏機自呂宋島飛往東港炸射飛行艇基地。

在南海盤旋整補的第 38 特遣艦隊，於疾風猛浪中搖晃了 5 天後，總算等到了好天氣。1 月 20 日夜，艦隊進入呂宋海峽，隔日拂曉變更航向，直奔台灣。06:50，首批制空機於火燒島（今綠島）東方 37 浬處起飛升空，整日炸射高雄港、馬公港、基隆港及台南、花蓮、新竹基地，共計出動 1,018 架次，日機僅有 3 架升空迎擊，2 架遭擊落，美軍則在高雄港炸沉 5 艘貨輪、5 艘油輪及 2 艘日軍輸送艦。

此時，求戰心切的特攻隊再也按耐不住，紛紛要求白晝出擊，以身殉國！11:05，駐防台南基地的 765 空 102 飛行隊編成的新高特攻隊 2 個小隊，含 5 架愛知慧星艦爆特攻機，由 2 架零戰護航，冒死出擊。12:06，特攻小隊飛抵紅頭嶼東方 40 浬處，標定正回收返航艦載機的美軍特遣支隊。其中 1 架特攻機自雲隙中鑽出俯衝，貼海飛行直奔輕型航艦新蘭格利號（USS Langley II, CVL-27）艦艉。各艦防空火砲齊鳴，但機警的特攻飛行員以 S 形航法躲過火網，追上航艦，沿著飛行甲板往前衝，投下 2 顆五〇番炸彈後，鑽升脫離，消失在雲層中。其中一顆炸彈在新蘭格利號前甲板爆炸引發大火，炸穿了一個 3 公尺寬、4 公尺長的大洞，瞬時造成艦上官兵 3 死 11 傷。3 小時後，艦上大火始獲控制，新蘭格利號因飛行甲板被炸穿，暫時不能執行起降作業。

僅僅在百秒之後，另 1 架特攻機由西田幸三中尉（海軍兵學校 72 期畢業）抱著必殺必死的決心，也從雲際中俯衝而下，對準鄰近的另一艘正規航艦提康德羅加號（USS Ticonderoga, CV-14）高速衝撞，它不但撞穿飛行甲板墜入機庫，機上掛載的五〇番炸彈，也將機庫與下層修理工場炸爛！飛行甲板上正待出擊起飛的美機被爆炸碎片及震波損毀大半，大火迅速延燒至各層內艙，艦上貯存的彈藥接二連三地不斷引爆。

12:30，由 221 空所屬 316 及 317 飛行隊混編的第 3 新高特攻隊兩個小隊，含 8 架零戰特攻機，由 6 架零戰護航，繞道至呂宋海峽巴布煙群島，從紅頭嶼南方貼海切入，然遭戰鬥巡邏的美軍艦載機攔截驅散。第 3 新高特攻隊再行集合編隊，尚有 8 架零戰特攻機由 5 架零戰護航，於 12:50 再度貼海飛來。這次美軍巡

邏戰鬥機從容擊落其中 6 架特攻機。第 7 架遭艦艇防空火砲擊落，第 8 架由齊藤精一大尉（海軍兵學校 71 期畢業）駕駛，僥倖衝過層層防空火網，再度撞上提康德羅加號艦橋！一聲爆炸後，整個駕駛台陷入滾滾烈焰，飛行甲板停放的待命機全部起火燃燒。此際，40 分鐘前新高特攻隊慧星艦爆特攻機衝撞造成的後續爆炸，已使主機艙大量進水，艦身傾斜 9 度且失去動力。艦上 36 架艦載機不是炸碎，就是焚毀，艦上官兵陣亡 143 人，輕重傷達 202 人，艦長在艦橋內重傷倒地。

過了一會兒，海軍 1 航艦直屬零戰特攻小隊自台南基地奔來，聰慧的特攻領隊，偷偷咬住剛轟炸完台灣返航的美軍艦載機群，不聲不響地尾隨飛返美軍特遣支隊陣列中。13:10，距紅頭嶼 10 浬處，由 221 空 317 飛行隊堀口吉秀少尉（函館預備幹部 13 期畢業）駕駛的零戰特攻機，突然脫離美機大編隊，對準擔任特遣支隊屏衛哨戒的驅逐艦梅鐸司號（*USS Maddox, DD-731*）艦舯部位衝撞，特攻機攜行炸彈的爆炸威力，造成 7 死 33 傷。

這一天，台灣的 5 個特攻小隊共出動 19 架特攻機，犧牲其中的 11 架，短短一小時內獲致戰果十分驚心動魄！對美軍而言，惡夢還在後頭。13:28，當 1 架美軍的 TBM「復仇者」式轟炸機在漢考克號返航落艦時，因擔心來自台灣的特攻機衝撞而分神，所攜帶的 2 枚 500 磅炸彈突然鬆脫掉落，在飛行甲板上爆炸，立即引爆 3 架停放機的掛彈，剎那間飛行甲板陷入熊熊烈焰，當場陣亡 62 人，輕重傷 91 人。是夜，第 38 特遣艦隊將這些受損的戰艦臨時編成「跛腳艦隊」，拖帶返回西太平洋烏里西泊區，退出戰鬥序列。

這下子美軍在台灣門前踢到鋼板，被神風特攻機一陣急促衝撞下，慌亂中 3 艘航艦及 1 艘驅逐艦瞬間被撞毀，報銷 103 架艦載機，當場陣亡艦上官兵 215 人，輕重傷 337 人。論戰損，是上一年 10 月台灣航空戰第一階段的 3 倍。為此，美軍為掩護退卻中的跛腳艦隊，於隔日 02:00 夜半派出 7 架艦轟機夜襲基隆港，企圖阻止日軍水面艦出海追擊。禍事連連，其中 3 架竟遭日軍防空砲火擊落。天明之後，美軍艦隊狼狽退至遠海，不再戀戰。

　　整個 1 月份的台灣航空戰第二階段,第 38 特遣艦隊對台澎發動 6 次襲擊,但遭日軍地面高射砲精準反擊,使美軍 167 名飛行員被擊落陣亡,而神風特攻的突然一擊,也造成美軍艦隊傷亡慘重。此階段,美軍出動各型戰機 3,145 架次襲台,戰損 138 架,戰耗 67 架,傷亡官兵 1,095 人。日軍出動各型戰機 250 架次,戰損 66 架。兩軍交戰弱勢日軍反而大勝,強勢美軍慘敗。日、美戰機損耗比為 1:3.1,翻轉了台灣航空戰第一階段 5.5:1 的戰果,這完全歸功於日軍神風特攻衝撞。台灣航空戰,是太平洋美、日交戰規模最大也是最慘烈的空戰,累計 13 天的交戰,雙方總計出動 7,464 架次,損耗 851 架。美國海軍出動第 38 特遣艦隊配以美國陸軍第 20 航空軍,駐台日本陸、海軍航空兵力全面迎擊。台灣航空戰是太平洋戰爭全期規模最大、兵力最密集、損耗最多的航空作戰。各階段的作戰損耗,參見表 8。

表 8　台灣航空戰美、日飛機出擊架次與損耗架數統計

台灣航空戰	美軍		日軍	
	出擊架次	損耗架數	出擊架次	損耗架數
第一階段:1944 年 10 月(5 天)	2,729	89	1,340	491
第二階段:1945 年 1 月(8 天)	3,145	205	250	66
合　　　計	5,874	294	1,590	557

（鍾堅製表）

天號作戰　重新整編

　　迄二戰結束為止,美軍航艦再也不來觸碰充塞神風特攻隊的台灣。制壓台灣特攻隊的棘手任務,則移轉給駐菲美國第 5 航空軍（Fifth Air Force）去想辦法。美國陸軍派出長程耐航的共和 P-47「雷霆」式戰鬥機,自菲律賓呂宋島最北端的阿派里機場,飛赴台澎空域巡邏,企圖獵殺日軍的神風特攻機。

　　往紅頭嶼東方海面退避的美艦因特攻機衝撞而損失慘重。日軍根據伴隨護

航、偵察的飛行員回報，認定戰果為撞沉 3 艘航艦。日軍共犧牲了 12 架特攻機，獲此戰果本小利大，大本營在欣喜之餘，核定頒佈「陸、海軍作戰大綱」及「東支那海（東海）周邊地域航空作戰指導要領」。令駐台所有航空部隊逐批改裝為特攻機，於下期作戰中撞沉來犯盟軍艦艇，此一系列性作戰，稱為天號航空作戰：

天一號：盟軍來犯沖繩群島時執行特攻衝撞
天二號：盟軍來犯台澎時執行特攻衝撞
天三號：盟軍來犯華南沿岸時執行特攻衝撞
天四號：盟軍來犯印支半島時執行特攻衝撞

　　天號航空作戰在台澎的指導要領，係以海軍特攻隊衝撞盟軍航艦，陸軍特攻隊衝撞盟軍登陸運輸艦船。為達成此一任務，應保存特攻機及護航、偵察機之戰力，使航空兵力於衝撞時發揮最大功效。在考量到飛行員素質、裝備性能、航空燃油存量等不利因素，日軍嚴格限縮航空部隊進行空中纏鬥及對地攻擊等危險的基本任務，僅專注於特攻衝撞。此外，大本營要求第 10 方面軍，應迅速加強全島飛行場站之防空措施，使其能經得起美軍長期炸射考驗，以充分發揮飛行場站功能。大本營認為，尤應注重各機偽裝、以誘餌機欺敵、加強耐爆機堡抗炸，停放機務求分散，指管通情設施需隱蔽。一旦飛行場站受損，應立即搶修，迅速回填彈坑，使場站馬上恢復起降功能。修復場站期間，特攻機轉場至航空要塞內的飛行跑道整備。

　　1945 年 1 月底，日本陸軍駐守台灣的航空兵力——代號誠部隊的 8 飛師（台北）歷經兩階段台灣航空戰的洗禮後，所配備百架要域防空的實用機幾乎全軍覆沒。8 飛師裁撤了 25 飛團、直屬 104 教飛團及 22 教飛中，實力尚稱完整的 8 戰隊、26 戰隊及 50 戰隊移撥 9 飛團，全團外推移防沖繩石垣島。8 飛師僅保留 22 飛團（屏東）指揮機構，由日本內地及滿州大幅增援 8 飛師，重組編配如下：

- 飛行第 10 戰隊（10 戰隊，台北及鳳山），原 8 飛師 9 飛團建制部隊，改為師團直屬戰隊
- 飛行第 13 戰隊（13 戰隊，屏東），由 1 航軍本州兵庫加古川基地增援
- 飛行第 17 戰隊（17 戰隊，花蓮港北），由 1 航軍本州岐阜各務原基地增援，改隸 22 飛團
- 飛行第 19 戰隊（19 戰隊，平頂山），由明野教導飛師本州茨城明野基地增援，改隸 22 飛團
- 飛行第 20 戰隊（20 戰隊，潮州），由 1 航軍本州兵庫伊丹基地增援，改隸 22 飛團
- 飛行第 29 戰隊（29 戰隊，西屯），由 1 航軍本州岐阜各務原基地增援
- 飛行第 58 戰隊（58 戰隊，草屯），由 2 航軍滿州吉林公主嶺基地增援
- 飛行第 105 戰隊（105 戰隊，宜蘭），原 8 飛師 9 飛團建制部隊，改為師團直屬戰隊
- 飛行第 108 戰隊（108 戰隊，台北），原 8 飛師 25 飛團建制部隊，改為師團直屬戰隊
- 飛行第 204 戰隊（204 戰隊，花蓮港（南）），由 4 飛師菲律賓阿派里機場撤回

8 飛師直屬部隊尚有 3 練中（彰化）、8 教中（北港）、獨立飛行第 47 中隊（47 中，台東）、獨立飛行第 84 中隊（84 中，桃園）及獨立飛行第 89 中隊（89 中，台北南）。

此際，陸軍殘存的 2,000 架飛機，由 5 個航軍籌補裝備、提供後勤支援 9 個戰略基本單位的飛師。這 9 個飛師以駐台的 8 飛師兵力規模最大，68 支現存的戰術基本單位戰隊，就有 10 支由 8 飛師在台灣遂行作戰管制。8 飛師的堪用機，已增編達 622 架的空前規模，其中由屏東的第 5 野戰航空修理廠改裝 200 架為特攻機，重組成 49 支神風特攻小隊。

為加強陸軍航空部隊出海特攻衝撞美艦的成功率，一雪陸軍在菲律賓毫無戰績之恥，8 飛師除仿效海軍 1 航艦實施特攻作戰的訓練流路外，還聘請高雄警備府 14 聯空舉辦教育訓練講座，替陸軍特攻飛行員惡補艦艇識別、船艦特性、艦隊運動、編隊與變隊、艦砲防空火網、海象與天象等海上作戰入門科目。

另一方面，1945 年 1 月底的海軍尚存 3,800 架軍機，駐台海軍航空部隊，經過台灣航空戰第二階段洗禮，尚有 410 架，轄特攻機 140 架。海軍 61 航空廠在小崗山洞庫內貯存的飛機零附件，在洞庫工作車間日夜加班改裝其他實用機為特攻機。到了 2 月底，1 航艦改裝補充的特攻機，已達 160 架。

丹號長征　迎向終戰

台灣航空戰，對美、日交戰雙方都是慘痛教訓。戰役結束後，美、日交戰雙方爾後在台澎周邊的作戰樣式，也有了根本變化。美軍航艦由攻轉守不再挑釁台澎，改由陸航接棒，自菲律賓就近持續實施濫炸。日軍的航空部隊，放棄傳統制空與防空作戰，全數投入特攻衝撞外海美艦。

儘管大本營將可用之航空兵力悉數投入特攻作戰，但對於 T 攻擊正攻法仍不忘情。T 攻擊正攻法用於美軍機動快速的特遣艦隊上，多半無法掌握每分每秒的動態敵情。往往是 T 攻擊部隊起飛升空後，經過長時間的貼海飛行，抵達先前推定的目標海域時，美軍特遣艦隊早已不知去向。要在夜色籠罩中重新搜索，不但消耗油料，輕則無功而返，重則迷航落海或遭美機擊落。因此，大本營改弦易轍，換湯不換藥。颱風正攻法，變成特攻機夜襲美軍艦艇泊區內不會起錨移動之固定目標，此謂「丹號作戰」。

丹號作戰講究的是繞道奇襲，目標是美國海軍在西太平洋最大的泊區——加羅林群島的烏里西環礁。海軍殘存的堪用機能執行夜間單程貼海飛行 3,000 浬者，僅有銀河陸爆。由於續航力限制，銀河機必須繞遠道先至台灣飛行基地，中轉落地加油後再出擊，執行長達 6 小時有去無回的特攻任務。2 月 10 日，海軍新編

成第5航空艦隊（5航艦，鹿屋），首任司令宇垣纏中將（海軍兵學校40期畢業），下轄7個航空隊。赫赫有名的T攻擊部隊骨幹762空，所屬的24架銀河陸爆是丹號作戰核心特攻隊，指揮部也設於鹿屋飛行基地。

　　2月17日，首梯丹號作戰特攻隊出擊，惜銀河陸爆的發動機缺陷頗多，竟有半數任務機在飛向岡山高雄基地轉場途中因故障折返。3月初，在偵獲大批美軍艦艇進駐烏里西泊區後，第2梯丹號作戰特攻隊於3月11日再度出擊，期在薄暮時飛抵目標海域發動夜襲特攻。然因特攻隊有多架銀河陸爆需臨時維修，耽擱了出擊最佳時刻。當銀河陸爆機隊勉強中轉岡山，飛越馬里亞納時天色已黑，加上氣候惡劣，特攻隊在茫茫洋面迷航轉降雅浦島，被迫結束接戰，提早返航。

　　第3梯丹號作戰特攻隊於5月7日出擊，自鹿屋基地起飛時，其中4架故障不能升空，一架衝場抬頭時墜落起火焚燒。經過東海又遇暴風雨，飛往岡山途中又有多架銀河陸爆因發動機馬力不足而折返，能突破密雲追隨帶隊官座機至岡山中轉落地者，全隊只剩4架，勢單力薄，任務再度被取消。其實，自岡山出擊單程達1,300浬的越洋遠程任務，在烏里西泊區下錨整補的美軍艦艇固然是理想目標，但日軍缺少途經海域的連續氣象、海象情報資料，茫茫大海飛行又易迷航，銀河陸爆使用酒精代用航空燃料易造成發動機馬力不足、空中熄火等困擾。這些窒礙，日軍不思根本解決之道，僅以遠征之盲目快感，無視任務困難性，冒然三度實施遠程特攻奔襲，終至一事無成，夢想成空。

　　二戰結束前最後一次途經南台灣出擊的長征特攻，為第4梯丹號作戰。6月下旬沖繩戰役結束後，美軍特遣艦隊都在日本近海，以艦載機輪番炸射本土各軍事要域。大本營於7月底依狀況研判，美軍艦隊有回航西太平洋烏里西泊區整補之跡象。接任聯合艦隊司令長官的小澤治三郎大將遂於7月31日下令，執行第4梯丹號作戰長征特攻，這回捨棄作戰不力的5航艦，轉而責付3航艦（橫須賀）司令寺岡謹平中將，湊足25架慧星艦爆，由黑丸直人大尉率隊，命名為「神風特別攻擊第5御盾隊」，整裝待發，訂於8月7日依預定遠程特攻計畫，轉場至高雄基地。8月2日，大本營令台灣的陸軍第10方面軍及海軍高雄警備府，就

此次丹號作戰必要之偵察、氣象、情報及後勤補給提供協助，並就遠程特攻作戰之全盤實施細節，擬定方案。

大本營對第 5 御盾隊隊員頒賜天皇訓示電文，期以在出發前激勵訣別隊員之鬥志：

時機已成熟，茲對各位下令出擊！各位即將攻擊之目標，為多年來頑強之敵軍，在過去皇軍已累積數千英靈被其殲滅而遺長恨於地下，敵軍此種驕縱橫行，已聚積於一億皇民宿怨之中。現在各位為皇土決戰，誓作一億皇民總特攻之先鋒，粉碎宿敵，以拔除敵軍進攻皇土之骨幹。各位為闢建勝利之路，榮譽大而責任重。前進！各位身為天皇之後盾，已生存 20 餘年，現應傾注畢生鬥志，必死必中，期其必成。

8 月 6 日，海軍高雄通信隊鳳山無線電信所截獲美軍電訊，略以美軍部份航艦特遣支隊，已在返航西太平洋烏里西泊區途中，將進行整補作業以支援 3 個月後的南九州登陸戰。隔日，第 5 御盾隊順利中停岡山。9 日以後，海軍海上護衛總隊所屬 901 空的大型飛行艇，未能飛赴烏里西泊區回報美軍艦艇錨泊詳情，故黑丸大尉只得在岡山天天待命。14 日深夜 11 時，大本營向高雄警備府發出「有關帝國即將結束戰爭」的電文。隔日午時，天皇發布二戰結束詔書。第 4 梯丹號作戰，慧星艦爆機隊始終滯留在岡山，丹號長征特攻作戰，依然胎死腹中。

菊水衝撞　難挽頹勢

1945 年 3 月 20 日，大本營發布大海指第 513 號令，對於「當前作戰重點已指向沖繩正面，應謀求集中航空兵力，期能殲滅來攻美軍主力；神風特攻作戰，則依陸、海軍作戰計畫大綱準則為之」。日本在 1945 年的年度飛機生產計畫十分宏偉，準備產製 16,000 架以衝撞來犯盟軍艦艇。然而美軍連日大舉轟炸日本內地，使產能大幅萎縮。迄二戰結束為止的前 7 個多月，僅生產近 5,000 架作為特攻之用。到了 4 月 1 日，陸、海軍完成改裝整備之特攻機，僅有 400 支小隊不

足 1,500 架而已。為了解決有機沒人的窘境,大本營遂要求陸軍河邊正三大將,就任由航空兵團擴編成總軍層級的航空總軍總司令長官,出面與海軍協商,於 4 月底前共同完訓 3,000 名特攻飛行員,達成沖繩防衛戰之特攻戰備。

3 月 23 日,美軍特遣艦隊艦載機大舉轟炸沖繩群島。此後數日均連番密集炸射,此為大規模登陸沖繩之前兆,聯合艦隊遂下令發動「天一號航空作戰警戒」令。當時,無論陸、海軍都知曉美軍跳島攻勢終於放過台澎,直接奪佔沖繩。但在台日軍並未沾沾自喜,反而動用神風特攻隊瘋狂反撲 400 浬外沖繩之美軍艦艇。當日大本營經過盤點,全國的特攻小隊數量,駐台的海軍 1 航艦有 38 個小隊、陸軍 8 飛師有 49 個小隊。台澎地區的特攻機總數,在沖繩登陸戰開打前,佔日軍所有特攻隊的兩成。

26 日,美軍開始在沖繩本島以西之慶良間群島登陸,建立整補泊區。18.3 萬名美軍登陸部隊,由 430 艘登陸艦及運輸艦載運,進入琉球群島慶良間泊區待命。4 月 1 日,美軍在沖繩嘉手納海岸大舉登陸,展開為期 84 天的沖繩血腥攻防戰!到了 4 月 3 日,美軍登陸部隊已在沖繩本島奪佔鞏固中央地區。駐台的陸軍 8 飛師及海軍 1 航艦的特攻機在這短短 10 天當中,自台灣各飛行場站出動特攻機 40 架、掩護機 19 架、偵察機 20 架,對慶良間泊區的登陸船團展開果敢特攻。據報擊沉、擊傷美軍艦艇 20 多艘,然已無法挽回大局。

為了有效策應沖繩地面日軍之反登陸逆襲,給予美軍在慶良間泊區之登陸船團及艦上的後續部隊最大之傷亡,並摧毀護衛之 1,027 艘作戰艦艇,大本營遂發動人類有史以來規模最大的特攻作戰——菊水作戰。日軍為配合以大和號主力艦為首的海上特攻艦隊突入沖繩泊區,菊水一號特攻作戰於 4 月 6、7 兩日執行。這兩天,陸、海軍共出動特攻機 355 架次,由掩護機、偵察機 344 架次伴隨,進襲沖繩海域的盟軍艦艇。據報特攻衝撞獲致豐碩戰果,公告戰報計擊沉美軍主力艦 2 艘、巡洋艦 3 艘、驅逐艦 8 艘、掃雷艦 3 艘、登陸艦 21 艘及運輸艦 27 艘。這兩天,駐台的海軍 1 航艦派出特攻機 8 架、陸軍 8 飛師派出特攻機 28 架助攻菊水一號作戰,由台灣撲至的 36 架特攻機,僅 10 架突入美軍艦隊陣列成功衝撞

目標。

　　儘管菊水一號特攻作戰出擊成功，卻又曝露了陸、海軍各持己見、各行其是的老毛病。海軍過份依賴菊水特攻戰法，確信可將美軍艦艇悉數撞沉以保全沖繩。陸軍則認為沖繩僅為持久消耗戰場，以時間換取日本本土決戰之空間，因之對沖繩特攻作戰不以為然。

　　而大和號主力艦執行悲壯特攻突入時，竟無日機配合協攻以分散美軍火力，導致大和號主力艦領軍的「沉沒艦隊」於 4 月 6 日夕照下啟航後，隔日在九州南方 50 浬處，受美軍艦載機 386 架攻擊而沉沒。艦上 2,498 名官兵特攻未成，均隨艦白白犧牲。為此，大本營震怒，強制陸、海軍航空部隊須合作協戰，並伺機在沖繩遂行反登陸逆襲戰，將登島美軍擊滅。大本營特令強化駐台灣陸軍第 10 方面軍之指揮權責，約束 8 飛師全力協同海軍 1 航艦，以求齊心合力推動特攻作戰，擴張戰果。

　　菊水一號特攻作戰後，大本營綜合各種情報判斷，認為美軍遭連續衝撞後士氣已有動搖之兆，決定打鐵趁熱，投入所有特攻部隊實行總攻擊，務期達成天一號航空作戰之任務。菊水二號總攻預定為 4 月 10 日，但因當日天氣太壞，延至 12 及 13 日始分批出擊，使用 202 架特攻機。其中自台灣出擊 20 架，回報擊沉美軍艦艇 47 艘之多！據國際外電之現場廣播報導，美軍戰損頗大，使大本營至為振奮，輿論亦高唱沖繩決戰完勝，皇民均期盼神風特攻能扭轉戰局。例如，隨美軍作戰的英國《泰晤士報》記者發布新聞稿如下：「日本神風特攻機衝撞攻擊晝夜不絕，慶良間群島泊區佈滿失去動力的損毀艦艇。太平洋上到處都有破艦被拖離，向東南方外海退避」。

　　為擴大戰果，日軍緊接著於 4 月 16 日執行菊水三號特攻作戰，出動特攻機 196 架，其中自台灣出擊 14 架。再於 4 月 21 日及 22 日執行菊水四號特攻作戰，出動特攻機 131 架，其中自台灣出擊 16 架。美國海軍第 5 艦隊司令史普恩斯上將（ADR Raymond A. Spruance，海軍官校 1907 年班），統領 1,400 餘艘美軍艦艇在沖繩作戰，他急電求援：「鑑於日本神風特攻之英勇及其駭人之效應，並考

量到美軍艦艇戰損之慘重，為防堵日軍攻擊，茲建議以一切可動用之航空兵力，攻擊九州及台灣之日軍機場」。

由於美軍對九州及台灣連續兩週的濫炸（見第九章），菊水五號特攻作戰總攻拖到 5 月 4 日才發動。日軍出動特攻機 196 架，其中自台灣出擊的特攻機，經協調後僅有 11 架。然而，其他時段只要天候許可，特攻隊採小隊編組——以 4 架特攻機搭配 1 到 2 架掩護機伴隨，單點突入。在 3 月 25 日至 5 月 4 日間，小隊編組的特攻機總共出擊 631 架，其中自台灣出動 68 架。這段期間日軍的戰果，據報撞沉美軍艦 161 艘，撞毀 141 艘。日本的損失也十分巨大，累計出動 1,711 架特攻機，犧牲 1,471 架。

此際，駐台海軍累計已損失了 46 架特攻機，陸軍更多，共有 65 架。到了 5 月 10 日，大本營下令將殘餘航空部隊悉數改編為特攻隊。岡山海軍 61 航空廠趕工將殘存堪用機改裝為特攻機，1 航艦在台澎仍有特攻機 144 架，陸軍 8 飛師則剩 131 架。以 1 航艦駐防宜蘭基地的海軍 205 空為例，1 月底自菲律賓移防台灣時飛回 60 架。到了 4 月初菊水作戰時，由 61 航空廠補充了 20 架特攻機，完訓 32 名特攻飛行員，司令為玉井淺一中佐（海軍兵學校 52 期畢業）。5 月 4 日 205 空出動 20 架特攻機，由宜蘭經石垣島、宮古島至沖繩泊區，沿途犧牲 11 架，其餘則分頭衝撞協戰的英軍正規航艦不屈號（*HMS Indomitable, R92*）及無畏號（*HMS Indefatigable, R10*）。9 日，205 空特攻小隊再行出擊，又衝撞了協戰的英軍正規航艦勝利號（*HMS Victorious, R38*）及無畏號。日軍 205 空兩次對皇家海軍第 57 特遣艦隊發起特攻，算是給英軍在 4 月中旬出動 157 架次艦載機轟炸台澎（見第九章）的回禮。迄 6 月 7 日，205 空 32 名特攻飛行員接連衝撞全部殞命後，就不再出擊。

由於美軍整個 5、6 月份天天濫炸台灣，以致 5 月 11 日的菊水六號、5 月 24 日的菊水七號、5 月 27 日的菊水八號，駐台特攻部隊僅能小批出海。為配合沖繩地面最後逆襲決戰，大本營還發動菊水九號及十號特攻作戰。從 5 月 5 日至 6 月 23 日沖繩地面防衛戰結束為止的 50 天當中，日軍出動的特攻機，僅有 620 架次，

其中自台灣出擊的特攻機有 112 架次。顯然，神風特攻業已無力挽回沖繩戰局。

沖繩失陷後，日軍仍然繼續出動特攻機，直至二戰結束始得方休。在台的海軍神風特攻隊到 6 月 7 日已無可用兵力，率先停止出擊。陸軍則於 7 月 19 日用罄特攻機後停止出擊。海軍 1 航艦麾下既然已無特攻機可供出擊，遂奉大本營之命，於 1945 年 6 月 15 日在岡山裁撤解編，司令長官大西瀧治郎中將被召回日本，降調至軍令部擔任次長。殘餘航空隊由當日新編成的第 29 航空戰隊（29 航戰，岡山）遂行作戰管制。

二戰結束前三百天的特攻任務，日軍總計出動特攻機 3,008 架次，掩護機 5,459 架次，犧牲 2,587 架特攻機，但仍挽回不了絕對國防圈內的菲律賓及沖繩先後失陷的命運。迄二戰結束為止，美軍在空中攔截特攻機隊的戰損輕微，飛行員僅 124 員陣亡，150 員輕重傷。但在海面，盟軍艦艇的戰損就頗為慘重。特攻作戰期間，共有各型艦艇 70 艘被撞沉，332 艘遭撞損，艦上官兵傷亡高達 9,731 員！雖然沉沒的軍艦噸位最大者，僅為萬噸級輕型航艦，但盟軍所有艦艇戰損，每 10 艘就有 3 艘遭撞！依此類推，盟軍若想執行 11 月初登陸攻奪日本南九州，形同虎口拔牙，傷亡將更倍數於此。

台灣特攻　關鍵少數

沖繩戰役菊水特攻作戰期間，位於台灣的陸、海軍飛行場站扮演了少數但關鍵的角色。自台灣出擊的特攻機，1 航艦納編勇武、忠誠、歸一、振天、大義各特攻隊，共出動 23 批 99 架次，損失 85 架，佔海軍全部特攻機損失的 6%，特攻飛行員陣亡 138 人，佔海軍特攻飛行員損失的 5.5%。日本陸軍 8 飛師自台灣出動 20 批誠字特攻隊，含特攻機共 165 架次，損失特攻機 142 架，佔陸軍全部特攻機損失的 12.1%。特攻隊員陣亡 149 人，佔陸軍特攻飛行員損失的 10.7%。駐台海軍與陸軍特攻作戰損失之飛行員與飛機逐批戰損數目，分別參見表 9。

按理說，神風特攻機衝撞成功率為六分之一，即每出動 7 架特攻機就有 1 架

衝撞成功，5 架在半途遭擊墜， 1 架倖存返回。其原因不外：

一、美軍雷達裝備性能優越，電戰能力強大，使來襲日機大都被攔截；

二、沖繩那霸機場在開戰初期過早失陷，美軍陸基戰鬥機早於 4 月 6 日就已
　　進駐，以逸待勞，守株待兔，有效迎擊日軍特攻機；

三、特攻機多由舊型飛機改裝而成，性能低劣；

四、特攻飛行員訓練不足、素質也差，遇到美機攔截毫無招架迴避能力。

　　否則，以 3,000 餘架次的特攻衝撞，若能衝撞成功率由六分之一提高至六成，美軍在沖繩海域的艦艇，絕大部分將非沉即毀。而沖繩防衛戰，勢必將拖延更久，最終美、日雙方誰勝誰負殊難逆料。

　　菊水作戰期間，美軍第 5 艦隊司令史普恩斯上將直指台灣是禍首。特攻機自台灣出擊，讓美軍腹背受敵，既要集中兵力應付來自日本的特攻衝撞，還要分兵防止來自側背台灣方面的特攻偷襲。故美國要求並責付駐菲美國陸航兵力，將台澎徹底夷平！但陸航的情報幕僚卻持不同看法，認為中美合作所諜報網固然回報台灣確有數百架特攻機駐防，但情報參謀嫌在地諜員分不清堪用機與竹製誘餌機的差異。加諸白晝空域無大批日機起降，使美機飛越台澎如入無人之境。故判定日軍在此完全喪失航空戰力，絕大部分出沒台灣海域的特攻機，係由日本內地發航，繞經台灣中停，加油掛彈後迂迴到沖繩衝撞攻擊。美國陸航還推算駐守台灣全島日軍殘餘的飛機，始終不足百架，且大都是教練機，不能持久發動特攻。

　　事實上，日軍為保存戰力專注於特攻作戰，力避在台灣與來襲美機交火。加上日軍疏散確實，偽裝良好，轉場迴避美軍轟炸得法，且保養、修護乃至加、改裝之後勤支援能量仍可維持。迄菊水特攻作戰在 6 月底結束之際，駐台海軍除損耗特攻機外，支援特攻的偵察機與戰鬥機也損耗達 39 架，堪用飛機尚餘 314 架。陸軍 8 飛師除損耗特攻機外，支援特攻的偵察機與戰鬥機也損耗高達 232 架，堪用飛機僅餘 256 架。陸、海軍在台航空兵力加總，雖然堪用機尚有 570 架，唯其

中有 180 架的確為訓練用教練機。這與該年年初著手準備特攻作戰前，陸、海軍航空兵力加總有 1,032 架規模相較，7 個月交戰下來，折損近半。

　　1945 年 7 月中旬以後，決戰戰場已移至日本近海，台澎地區完全被美軍跳過。為了支援日本內地的特攻作戰，大本營遂下令將外地航空部隊繞過美軍占領區，伺機渡航回日本。曾增援台灣的海軍 221 空、381 空及 763 空，在戰爭結束前，均讓隊部幕僚及裝備搭乘一等輸送艦穿越美軍海上封鎖安全撤回日本，準備參加本土決戰。然而，能飛越美軍層層火網、成功移防日本內地的堪用機，僅有 25 架。

　　二戰結束之際，台澎的堪用飛機，陸軍有 256 架，海軍有 289 架，總計 545 架。其中的教練機，海軍剩 164 架，陸軍有 16 架。另，陸軍手頭上還有 307 架飛機待料待修，海軍有 101 架損壞。足見陸軍第 5 野戰航空修理廠已遭美軍徹底炸毀，連拆零併修能力也付諸東流。海軍則因 61 航空廠在小崗山洞庫內仍有維修車間，尚保持飛機修護能量。迄二戰結束為止，連同台澎地區回不了日本參與本土決戰的妥善實用機，大本營盤點大東亞地區殘餘航空戰力僅餘 3,000 架，滯留台澎的 365 架妥善機，佔殘餘航空兵力的 12%。

　　8 月 15 日午時，日本天皇玉音放送「終戰詔書」，正式向同盟國無條件降伏。5 小時後，海軍 5 航艦（鹿屋）司令長官宇垣纏中將，對天皇降伏頗為失望。加上 5 航艦執行丹號長征特攻作戰不力，宇垣中將指揮菊水作戰，感傷為山九仞卻功虧一簣，遂義忿填膺親率 701 空 103 飛行隊 11 架彗星艦爆特攻機，自九州鹿屋飛行基地出擊，飛往沖繩衝撞美艦。然而，天黑後機隊迷航，油盡陸續墜海玉碎，這個「宇垣私兵」特攻隊，陪伴 5 航艦司令長官殉命者，多達 34 名特攻隊員。

　　隔日，神風特攻的創始人——日本海軍軍令部次長大西瀧治郎中將，選擇追隨海軍 2,498 位神風櫻花亡魂歸天，在東京官邸自裁殉命，替人類戰爭史上最血腥又殘暴的自殘式特攻衝撞作戰譜上休止符。

　　日本降伏之日，在台的陸軍 8 飛師建制部隊，殘機分散配置在 22 飛團（屏東）、10 戰隊（台北）、105 戰隊（宜蘭）、108 戰隊（樹林口）及直屬各殘存的飛中，其餘非建制的 13、17、19、20、29、58 與 204 戰隊，僅留戰隊隊部幕

僚等待善後。末任的8飛師主官為師團長山本健兒中將,參謀長為岸本重一大佐。
陸軍航空戰術基本單位的戰隊,二戰結束時未解編的番號尚保有73隊,困在台
灣的就有上述10個戰隊。

太平洋戰爭結束時,駐守台澎的日本海軍航空部隊概分高雄警備府下轄的
29航戰與直屬各航空隊兩部份, 29航戰(台中,戰隊司令藤松達次大佐)所轄
的航空隊有132空(虎尾,司令下田久夫大佐)、205空(台中,司令玉井淺一
中佐)及765空(高雄,司令增田正吾大佐)。高雄警備府直屬航空隊僅有北台
空(新竹,司令鈴木由次郎大佐)與南台空(歸仁,司令伊藤信雄中佐)。至於
12空、953空與虎尾空,在二戰結束前因無機可用,均予解隊。高雄警備府的末
任司令長官為志摩清英中將(海軍兵學校39期畢業)。

海軍航空戰術基本單位甲種航空隊,二戰結束時未解編的數碼番號尚有45
隊,困在台灣的有上述3個航空隊;二戰結束時乙種航空隊未解編以駐地地名為
隊名者,尚保有73隊,困在台灣的有上述2個。

表 9　1945 年自台灣出擊之特攻隊戰損表

軍種	特攻隊名	原屬部隊（原駐地）	駐地	陣亡（人）	特攻機種（機）	月份
海軍	第 1 新高隊	221 空 317 飛行隊	台中	1	零戰（1）	1 月
	新高隊	765 空 102 飛行隊	台南	10	彗星（5）	1 月
	第 3 新高隊	221 空 316 飛行隊 317 飛行隊	台南	4	零戰（4）	1 月
	1 航艦零戰隊	221 空 317 飛行隊	台南	2	零戰（2）	1 月
	勇武隊	765 空 102 飛行隊 401 飛行隊	台中	20	銀河（6）彗星（1）	3-4 月
	第 1 大義隊	205 空 317 飛行隊	宜蘭	4	零戰（4）	4 月
	第 2 大義隊	205 空 317 飛行隊	宜蘭	1	零戰（1）	4 月
	第 3 大義隊	205 空	新竹	3	零戰（3）	4 月
	第 4 大義隊	205 空	宜蘭	1	零戰（1）	4 月
	第 5 大義隊	205 空	宜蘭	2	零戰（2）	4-5 月
	忠誠隊	765 空 102 飛行隊 252 飛行隊	新竹	39	彗星（20）	4 月
	第 9 大義隊	205 空	宜蘭	2	零戰（2）	4 月
	第 10 大義隊	205 空	宜蘭	2	零戰（2）	4 月
	第 12 大義隊	205 空	宜蘭	2	零戰（2）	4 月
	第 15 大義隊	205 空	宜蘭	1	零戰（1）	4 月
	第 16 大義隊	205 空 302 飛行隊	宜蘭	1	零戰（1）	4 月
	歸 1 隊	763 空 252 飛行隊	新竹	3	天山（1）	5 月
	振天 1 隊	12 空	新竹	20	九七艦攻、九九爆（各 4）	5 月
	第 17 大義隊	205 空 312 飛行隊 317 飛行隊	宜蘭	8	零戰（8）	5 月
	第 18 大義隊	205 空 302 飛行隊	宜蘭	5	零戰（5）	5 月
	振天 2 隊	765 空 102 飛行隊	新竹	1	九九爆（1）	5 月
	振天 3 隊	381 空 253 飛行隊	新竹	4	九七艦攻（2）	5 月
	第 21 大義隊	205 空 302 飛行隊	宜蘭	2	零戰（2）	6 月

陸軍	第 23 飛行中隊	8 飛師	花蓮港	8	二式戰（8）	3 月
	飛行第 17 戰隊	1 飛師（札幌）	花蓮港	7	三式戰（7）	4 月
	飛行第 105 戰隊	8 飛師	宜蘭	16	三式戰（16）	4 月
	飛行第 19 戰隊	1 飛師（札幌）	平頂山	16	三式戰（16）	4-5 月
	誠第 16 飛行隊	第 2 航空軍（滿州）	花蓮港	1	一式戰（1）	4 月
	誠第 26 飛行隊	8 飛師	宜蘭	8	一式戰（8）	4-5 月
	誠第 33 飛行隊	明野教導飛師（明野）	桃園	8	四式戰（8）	4-6 月
	誠第 119 飛行隊	8 飛師	桃園	9	二式複戰（6）	4 月
	誠第 34 飛行隊	明野教導飛師（明野）	水湳	11	四式戰（11）	4-5 月
	誠第 123 飛行隊	8 飛師第 3 練成隊	八塊	4	二式複戰（4）	5 月
	誠第 35 飛行隊	常陸教導飛師（常陸）	水湳	6	四式戰（6）	5 月
	飛行第 10 戰隊	8 飛師直屬	台北	3	二式複戰（3）	5 月
	飛行第 20 戰隊	1 飛師（札幌）	潮州	16	一式戰（16）	5-6 月
	誠第 120 飛行隊	8 飛師	八塊	5	四式戰（5）	5 月
	飛行第 108 戰隊	8 飛師直屬	台北	2	九九式雙輕爆（2）	5 月
	誠第 31 飛行隊	第 2 航空軍（滿州）	八塊	6	九九式襲（4）	5-7 月
	飛行第 204 戰隊	1 飛師（札幌）	八塊	9	一式戰（9）	5-7 月
	飛行第 29 戰隊	1 飛師（札幌）	水湳	6	四式戰（6）	5-6 月
	誠第 71 飛行隊	第 1 航空軍（東京）	八塊	7	九九式襲（5）	5-7 月
	誠第 15 飛行隊	鉾田教導飛師（鉾田）	水湳	1	九九式雙輕爆（1）	5 月

註：海軍 23 批特攻隊戰損機種包括 41 架零戰、26 架彗星、6 架銀河、6 架九七式艦攻、5 架九九式艦爆及 1 架天山，合計 85 架，共玉碎 138 名特攻隊員。陸軍 20 批特攻隊戰損機種包括 40 架一式戰、39 架三式戰、30 架四式戰、13 架二式複戰、9 架九九式襲、8 架二式戰及 3 架九九式雙輕爆，合計 142 架，共玉碎 149 名特攻隊員。

（鍾堅製表）

第九章

濫炸台澎
——飛鷹凌空

（1945 年 1 月至 8 月）

　　面對愈來愈多的神風特攻機，美國陸軍麥克阿瑟上將非常憂心規復菲律賓的作戰，會遭致駐守台灣的日軍逆襲而功敗垂成。解密文件顯示：美國陸軍於 1944 年底由化學武器局（The Air Chemical Officer）提呈《以毒氣報復福爾摩沙 16 處城鎮計畫書》（Selected Aerial Objectives For Retaliatory Gas Attack On Formosa），對以下軍事設施遍佈的 16 處城鎮，由美國陸航空中噴灑芥子氣糜爛性毒劑，企圖一舉殲滅城鎮周邊 14 萬日軍官兵及城鎮內的 22 萬日本僑民。目標包括基隆、淡水、台北、新竹、台中、豐原、嘉義、台南、岡山、高雄、鳳山、屏東、東港、恆春、花蓮及馬公。美國參聯會認為，毒氣攻擊會波及這些城鎮內 118 萬台灣本地居民，濫殺百萬無辜罪孽擔當不起，計畫遂被束之高閣。

　　麥克阿瑟領軍的部隊在菲律賓遭受自台灣南下的神風特攻機衝撞，弄得傷亡累累。既然不准對台澎地區由空中噴灑芥子氣糜爛性毒劑，麥克阿瑟遂要求參聯會，動用海軍航艦及陸航轟炸部隊，徹底炸翻台澎。台澎地區是日軍的南進基地，也是美軍反攻日本軸線上的芒刺。即使在太平洋戰爭末期，美軍跳島攻勢軸線繞過了台澎，轉而奪取鄰近的菲律賓和沖繩，但美軍對要塞堡壘化的台澎地區仍不敢掉以輕心。特別是遍佈的飛行場站又是特攻隊的根據地，各地糖廠與酒精工場，又源源不斷產製酒精代用航空燃料，岡山的海軍 61 航空廠持續生產飛機供日軍持久作戰。這些威脅美軍側翼的因素，逼使美軍必須對台灣執行長期性、制壓性的炸射。

美軍與英軍航艦雖然三度襲台，然均遭日軍頑強抵抗，甚至出海追擊衝撞，造成盟軍官兵重大傷亡。尤其是駐台的神風特攻隊，只要英、美艦船駛近台灣，即瘋狂出擊衝撞。有鑑於日機對水面艦船威脅重大，美國海軍在台灣航空戰結束後，對台採取戰略迴避，將制壓台澎的後期作戰，推給美國陸軍去傷腦筋。

距台澎地區最近的美國陸航部隊，是駐防在中國大陸的 14 與 20 航空軍。然而，受限於印度駝峰的運補能量，成都的第 20 航空軍 B-29 及昆明陳納德將軍的第 14 航空軍，僅能對台澎地區執行有限度的轟炸：分別自華中執行 452 及 60 架次跨海轟炸之後，最後因補給困難就永久取消此項攻擊。第 20 航空軍甚至因為油彈均缺，於 1945 年 1 月底撤出成都，退避至印度整補。轟炸制壓台澎的任務，很自然就丟給甫進佔菲律賓的美軍陸航就近解決。

為防堵特攻機自台灣起飛執行衝撞，1945 年初進駐菲律賓的美國陸航兵力，開始對台澎不分晝夜地全面空襲。除了炸遍軍事設施外，更對非軍事目標如市區民宅實施濫炸。至二戰結束止，盟軍以美軍第 5 航空軍為主體，總計出動各型作戰飛機 9,952 架次空襲台澎，投彈 16,100 噸，軍民死傷累累。其中四成炸彈擲向台澎各飛行場站，而能源設施、基建交通及城鎮居民住宅的炸彈則各有兩成。

此外，美軍以跳島攻勢奪佔太平洋最西陲的島礁，竟然是在濫炸台澎期間，登陸掃蕩由高雄警備府派隊駐守的東沙島！

南鷹飛臨　夷平機場

1945 年 1 月 9 日，美軍在菲律賓呂宋島登陸，奪回失陷 3 年的殖民地。為了銜接海軍特遣艦隊及陸航戰略轟炸部隊轟炸台澎的戰略作為，轉由美國陸軍遠東空軍（US Army Far East Air Force）肩負爾後轟炸制壓的任務，也使得台澎陷入歷史最黑暗的兵燹宿命中。遠東空軍轄第 5 航空軍（菲律賓）、第 7 航空軍（夏威夷）與第 13 航空軍（澳大利亞）。第 5 航空軍司令官懷赫特少將（MG Ennis C. Whitehead），也就成為濫炸台灣的主導者。第 5 航空軍的完整編裝見以下表

10。

　　當太平洋戰爭爆發時，日軍南進直取菲島，轟炸菲律賓全境的日機，即從台灣起飛出擊（見第四章）。三年後風水輪流轉，轟炸台澎的美機，也從菲島起飛出擊。第 5 航空軍隨著菲律賓的規復，各建制部隊紛紛自南太平洋前推進駐，主要機場為前方呂宋島的克拉克、仁牙因、佬沃及阿派里，以及後方明多羅島的曼沙雷及雷伊泰島的塔克羅班。航空部隊轄 7 個戰鬥大隊、3 個夜戰中隊、11 個轟炸大隊、2 個偵察大隊及 5 個運輸大隊，用於攻擊台澎地區含重型轟炸機 140 架，輕型轟炸機 200 架，戰鬥機 150 架、運輸機 90 架及偵察機 60 架。佬沃機場的戰鬥機及仁牙因機場的轟炸機，作戰半徑均涵蓋台灣，第 5 航空軍準備以四成兵力，將炸彈擲向台澎各飛行場站。

　　1 月 11 日，第 5 航空軍在支援呂宋島登陸作戰繁重的任務下，勉強派出 43 轟炸大隊 3 架 B-24 轟炸機，首度自菲島襲擊台灣。是夜，它們自塔克羅班機場起飛，其中 1 架途中機械故障折返，另 2 架於夜半飛抵屏東，對屏東基地的行政大樓、油庫及第 5 野戰航空修理廠投彈，首開第 5 航空軍轟炸台澎的紀錄，展開為期 7 個月的濫炸。

　　歷經兩階段台灣航空戰之慘痛教訓，日軍航空部隊在台灣根本不是美軍對手。到了 1945 年太平洋戰爭末期，日本海軍王牌戰機零戰已經落伍。相對於性能較佳的美機，零戰的升限太低、航速太慢、馬力不足，飛行員素質也太差，這也是為什麼日本將部份零戰改裝成特攻機去衝撞美軍艦艇的原因。此外，美軍來襲採白晝大編隊地毯式轟炸、夜間小編隊騷擾，搞得台澎軍民晝夜難安。

　　在航空燃料嚴重匱乏的限制下，日軍在台灣的要域防空自衛戰鬥，首先得要驅離夜襲美機，讓軍民得以安心入眠。故動用較新式的夜間戰鬥機（夜戰），利用暗夜掩護，從事有限度的空中攔截戰鬥。典型的夜戰飛機，如駐防新竹之海軍 765 空的 12 架中島月光夜間戰鬥機。月光夜戰未加裝可靠度非常差的三菱製機載對空搜索雷達，而是靠地面探照燈與照明彈追瞄夜襲美機。一般戰機夜間開火時，飛行員會因前方砲口閃亮火光導致瞬間暫盲，飛操易失控，月光夜戰則大幅

表 10　1945 年美國陸軍遠東空軍第 5 航空軍飛行部隊編裝與駐地

	所屬飛行部隊番號（駐地）	使用機種
第 5 戰鬥指揮部	第 3 突擊大隊（呂宋）	P-51, C-47, L-5
	第 8 戰鬥大隊（明多羅）	P-38, P-39, P-40
	第 35 戰鬥大隊（呂宋）	P-38, P-39, P-47, P-51
	第 49 戰鬥大隊（呂宋）	P-38, P-40, P-47
	第 58 戰鬥大隊（呂宋）	P-47
	第 348 戰鬥大隊（呂宋）	P-47, P-51
	第 475 戰鬥大隊（呂宋）	P-38
	獨立第 418 夜戰中隊（明多羅）	P-38, P-61, B-25H
	獨立第 421 夜戰中隊（呂宋）	P-38H, P-61, P-70
	獨立第 547 夜戰中隊（呂宋）	P-38, P-61
第 5 轟炸指揮部	第 3 輕轟大隊（明多羅）	A-20, A-24, A-26, B-25
	第 5 重轟大隊（呂宋）	B-24
	第 19 重轟大隊（關島）	B-17, LB-30
	第 22 重 / 輕轟大隊（呂宋）	B-24, B-25, B-25
	第 38 中轟大隊（呂宋）	B-25
	第 43 重轟大隊（呂宋）	B-17, B-24
	第 90 重轟大隊（明多羅）	B-24
	第 312 輕 / 重轟大隊（呂宋）	A-20, A-24, A-36, B-32, P-40, V-72
	第 345 中轟大隊（呂宋）	B-25
	第 380 重轟大隊（明多羅）	B-24
	第 417 輕轟大隊（明多羅）	A-20
第 91 偵照聯隊	第 6 偵照大隊（呂宋）	F-4, F-5, F-7
	第 71 偵照大隊（呂宋）	L-4, L-5, L-6, P-38, B-25
第 54 運輸聯隊	第 2 戰鬥運輸大隊（雷依泰）	C-46, C-47
	第 317 運兵大隊（呂宋）	C-47, B-17
	第 374 運兵大隊（呂宋）	DC-2, DC-3, C-47, C-53, C-56
	第 375 運兵大隊（呂宋）	C-46, C-47
	第 433 運兵大隊（呂宋）	C-47, B-17

（鍾堅、區肇咸製表）

改進此一缺失。月光戰機的機長與砲手座位，均在機砲前方，2 門雙聯裝 20 公厘機砲火力強大，採取一門向上、一門向下傾斜遙控射擊，砲口火焰在空勤組員腦後發光，不會因開火導致組員短暫失明。

只要夜間氣象條件許可，美機均會出動小編隊機群飛越呂宋海峽夜襲台澎地區。日軍也多半會派出月光戰機升空跟蹤，但主要目的卻不是迎頭痛擊，而是向地面高射砲部隊提供美軍機群的航速、航向、航高及飛行編隊隊形等射擊諸元。月光戰機主動積極的攔截作為，僅偶而為之。以下的實例，可看出日軍熾烈的高砲火力，對美軍所造成的衝擊。

1 月 30 日，43 轟炸大隊古生中尉（LT A. Goossen）帶隊，率 3 架 B-24 執行夜襲高雄市台灣石油會社田町儲油庫的任務。古生中尉第二次進入轟炸航路時，即遭日軍派出的月光戰機糾纏，地面探照燈也鎖定美機。雖然古生機隊完成投彈，1 枚高射砲彈卻在古生座機敞開的空彈艙內爆炸。古生勉強把炸彈艙門搖上，第 2 枚砲彈又破門貫入炸開。脫離目標區時，3 號發動機也被高砲擊中起火。此時，尾追的 7 架月光戰機又一擁而上，以 20 機砲輪番掃射，將古生座機機尾及機腰 2 位射擊士打傷，4 號發動機也遭日機擊毀！

古生將搖搖欲墜的座機飛入 1,000 呎高的密雲中，暫時擺脫地面火砲及月光戰機的追擊。然飛機持續漏油，不能轉變螺距，液壓系統及自動駕駛儀均遭擊毀，右翼主油箱及左側直尾翅也被打穿，兩側機翼滿佈彈孔。更糟的是，全機組員竟不知左起落架業已遭擊損，剎車完全失效。在進入呂宋海峽後，4 號發動機螺旋槳葉脫軸，右翼著火焚燒，古生急電要求就近在仁牙因機場迫降。就在著陸時起落架抖動不已，剎車失靈使飛機失控，在滑行道上翻轉，撞毀 2 架停放在機場的重型轟炸機，最後在跑道頭外的沙丘上栽倒。奇蹟似地，全機組員竟全員生還。

在台灣的夜空，因月光戰機的制空巡邏，使夜襲美機一經接戰就出海迴避，月光戰機倒也收得震懾宏效。惟月光戰機數量過少，到了 1945 年 6 月底，美軍已部署性能更優異的夜間戰鬥機，用以對付臨空的月光戰機，致使爾後在台灣轟炸的美軍機群，已完全不見月光戰機蹤影。甚至到了本土決戰時，屈居劣勢的月

光戰機也悉數改裝成神風特攻機,利用暗夜出海衝撞美艦。

　　為了對付絕對國防圈內緣掌控夜空的 400 多架月光夜戰,美軍把最新式的諾斯洛普 P-61 夜間戰鬥機首先配置在 547 夜戰中隊之下。1945 年 5 月起,P-61 在台灣夜空與月光戰機對峙。P-61 機鼻裝有 SCR-720A 型機載對空射控雷達,有效接戰距離 4 浬,一旦被咬住,對方只能迴避保命。從此,台灣夜空的制空權,又重返美軍手中。

　　日軍在台灣本島的白晝,不敢奢求空中截擊來襲美機,只能加強地面防空火力。除由日本緊急調撥海軍用高射砲 76 門、高射機砲 348 門充實高雄警備府所轄營級規模的 4 個要地防空隊與 3 個防備隊之外,也緊急調撥陸軍用高射砲予陸軍第 10 方面軍,編成方面軍直屬第 8 高射砲聯隊(屏東)、161 高射砲聯隊(台北)及 162 高射砲聯隊(水湳)。備有 324 門各種口徑高射砲,並編組陸、海軍地面部隊,以既有之六千餘挺輕、重機槍,配置於油氣井、油庫、煉油所、糖廠、酒精工場、汽車及火車站、鐵公路橋樑、發電所等要域,以反制盟軍的高空轟炸及低空掃射。有防空武器保護的要域遍佈台澎,總計超過 1,600 處。

　　二戰結束前最後 200 天,在第 5 航空軍濫炸的黑暗歲月中,日軍地面防空火砲累計擊落 200 餘架各型美機,雖僅造成來襲美機 2.6% 的戰損率,唯並非每位機組員都像古生中尉那麼好運。這 200 多架遭地面火砲擊落的美機 600 餘位空勤組員中,落海獲救的有 400 多位,其餘皆非死即失蹤。

　　因此,美軍飛行員臨空台灣本島,特別是執行慢速低空炸射任務時,漫天高射火砲會造成巨大心理威脅。故不得不採超低空飛行戰技,以保全機組組員的性命。此項戰技須緊貼起伏地貌匍匐飛行,距地高度須低於 5 層樓高,甚至貼地飛行至樹梢頂。如此,不但可避免遭日軍雷達偵獲,甚至可矇蔽日軍對空監視哨的肉眼觀測,躲過及時啟動空襲警報系統。目標區軍民聽到隆隆機聲時,美機早已飛臨炸射,防空火砲也因不及目視追瞄而任其飛離。不過,美機超低空投彈也會遭到爆炸碎片反彈擊中機身。因此,所有炸彈均綁有減速傘(傘彈),在任務機脫離目標後,傘彈始緩降觸地炸開。

針對單點目標如特定棚廠、塔台、生產車間或橋樑執行超低空匍匐貼地飛行精準攻擊時，美機需得講求飛操靈敏、飛行穩定、機體輕巧、引擎馬力大、外掛炸彈多且機頭火砲強。符合這些要件的飛機，非道格拉斯 A-20 攻擊機莫屬。312 轟炸大隊於 1945 年 2 月底接裝 A-20 後，即投入貼地炸射台澎特定單點目標。性能更好的道格拉斯 A-26 攻擊機，也於 1945 年 5 月底交機予第 3 轟炸大隊。惜這兩種炸射特定單點目標的攻擊機，參戰太晚且數量太少，未能對戰局帶來顛覆性影響。

第 5 航空軍真正對濫炸台澎戰局有關鍵性影響的，是動用 B-24 在高空轟炸「面」目標，如整座飛行場站。二戰最後 200 多天，美軍曾出動 382 批 B-24 總計 4,983 架次濫炸台澎。其次是 B-25 中型轟炸機的低空轟炸「線」目標，如排列整齊之停放機，美軍曾出動 B-25 轟炸機 166 批共計 1,603 架次。此外，編配在美國陸、海軍航空部隊內的其他盟軍戰機，也前推至菲律賓。參與濫炸台澎者，尚有以戰練兵的墨西哥空軍 4 批計 38 架次、澳大利亞皇家空軍的 4 批計 7 架次、英國皇家海軍第 57 特遣艦隊的 4 批艦載機計 157 架次。

第 5 航空軍轟炸台灣的首要目標，當為遍佈全島的飛行場站以及停放日機。日軍精心趕造的誘餌機，固然有發揮欺敵效果，但也同時引來大批美機持續濫炸。第 5 航空軍於 1 月 14 日經過連續 3 天夜襲屏東後，依據空照圖片解讀，台澎地區在台灣航空戰第二階段結束後，尚有 600 架堪用機。實際上當時的日軍只有 176 架飛機，餘皆為停放在機堡的誘餌機，作為欺敵之用。

夜間轟炸，仍是 1 月份第 5 航空軍小編隊出擊的最愛。從 1 月 14 日至 21 日，美軍每夜均轟炸岡山 61 航空廠與毗鄰的高雄基地。到了月底，嘉義、台南、高雄及屏東基地均夜夜未眠，遭受連續不停的騷擾性夜襲。

第 5 航空軍亦積極準備白晝轟炸。1 月 21 日，過去因天候不良而拖延多日的白晝轟炸終於要啟程，卻因 22 轟炸大隊大隊長座機在起飛時失事墜毀，全機組員陣亡，任務因而取消。該日，日本海軍自台南出擊的新高特攻隊，瘋狂衝撞紅頭嶼外海的美軍航艦，逼其倉皇退避，之後再也不願駛近台灣。隔日，22 轟

炸大隊重整旗鼓，22 架 B-24 在 49 架 P-38 戰鬥機的護航下，首度以大編隊白晝兵臨台灣屏東基地大肆轟炸，投下百餘枚千磅炸彈。雖然遭到日軍高射砲火猛烈還擊，但未見日機升空攔截。1 月底，由於馬尼拉附近地面戰況轉烈，美軍開始攻奪城外柯里幾多要塞，第 5 航空軍兵力轉用於呂宋島轟炸日本守軍，對南台灣的飛行基地僅實施小機隊夜襲。

第二次白晝攻擊，係於 1 月 29 日由新調防來菲島的 90 轟炸大隊，自明多羅島曼沙雷機場起飛出擊，以 18 架 B-24 轟炸機再炸屏東基地、第 5 野戰航空修理廠及第 8 高射砲聯隊陣地，其中 6 架遭地面砲火擊傷。第 3 次白晝轟炸，由 38 架 B-24 於 2 月 17 日再炸屏東基地，但因飛臨目標區上空時巧遇濃雲四佈，只好改炸鄰近的小港基地及左營軍港。

此際，美軍已奪佔鞏固呂宋島，第 5 航空軍可傾巢而出轟炸台澎，也替登陸沖繩預作制壓掃蕩，企圖逐次消耗本地區的日軍航空兵力。2 月 18 日，美軍出動了五個轟炸大隊共 166 架各型轟炸機與戰鬥機。其中三個大隊炸射高雄基地，一個大隊炸射岡山 61 航空廠，另一個大隊則以 25 架 B-25 攻擊恆春基地，用 250 磅通用炸彈對基地營房、倉庫進行低空炸射。隔日，同批 159 架飛機再度於白晝光臨。一個大隊轟炸屏東基地及第 5 野戰航空修理廠，三個大隊分頭炸射台東、台中、台南、高雄基地，一個大隊則以 22 架 B-24 對恆春基地擲下 63 噸各式炸彈，企圖將之夷平。

2 月下旬，台澎遭冷鋒面籠罩，低雲密佈，無法執行大規模轟炸，只能持續進行小規模空襲。直到 3 月 2 日天氣豁然開朗，第 5 航空軍才再度以大編隊飽和轟炸各飛行場站，且第 1 次飛臨密雲籠罩多日的北台灣各機場上空投彈。90 轟炸大隊 28 架 B-24 空襲台北基地，擲下 500 磅炸彈多枚於停機坪及棚廠內。43 轟炸大隊 15 架 B-24，以雷達導引轟炸仁德飛行場。345 轟炸大隊 34 架 B-25 則對台中基地攻擊，以 23 磅傘彈炸射停機坪上的飛機。38 轟炸大隊以 9 架 B-25，對台中（西屯）基地實施飽和轟擊。312 轟炸大隊則派遣前揭的 A-20 攻擊機，炸射麻豆飛行場。隔日，天氣轉劣，但美軍仍派出 43 轟炸大隊 18 架 B-24 在雲

上轟炸台南基地。

　　3月上旬及中旬，台澎又籠罩在冷鋒面之內，美軍對飛行基地的精準炸射只得暫時中止，第5航空軍遂轉用兵力於台澎地區其他目標。3月16日，氣象條件允許大規模轟炸，美軍又派出4個轟炸大隊共74架B-24，再度飛臨台北、高雄、屏東基地作飽和攻擊。隔日，同批85架B-24再度以500磅通用炸彈，依雷達導引執行雲上轟炸台中、台中（西屯）基地及台北市、新竹市、台南市及恆春街。18日，32架B-24遍炸台南、仁德、東港及恆春等飛行場站。

　　為了配合兩週後的沖繩登陸戰，第5航空軍於3月20日再以35架B-24轟炸台南基地與台南市，27日，38轟炸大隊出動16架B-25炸射後龍飛行場。28日，22轟炸大隊再派23架B-24飛抵台南與仁德飛行場站，以23磅傘彈轟炸停機坪上的飛機。30日，2個轟炸大隊再派43架轟炸機攻擊大肚山、台中、台中（西屯）及台北等飛行場站。

　　第5航空軍認為整個4月份「疑似」有特攻機常駐台灣東部的飛行場站，再飛赴400浬外的沖繩衝撞美艦，故對「疑似」有部署特攻機的飛行場站實施飽和攻擊，以阻絕制壓台灣的神風特攻為要務。4月上旬的首日，三個轟炸大隊合派40架轟炸機炸射宜蘭、花蓮港（北）與花蓮港（南）等飛行場站。4日，380轟炸大隊23架B-24濫炸台中基地及周邊城鎮。7日，二個轟炸大隊33架B-24空襲台南、台中基地。8日，三個大隊34架各型飛機炸射台北、後龍及豬母水等飛行場站，企圖制壓特攻機執行菊水作戰。

　　4月中旬的第一天，兩個轟炸大隊31架B-24空襲嘉義、高雄基地與61航空廠。12日起，為協助英軍第57特遣艦隊連續兩日以艦載機襲台，43轟炸大隊派17架B-24佯攻台南基地。隔日，22轟炸大隊再派21架B-24攻擊台南及高雄基地。14日，三個轟炸大隊59架B-24攻擊台中、西屯、嘉義及台南等飛行基地。15日，三個轟炸大隊再出動65架B-24攻擊新竹、台中及大肚山等飛行場站。

　　4月16日是第5航空軍有史以來單日出擊兵力規模最大的一天。六個轟炸大隊派出140架轟炸機遍炸台北、樹林口、桃園及宜蘭飛行場站。17日美軍再

來一次，四個轟炸大隊 117 架轟炸機，轟擊新竹、台中、西屯、大肚山、高雄及台東飛行場站。18 日美軍呈現疲態，四個轟炸大隊僅能出動 70 架轟炸機升空，針對台中、西屯、新社、宜蘭及花蓮港（南）等飛行場站實施攻擊。19 日，四個轟炸大隊又派出 80 架轟炸機，欲對新竹及台南基地轟炸，結果卻弄成盲炸新竹市及台南市中心地區。4 月 20 日，盲炸再次發生。43 轟炸大隊的 14 架 B-24 原定攻擊台南及高雄基地，結果卻是台南市區遭殃。

4 月下旬，第 5 航空軍卯足全勁，再次對各飛行場站出手。22 日，第 22 轟炸大隊的 23 架 B-24 出動轟炸台南基地。23 日，兩個大隊共 40 架飛機出擊台北及花蓮港（南）等飛行場站。28 日則是兩個大隊 30 架各型飛機，盲炸台南、高雄基地及 61 航空廠。4 月最後一天，美軍四個大隊共 69 架各型飛機，炸射台南、高雄、小港、屏東、台東等飛行基地，61 航空廠與屏東第 5 野戰航空修理廠無一倖免。美軍自信滿滿，很樂觀地估算台澎只剩下 82 架日軍堪用機；日軍的特攻戰力已蕩然無存，對沖繩外海的盟軍艦艇應不再構成任何威脅。

事實上，到了 4 月底，日軍在台澎仍保有 550 架堪用機，隨時可待命出擊。沖繩海域的美軍艦隊指揮官信誓旦旦，神風特攻機的確接二連三自台灣起飛，要求第 5 航空軍認真一些，徹底夷平所有的飛行場站。第 5 航空軍受此責難，開始半信半疑自己的研判準確度。日機白天挨炸，晚上出擊，特攻機愈炸愈多，愈炸愈勇。空照圖也證實，美軍多機編隊大舉盲炸各地飛行場站，絲毫產生不了任何作用。日軍可快速集中疏散外場的特攻機，瞬時出擊。機隊返航時，則改降其他飛行場站，落地後立即隱蔽偽裝。

5 月起，第 5 航空軍改變戰術，以 9 架以下之中隊規模，飛臨各主要飛行場站來回盤旋。只要發現日機活動，立即集中在空機炸射之。5 月份大編隊轟炸飛行場站之出擊，有 11 日出動兩個大隊計 38 架 P-51 戰鬥機炸射台東、高雄基地及岡山 61 航空廠。16 日，兩個轟炸大隊 40 架 B-24 炸射台中基地，18 日四個轟炸大隊出動 87 架 B-24 攻擊台中與台南基地。19 日四個大隊 118 架各型戰鬥機再針對桃園、台南、屏東與宜蘭等飛行場站炸射，22 日 22 轟炸大隊 10 架 B-24

再炸高雄基地及 61 航空廠。

　　然因梅雨季節逼近，使得大部分的美機於雲中摸索盲炸，效果不彰。特別是 6 月初連續 12 天梅雨鋒面涵蓋台澎上空，美軍根本無法出擊，全線休兵，暫停攻擊。6 月 15 日，是第 5 航空軍單日出擊兵力規模次大的一天。六個轟炸大隊派出 130 架轟炸機，以殺傷彈遍炸台中、彰化及八塊飛行場站。18 日，美軍兩個大隊計 82 架 P-51 戰鬥機，炸射台中與桃園飛行場站。20 日，兩個轟炸大隊的 41 架 B-24 再炸新竹基地。6 月 23 日，沖繩地面戰鬥結束，琉球易手。

　　7 月份還有神風特攻機自台灣出擊，衝撞仍在補給沖繩戰役結束後清理島上戰場的美軍船艦。7 月 19 日，最後 1 架日本陸軍誠第 71 飛行隊特攻機，由少年飛行兵（少飛）15 期結訓的中島尚一飛伍長駕九九式襲擊機，在沖繩外海衝撞玉碎。

　　是以第 5 航空軍在 7 月份格外忙碌，制壓台澎各地飛行場站。7 月 2 日，22 轟炸大隊的 17 架 B-24 狂炸台中基地。5 日，兩個轟炸大隊派出 39 架 B-24 再炸台中及台北（南）飛行場站。6 日再來一次，三個轟炸大隊有 39 架 B-24 遍炸桃園、龍潭、屏東飛行場站及第 5 野戰航空修理廠；7 日，兩個轟炸大隊又派出 40 架 B-24 再炸台北、台北（南）及彰化飛行場站。

　　7 月 8 日，兩個轟炸大隊更派出 42 架 B-24 徹底把新竹基地炸了一輪。隔天，兩個轟炸大隊 31 架 B-24 再次轟炸八塊及台中飛行場站。11 日，22 轟炸大隊派出 25 架 B-24 再次飛臨新竹基地。18 日，22 轟炸大隊最後一次派出大編隊，21 架 B-24 瞄準台北基地投擲炸彈。

　　至此，第 5 航空軍因支援規復英屬婆羅州的登陸戰，將主戰兵力轉移至蘭印領地，對台澎的壓力也逐漸減輕。到了 7 月底，依據連日空照圖片研整，在各個飛行場站，僅剩 66 架日軍堪用機了。連續 7 個月的飽和轟炸，加上神風特攻折損，美軍認為這個數字十分合理。殊不知，這個想當然爾的敵情研判，事實上依然錯得離譜。美軍所解讀的，仍然是好端端停放在跑道頭的 66 架竹造誘餌機，本尊都隱蔽在附近樹林內。

　　二戰結束來臨的 8 月份，美軍艦艇集中在日本外海，但不確定台澎是否還有特攻機自背後來襲，故美軍持續狂炸各飛行場站。其中 22 轟炸大隊連續多日臨空。8 月 8 日，21 架 B-24 再次轟炸台北基地。隔天，22 架 B-24 再來台北。11 日，22 架 B-24 的目標是屏東基地、第 5 野戰航空修理廠及第 8 高射砲聯隊陣地。12日，同月第 4 次襲台。這次 19 架 B-24 轟炸嘉義基地。同日，剛進駐沖繩的美軍陸戰隊 33 飛行大隊（Marine Aircraft Group 33, MAG-33），首次也是最後一次出動 42 架戰鬥機，回頭飛向台灣，炸射台北基地。

　　第 5 航空軍小編隊的飛機自 5 月起，每日晝夜均炸射各飛行場站，甚至作為他們新型飛機的練兵場所。6 月 13 日，312 轟炸大隊接裝 B-32 重型轟炸機，攜彈量比 B-29 還多七成，立即自菲律賓起飛跨海轟炸恆春基地。8 月 12 日，第 5 轟炸大隊 19 架 B-24 炸了陸軍嘉義基地，然後再對鄰近的水上庄役場也下手，這是台澎飛行場站最後一次遭受美機轟炸。

　　二戰結束前 200 天，美軍的濫炸行動，由於日軍堪用機偽裝良好、隱蔽確實，到戰爭結束之後仍有 545 架之多！美軍的飽和轟炸，真可謂白耗力氣，根本未達成其戰術目標。

　　台灣本島，按照累積天數排序，遭持續轟炸最嚴重的 5 處飛行基地，依序為：海軍台南基地（38 天）、陸軍屏東基地（35 天）、陸軍台北基地（33 天）、海軍新竹基地（29 天）、海軍高雄基地（28 天）。事實上，台灣地區 67 處飛行場站，就有 56 處在戰時曾遭盟軍轟炸，其它未遭炸射的 11 處，係甫完工但尚未開場進駐飛機。台灣與離島各飛行場站遭盟軍轟炸的之密度，連同飛行場站的位置圖，列於書後附錄三。

飽和濫炸　能源設施

　　眾所周知，台灣本島產出的原油與天然氣非常有限，但遍佈全島 44 座糖廠與 17 座酒精工場，利用蔗糖副產品提煉酒精代用航空燃料舉世聞名。此外，台

灣的煉油技術已達國際水準，位於左營的海軍6燃廠本廠、新竹支廠與新高支廠，更是美軍欲轟平的軍事目標。不論是糖廠、煉油所、發電所或是油氣井，都是第5航空軍在1945年攻擊台灣的重要目標，美軍以兩成的兵力，將炸彈擲向台灣各個能源設施。

　　台灣的油氣能源設施（見第一、三章），除了左營的6燃廠外，還有苗栗煉油所、嘉義溶劑廠及高雄苓雅寮煉油所及儲油設備。1945年1月30日起，第5航空軍開始以小編隊轟炸機，炸射帝國石油會社的新竹州苗栗郡公館庄出磺坑油井、大湖郡蕃地錦水社天然氣井工場、竹東郡寶山庄天然氣井工場及台南州新營郡舊社庄牛肉崎（牛山）天然氣井工場，徹底破壞島內油井與氣井的產能。

　　1月30日，43轟炸大隊3架B-24首度夜襲台灣石油高雄市田町的儲油庫，企圖將島外回運外南洋油田掠奪的原油一舉燃毀。炸彈直接命中目標，火光四起，烈焰衝天。3月29日，38轟炸大隊6架B-25，以250磅傘彈轟炸日本石油苗栗煉油所。5月26日，345轟炸大隊6架B-25再度北上苗栗，準備徹底轟平苗栗煉油所時，卻遭到日軍地面防空火砲頑強迎擊。

　　美軍對左營的6燃廠實施飽和攻擊，始自兩階段台灣航空戰期間美軍航艦的進襲，然而效果不彰。經中美合作所諜員回報，6燃廠仍源源不絕提供煉製油品予日軍使用。4月28日，2個轟炸大隊出動41架B-24，在濃密雲層上空以雷達導引盲炸6燃廠。30日，再次出動2個轟炸大隊42架B-24，以250磅及1,000磅通用炸彈集中攻擊半屏山麓的6燃廠，結果雖令美軍滿意，但仍嫌不足。5月11日，美軍又派出4個轟炸大隊58架B-24再轟6燃廠，使之再度陷入一片火海。22日，4個轟炸大隊77架B-24，四度飛臨半屏山麓炸射，飛行員在離場時，目睹6燃廠油池及庫房連連引爆，大火延燒，烈焰騰空。

　　美軍滿以為經此連番炸射，6燃廠必然報銷，萬劫不復。沒想到日軍搶修迅速，損害管制確實，運用半屏山涵洞內的煉製設備修護工場，迅速修復部分設施並繼續煉油。6月22日，美軍再派2個轟炸大隊共34架B-24五度光臨，攻擊分餾設施及廠區高砲陣地；7月12日，380轟炸大隊的26架B-24，以500磅通

用炸彈地毯式轟炸 6 燃廠，也是最後一次系列性攻擊煉油設施的任務。6 燃廠廠區內煉油設施幾遭全毀，廠房倉庫全被夷為平地，慘不忍睹。

6 燃廠廠本部隨後北遷至新竹支廠避禍，沒想到美機接踵而至，持續轟炸生產丁醇的 6 燃廠新竹支廠及生產化成機油的新高支廠，就連帝國石油在新竹市的天然瓦斯研究所也一併挨轟。至此，台灣全島的油、氣設施，近九成遭美軍夷平。

第 5 航空軍攻擊台灣的糖廠與酒精工場的航空作戰，始自 1945 年 2 月。經中美合作所諜員回報，酒精代用航空燃料已大量生產儲備，早已撥發 E75 代用航空燃料予日軍在本土、菲島、沖繩及台灣的神風特攻隊使用。2 月 18 日，第 5 航空軍派出小編隊轟炸機首開紀錄，攻擊年代最久的橋仔頭製糖所、最南端的恆春製糖所與花蓮製糖所壽工場及附設酒精工場。兩天後，美機以燃燒彈及通用炸彈攻擊溪州製糖所及東港製糖所。28 日，花蓮製糖所大和工場及附設酒精工場遭 49 戰鬥大隊 16 架 P-38 戰鬥機炸射。

自 3 月起，由於日軍迅速加強各糖廠的防空火力，逼使美軍採行小編隊低空炸射，或大編隊高空轟炸。第 5 航空軍幾乎每天均派出小編隊飛機，炸射台灣各地糖廠及酒精工場，唯收效不若轟炸油、氣設施宏大，茲舉 3 個美機炸射糖廠的案例。

3 月 25 日，312 轟炸大隊 18 架 A-20 攻擊機，超低空以傘彈攻擊橋仔頭製糖所及酒精工場，雖有 4 棟倉庫被毀，1 架美機亦遭防空火砲擊中墜海。4 天後，該大隊貼地攻擊三崁店製糖所，僅造成供電室受損。30 日，38 轟炸大隊 5 架 B-25 攻擊月眉及台中製糖所，僅造成月眉製糖所蔗渣堆積場大火。

到了 4 月 4 日，312 轟炸大隊又派 18 架 A-20，超低空以傘彈炸射岸內製糖所，2 座發酵工場遭炸毀。4 月 24 日，第 3 轟炸大隊 15 架各型飛機，轟炸南靖製糖所及酒精工場，造成精糖與丁醇倉庫大火。

25 日，第 3 轟炸大隊 5 架 A-20，超低空以傘彈炸射台東製糖所及酒精工場，砂糖倉庫被毀，1 機遭防空火砲擊墜。隔日，38 轟炸大隊 24 架 B-25 攻擊阿猴製糖所及酒精工場，造成 19 棟砂糖倉庫起火，供電室變壓器受損。

　　顯然，美軍轟炸台灣各地糖廠收效不彰。他們認為高空轟炸，廠內重要設備均有耐爆頂板防護，超低空炸射又碰到廠區抗炸剪力牆。第 5 航空軍轉請海軍派出外掛 8 枚 5 吋穿甲火箭彈的 PV-1 巡邏機助戰。這些火箭彈原先用作攻船，是否能超低空擊破廠區抗炸剪力牆尚待驗證。5 月 14 日，海軍 137 轟炸中隊自菲律賓派出 2 架 PV-1，貼地飛行炸射烏日製糖所。16 枚火箭彈果然穿牆爆炸，將廠區高壓汽鼓炸毀，致使烏日製糖所停工迄二戰結束。唯美國海軍仍以南海攻船為主要任務（見下一節），協同美國陸軍助攻台灣各糖廠，PV-1 來得太晚且太少，無法取得致命戰果。

　　第 5 航空軍體認到，夷平糖廠不能依賴海軍，遂改變攻擊方式圖以奏效：用 2 架 B-25 一攻一守，先以專守的 1 架吸引廠區防空火力並掃射制壓火砲，同時專攻的另一架轟炸廠區。5 月 17 日，38 轟炸大隊出動 B-25 雙機攻擊溪州製糖所，一擊中的造成小破，煉糖室、發酵室與糖鐵車站修護工場均遭炸毀。26 日，2 個轟炸大隊 42 架 B-25 以雙機編組輪翻炸射總爺、新營、大林、南投及潭子等製糖所，均造成各廠小破。隔日，2 個轟炸大隊再有 35 架 B-25，炸射南靖、蒜頭、大林及虎尾等廠，1 架轟炸機遭擊墜。

　　由於台灣後山宜花東地區與西海岸的陸上交通，悉遭美軍炸毀中斷（見下一節），但特攻機仍不斷地自宜花東各飛行場站飛赴沖繩衝撞美艦。故美軍研判，宜花東地區各糖廠及酒精工場，就近源源不絕供應酒精代用航空燃料予特攻機出擊。自 5 月起，第 5 航空軍集中兵力，天天炸射宜花東的羅東二結、花蓮壽工場及大和工場、台東馬蘭、台東都蘭新東與台東等地製糖所。例如 7 月 14 日，312 轟炸大隊 9 架 A-20，以 250 磅傘彈貼地轟炸花蓮製糖所大和工場及其酒精工場，作為美軍炸射宜花東各廠的終場秀。

　　同時，台灣西海岸各地糖廠及酒精工場，仍然是第 5 航空軍的主要目標。6 月 3 日，2 架 B-25 以 100 磅傘彈炸射沙鹿製糖所。22 日，2 個戰鬥大隊 86 架各型戰機濫炸麻豆地區，總爺製糖所及酒精工場亦受波及，發酵室、乾燥室及包裝室等工場遭炸毀。7 月 17 日，是美軍最後一次對台灣西岸糖廠的轟炸，當天 22

轟炸大隊 1 架 B-24，以 500 磅通用炸彈在雲上對台南後壁烏樹林製糖所投擲，其結果可想而知。

台灣持續遭到盟軍大規模轟炸最嚴重的 5 處糖廠及酒精工場，依序為，

阿猴（高雄州屏東市千歲町）— 13 天

虎尾（台南州虎尾郡虎尾庄）— 8 天

恆春（高雄州恆春郡恆春街）— 8 天

南靖（台南州嘉義郡水上庄）— 7 天

花蓮大和工場（花蓮港廳鳳林郡瑞穗庄）— 7 天

事實上，台灣每一座糖廠及酒精工場，均遭美軍大規模轟炸，每座糖廠遭炸的天數，列於表 11。

美軍在 1945 年 7 月中旬終止轟炸台灣各糖廠及酒精工場後，任務歸詢的評估為，台灣 44 座糖廠有 17 座全毀，9 座半毀，4 座輕毀。17 座附設酒精工場有 13 座全毀，酒精燃料生產量降至戰時峰值的四分之一。糖廠及酒精工場是屬於非常特殊的封閉式工業。甘蔗進料來自周邊蔗田、供料靠自有糖鐵、燃燒蔗渣自行發電、供熱自用、機械式機具備品充足、搶修抽換易、生產單元操作零件庫存可相互支援。是以糖廠及酒精工場只要遭炸射沒全毀，一週內定可修復開工生產。

戰時被完全摧毀的糖廠僅有 6 座，半毀有 21 座，輕毀有 7 座，酒精工場僅有 8 座全毀。到二戰結束時酒精燃料產量，仍多達戰時峰值之半，即每個月 2,700 噸，尚可供應 400 架特攻機的用量。美軍對戰果的誇大以及地毯式轟炸的低效益，再次彰顯持久轟炸收效不彰。

在所有能源目標中，美軍對台灣的電力系統絕對不會手軟。受損最巨的，還是電力系統。台灣最大的發電所，當推日月潭第一及第二水力發電所，發電量佔全台的 42%（見表 1）。在整個台灣航空戰期間，美軍艦載機曾多次轟炸山區的

日月潭水力發電所，但收效甚微。1945 年 3 月 13 日，90 轟炸大隊 16 架 B-24，以雷達引導雲上盲炸日月潭水力發電所，發電所毫髮未傷繼續滿載發電。3 月 23 日是最具規模的一擊，22 轟炸大隊的 23 架 B-24，以 92 枚 1,000 磅炸彈轟炸上游的第 1 發電所，43 大隊的 14 架 B-24 則以 55 枚 2,000 磅重型炸彈攻擊了下游的第 2 發電所。2 座發電所外的變電設備如變壓器、油閥開關、避雷器全毀，第 1 發電所通往第 2 發電所之重力給水輔助水道、壓力水管及工場內操作線路與電纜亦遭波及，無法滿載供電，發電量驟減為為平時峰值的 75 ％ ！

除了規模最大的日月潭水力發電所遭轟炸外，其它水力發電所無一倖免，通通挨炸。不過，台灣的水力發電所不是在深山，就是在峽谷。美機執行高空轟炸，很難命中藏在山豁內的設施，效果非常有限。要想提高命中率，只有搏命飛進山區與峽谷，遂行超低空貼地炸射。不過，在 6 月 26 日轟炸發電量達全島 7% 的銅門水力發電所時，第 3 突擊大隊（3rd Air Commando Group）4 中隊的 3 架 P-51 戰鬥機，在木瓜溪峽谷陸續撞山！此後，美軍放棄攻擊山谷內的水力發電所，改轟平原上的火力發電所。

供電佔全島 10% 同時也是最大的火力發電所，就是基隆八斗子的北部火力發電所。供電佔全島 4%，排名第二大的火力發電所，是高雄前鎮的南部火力發電所。連同其它 7 座火力發電所（供電佔全島 2.5%），完全被美軍反覆炸毀。

但台灣的供電系統，仍能穩穩供應戰前發電量峰值的七成！美軍遂釜底抽薪，炸不到水力發電所，就改轟輸配電系統的變電所，讓水力發電所的供電到不了用戶端。第 5 航空軍炸遍台灣 2 座一次變電所及 24 座二次變電所，全毀的一次變電所有新竹所及高雄所，全毀的二次變電所計有基隆、台北、宜蘭、后里、岸內、溪州、佳里、大寮、東港、馬蘭及台灣鐵工所（台東）。半毀的二次變電所則有沙鹿、豐原、草屯、民雄、水上、朴子、赤崁、面前埔（燕巢）、前鎮、鳳山、屏東、潮州及瑞穗所。全台的高壓電力輸送線路，多遭炸斷或受颱風吹倒，柔腸寸斷。即便發電所能持續發電，沿途遭炸毀的變電所與線路，還是無法向用戶供電。

表 11　台灣各糖廠及酒精工場遭美軍大規模轟炸的天數

糖廠 （投資財團）	遭炸 天數	糖廠 （投資財團）	遭炸 天數
阿猴＊（台灣製糖）	13	台北（台北製糖）	4
虎尾＊（日糖興業）	8	馬蘭（明治製糖）	3
恆春＊（台灣製糖）	8	灣裡＊（台灣製糖）	3
南靖＊（明治製糖）	7	南投（明治製糖）	3
花蓮大和工場＊（鹽水港）	7	大林＊（大日本製糖）	3
後壁林＊（台灣製糖）	7	蕭壠（明治製糖）	3
新竹＊（大日本製糖）	7	溪湖＊（明治製糖）	2
旗尾（台灣製糖）	7	車路墘（台灣製糖）	2
新營＊（鹽水港製糖）	6	二結＊（大日本製糖）	2
總爺＊（明治製糖）	6	岸內（鹽水港製糖）	2
北港（大日本製糖）	6	源成農場（三五株式會社）	2
蒜頭＊（明治製糖）	5	烏日（大日本製糖）	2
橋仔頭＊（台灣製糖）	5	月眉（大日本製糖）	2
台中（大日本製糖）	5	潭子（大日本製糖）	2
台東＊（明治製糖）	5	都蘭新東（東台製糖）	2
溪州（鹽水港製糖）	5	烏樹林（明治製糖）	2
三崁店（台灣製糖）	5	竹南（大日本製糖）	2
彰化（大日本製糖）	4	斗六（大日本製糖）	1
花蓮壽工場＊（鹽水港）	4	玉井（大日本製糖）	1
苗栗（大日本製糖）	4	龍巖（大日本製糖）	1
山仔頂（台灣製糖）	4	沙鹿（花王有機）	1
東港（台灣製糖）	4	埔裏社（台灣製糖）	1

註：（＊）為 17 座糖廠專設有酒精工場，鄰近 27 座糖廠將所產糖蜜經糖鐵送往酒精工場集中發酵生產酒精燃料。在二戰結束前半年台灣糖業挨了 7,000 枚炸彈約 1,500 噸，但每月酒精燃料平均生產總量，仍能維持在 2,700 噸，為戰前月產量峰值的 55%。

（鍾堅製表）

　　二戰結束時，供電只有戰時峰值的 9.4 ％ ；戰後，除台中州外，餘均無電力供應。

兵臨南海　東沙毀營

　　美軍須執行海空全面封鎖台澎地區並徹底夷平全台基礎建設，使軍需原物料（如原油與鋁土）無法自外南洋掠取運返台灣，更不讓台灣產製軍品運出（如航空燃油與鋁製飛機）。除第一步封鎖外，美軍第二步亦徹底摧毀各地的海港與空港，使軍需原物料與產製軍品不能卸載。第三步，是將所有陸運的鐵、公路與橋樑、電信局、雷達站、燈塔、測候所等交通基礎設施炸毀，癱瘓陸、海、空運輸。最後一步，美軍針對所有給水系統與工業建設悉數將其炸毀，讓台灣倒退回工業革命之前的農業時代。第 5 航空軍的四步佈局，準備以兩成兵力將炸彈擲向台灣各基礎建設、交通設施等特定目標。

　　緊接在台灣航空戰之後，進駐菲律賓的美國陸、海軍即接手美軍特遣艦隊邁出第一步，開始在南海、東海、太平洋、呂宋海峽及台灣海峽海面偵巡掃蕩，以確保台灣周邊淨空，截堵並擊沉任何航經上述海域的日本艦船。美國海軍第 7 艦隊、太平洋潛艦司令部及陸軍第 5、14 航空軍，將上述海域茫茫洋面，劃設 18 個責任區塊。除了由空中、水下佈雷，以阻絕日本船艦貼岸航行外，並編組空中巡邏網，每天在每個責任區塊維持 3 至 6 架偵察機巡邏。一旦偵獲有日本機、艦航經責任區內當即獵殺。美軍潛艦亦編組數個戰隊，在上述海域的伏擊區，維持 5 至 10 艘潛艦偵巡，一旦獲報有日本船團經過，就以狼群戰術轟沉之。

　　由於實施狼群戰術的美軍潛艦數量愈來愈多，航行在上述海域的日軍船艦遂一一遭擊沉。到了 1945 年 5 月，單單就日本海軍作戰艦艇在上述海域的損失，累計已超過 100 艘，總噸位近 39 萬標準噸。隨著日本的制空優勢逐漸喪失，上述海域在二戰結束前 3 個月已無日本艦船航行，日本海軍呂宋海峽反潛部隊指揮機構再無護航必要，遂終止南海空中反潛任務並奉命解隊，隊部人員與資材撤回

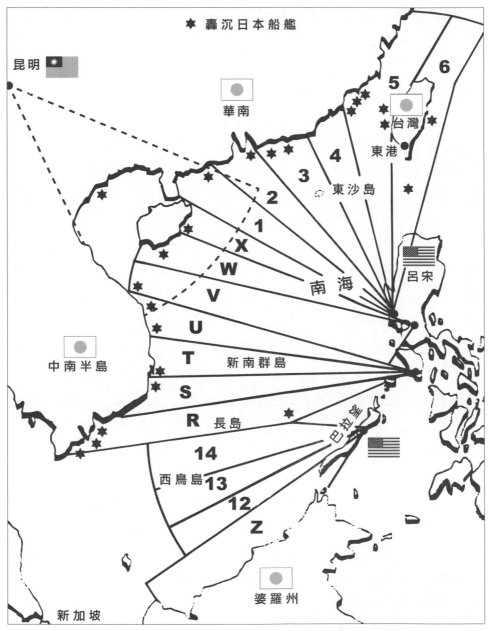

★ 轟沉日本船艦

昆明

華南

台灣

東港

東沙島

南　海

呂宋

中南半島

新南群島

長島

西鳥島

婆羅州

新加坡

美軍海空全面封鎖台澎，第一步就是在責任區內，伏擊進出台澎的日本艦船與飛機。（作者、蔡懿亭繪製）

海上護衛總隊，準備參加本土決戰。

　　位於菲律賓第 5 航空軍的 25 個大隊與美國海軍 1 個巡邏大隊的戰機，在 1945 年初，扛下制壓台灣的重任後，任務之一即為空中截堵台澎近岸第 5、6 區的海上運輸。海上偵巡之執行，只要天氣條件許可，每日由 6 至 10 架 B-25 或海軍長程巡邏機，沿著台澎海岸線北上南下，進行海上掃蕩作戰。擔任掩護的數批戰鬥機，則於返航之前固定在南台灣炸射岸際隨機目標。例如海軍 119 巡邏中隊自 1945 年 3 月 10 日起，自菲律賓派遣 PB4Y 巡邏機在台澎近岸來回偵巡，不僅滯空巡邏長達 20 小時以上，且攜彈量比 B-29 稍多，相當於陸航 4 架 B-25 轟炸機的載彈量，致使日本船艦只能晝伏夜出，藉夜暗掩護才出航。

　　由於斗膽在美軍掌握制空優勢下冒死啟航的日本船艦已不多，所以美機近海掃蕩作戰成績平平。值得一提的，只有 5 艘日本船艦遭美軍轟沉：

　　1 月 31 日，在呂宋海峽炸沉日軍呂宋海峽反潛部隊（東港）1,300 噸級梅號
　　　　　　驅逐艦。

　　2 月 17 日，在安平北方 11 浬處，炸沉日軍 900 噸級二等輸送艦 114 號。

　　3 月 2 日，在花蓮豐濱外 2 浬，炸沉日軍 900 噸級二等輸送艦 143 號。

　　3 月 29 日，在左營軍港港嘴外，炸沉 1,000 噸級撈救船江矩丸。

　　3 月 29 日，在左營軍港港嘴外，炸沉日軍 100 噸級哨戒特務艇 142 號。

　　位處要域的南海諸島，當然也成為美軍往返偵巡必定飛越的檢查點。如第 3 責任區涵蓋東沙島，第 R 責任區涵蓋長島。島上只要有日軍活動被美機測知，即俯衝而下加以掃射。

　　1945 年 3 月 4 日，405 中隊的 2 架 B-25，偵巡第 3 責任區搜索日軍在南海特攻部隊蹤跡。在超低空飛越東沙島時，再度對島上的東沙飛行跑道施以飽和轟炸。美軍以為歷經兩個月的連續轟炸，東沙島上的日軍設施早應全毀。然而島上的東沙島派遣隊通信台，依然對周邊特攻基地拍發電文，提供氣象情資予特攻

隊。同月 26 日，美軍潛艦食人魚號（USS Piranha, SS-389）瞄準東沙島的通信台與 2 根無線電通訊鐵杆，發射 5 吋砲彈百餘枚實施岸轟。兩個月後，美軍再度偵獲東沙島派遣隊拍發密電！當值的美軍潛艦太陽魚號（USS Bluegill, SS-242）由菲律賓蘇比克灣軍港啟航，5 月 14 日駛近東沙島再度岸轟，使日軍通信台又歸於沉寂。

　　過了兩週，日軍東沙島派遣隊通信台又恢復通訊！美軍太陽魚號潛艦聞訊後，由台灣海峽水下伏擊區馳返東沙島，艦長巴爾中校（CDR Eric L. Barr Jr.，海軍官校 1934 年班）下令駐艦的澳大利亞陸軍特勤隊（Special Operations Australia, 或稱 Z 字特勤隊）與美軍水兵編成突擊組，攜帶炸藥包準備登島爆破日軍設施。5 月 29 日晨，美澳突擊組由潛艦上尉槍砲官福爾特（LT Igloo Folter）及澳大利亞陸軍上尉安德遜（CAPT Cecil H. Anderson），共同指揮 12 名官兵登上東沙島。登島搜索後，未見日軍與台工蹤影，但營舍及廚餘顯示他們仍藏身樹叢內避戰。是日 10:22，美澳突擊組在日軍東沙島派遣隊的集合場舉行升旗典禮，將美國國旗升上旗杆，宣告占領東沙島，這也是盟軍在太平洋戰爭期間，於太平洋跳島攻勢突襲的最西陲島礁！

　　美澳突擊組發現島上設施在美機轟炸、美艦岸轟下，居然僅遭輕度損害，遂花了整整 8 小時，用炸藥爆破摧毀通信台、測候所、2 根無線電通訊鐵杆與杆上的助航燈標等設施，並焚毀東沙飛行跑道的航空燃油槽與給油設施。美澳突擊組鬧了一整天，在東沙島上留下美國國旗飄揚在濃煙、火球與爆炸聲中。避戰的殘餘日軍與台工，則在孤島灌木叢中目睹一切。事後，巴爾艦長還致電太平洋潛艦司令部，正式要求將東沙環礁更名為太陽魚礁（Bluegill Reef），以紀念該艦收復東沙。當然，這項建議在戰後遭我國嚴拒。

　　1945 年 6 月，美軍攻克沖繩，戰火進一步逼近日本。此時南海已無日本船艦蹤影，南海諸島殘餘日軍及台工，由於海上運補已遭美軍飛機、潛艦有效切斷，在缺乏醫藥、糧水補給的艱困情況下，多數台工及部分日軍均餓斃或病歿於孤島上。消息輾轉傳回高雄警備府，遂將所屬之東沙島派遣隊與新南群島派遣隊裁撤

解隊。倖存的日軍及台工，日復一日凝望著紅太陽西沉，癡等台灣總督府前來救援。

陸海交通　無一倖免

美軍第二步扼殺手段，是徹底封鎖空港與海港，在轟炸台澎各飛行場站（見本章第一節）的同時，亦攻擊各海港。第 5 航空軍濫炸台灣初期，白晝主攻目標為全台各飛行場站，夜間則以小編隊轟炸機搜索、攻擊各港口的泊港船艦及碼頭、倉庫、棧埠設施，唯成效有限。首次白晝對港口實施大規模轟炸者，為 90 轟炸大隊 25 架 B-24，於 2 月 27 日對高雄港及市區作地毯式高空投彈。3 月 3 日，90 轟炸大隊更冒著惡劣天候出擊，在白天以 21 架 B-24 編隊，作雲上雷達引導盲炸基隆港。14 日起連續 3 天，49 架次的 B-24 以 1,000 磅炸彈，天天轟炸馬公軍港的碼頭設施及儲油庫。23 日起連續四週，超過 400 架次 B-24 又連番夜炸基隆、高雄、馬公港。精確投彈後，各海港均遭嚴重破壞。

基隆港在日本取台期間，是台灣的第一大港，加上地理位置靠近軍政中心的台北，所以格外引起第 5 航空軍關照。5 月 19 日的大轟炸，4 個轟炸大隊 98 架 B-24 再度飛臨基隆港狂炸。29 日再炸一次，109 架 B-24 再攻基隆港。最後一次的大轟炸，係於 6 月 16 日，59 架 B-24 以千磅炸彈摧毀碼頭及倉庫、以百磅炸彈攻擊泊港船艦。港區的陸軍基隆要塞獨立混成 76 旅團營區及第 10 方面軍直屬第 28 船舶工兵聯隊碼頭亦遭夷平。其實，此期間白晝港內的船艦，早已疏散至外海。

高雄港緊鄰南台灣重工業區，第 5 航空軍自 4 月起，幾乎每日飛抵高雄轟炸，無論目標是市區、工廠或軍營，附近港區總會遭受波及。尤其是 5 月 30 日至 6 月 3 日的大轟炸，超過 300 架次的 B-24 機群，飽和轟炸了高雄地區，使高雄港幾乎完全癱瘓！至於馬公軍港及左營軍港，則持續受到美機濫炸，連同港區鄰近的軍事設施，一併慘遭連番炸射。此外，凡能停泊遠洋巨輪的次要商港如蘇澳港、

花蓮港及安平港，亦遭美軍低飛炸射。

　　二戰結束時，台灣各港口遭美軍持續轟炸後通通停擺，其中以基隆港受損最鉅。事實上，自 1945 年 5 月中旬後，就再也沒有大型船艦進出基隆港。港池內塞滿沉船，包括萬噸級輪船 9 艘，400 噸以下各型工作艇及軍差船艇 45 艘，10 噸以下小舟及舢舨 110 艘。港內不但因沉船阻塞無法航行，連碼頭、水鼓等船席亦遭沉船佔位，使得港區完全不能航行。而港嘴防波堤被炸斷達 35 公尺長，內港防波堤 2 座沉箱遭炸毀，巨浪狂湧直衝港池。18 座碼頭被炸全毀 3 處，半毀 15 處，浮台 13 座全部沉沒，碼頭上 13 台起重機全遭炸壞，3 座乾塢全毀，7 棟碼頭倉庫全毀，海港大樓半毀！港區聯外道路、橋樑及棧橋全部炸斷，根本無法通行。

　　高雄港的慘況不比基隆好到那裏去。二戰結束時港內沉船 178 艘，旗后進出港航道僅能通行百噸以下小艇，碼頭全遭半沉船艦阻塞。至於馬公、左營、花蓮、蘇澳及其它較小港口的港池內，也充塞了 260 艘各型半沉船艦。台灣的聯外海運，可以說是完全停頓。

　　美軍第三步，是將台灣所有陸運的鐵、公路與橋樑、電信局、雷達站、燈塔及測候所等交通基礎設施炸毀，癱瘓陸、海、空運輸。第 5 航空軍動用了 540 架次的兵力，攻擊鐵、公路系統，包括橋樑、隧道、客貨運站、調車場、修理廠、火車頭、客貨車廂、鐵軌及各型車輛。大型轟炸機很少找這些目標的麻煩，但是其他戰機往往在惡劣氣候下被迫放棄主目標時，就拿鐵、公路系統作為隨機目標下手。而每次轟炸擔任掩護的戰鬥機，在返航時也會沿著鐵、公路炸射。

　　首次刻意攻擊，發生在 1945 年 2 月 15 日。當天，38 轟炸大隊派出 12 架 B-25，用千磅炸彈摧毀曾文溪北端的鐵路及公路橋樑。3 月 30 日，38 轟炸大隊又有 5 架 B-25 炸射大肚溪鐵橋，以 250 磅傘彈炸毀了 2 列貨車及橋墩。4 月 3 日，美機又轟炸嘉義車站，擊中了剛進站裝滿彈藥的車廂，引爆發生大火波及民宅，附近台灣民眾傷亡超過千人以上。

　　5 月中旬以後的兩週內，第 5 航空軍集中兵力攻擊鐵、公路系統。低空炸射

橋樑、客貨運站及調車場的 B-25 就有 240 架次，致使陸上交通幾乎全部損毀。5 月 26 日，美國海軍 137 巡邏中隊的 4 架 PV-1 巡邏機，以火箭彈轟擊后里以北的鐵路隧道口，並擊毀苑裡車站及新埔車站行駛進站的貨運列車。27 日，美機於后里再度擊毀火車頭 4 輛及客車廂 8 輛，致使旅客傷亡達 200 人以上；隔日，第 3 突擊大隊派出 16 架 P-51 戰鬥機，擊毀了山線行駛中的火車頭 2 輛及貨車廂 6 輛。

美軍對全台鐵、公路系統的大量破壞，雖未癱瘓軍運及客貨運，但也造成陸上交通極大之困難。鐵、公路最重要的橋樑——橫跨濁水溪、大肚溪及曾文溪的所有鐵橋及鋼筋水泥橋全遭炸毀。火車頭及車廂遭炸毀者達 1,392 輛，佔全部火車頭的半數及車廂的兩成。為避免美機挑釁，鐵路僅維持夜間分段行駛。至於公路則受損較輕。然在二戰結束時，也僅有四成通車率，勉強維持島內短程運輸功能。

台灣基建　全面轟擊

美軍對電信局，亦作精準單點攻擊炸射，致使桃園、竹南、宜蘭電信局炸毀，台灣南北電信因節點遭炸而電話、電報不通。遍佈台澎地區的日軍雷達站雖然僅供軍用，對戰時的民航機也提供服務與管制。故日軍設於石門、新竹、大崗山、壽山、鵝鑾鼻、鯉魚山、米崙山及馬公的雷達站悉遭炸毀。美軍更投放金屬干擾絲，反制雷達搜索，開啟現代化電子反制作戰的先河。

至於保障海上航行安全的燈塔，美軍當然也不會放過。台灣近海 74 座燈塔，都是美軍的轟炸目標，尤其是 5 月 15 及 16 日連續 2 天，多座燈塔遭美機徹底炸毀，其中 14 座（見表 4）在二戰結束時，因毀壞過鉅而無法點燈發光，迫使台灣近岸的小型船艇海上運輸全部停航。

氣象測候攸關軍事情報及民生用途至鉅，故 35 座氣象測候所及測候出張所，有 27 座遭美軍轟炸全毀、4 座半毀（見表 3），其中最離奇者當屬紅頭嶼測候所。在台灣航空戰期間，紅頭嶼位於台澎與美軍艦隊之間，地居要衝，遭美軍轟炸多

次理所當然。菊水特攻作戰期間，日軍持續接收紅頭嶼測候所回傳之氣象情報訊文，再遭美軍多次轟炸也不意外。待台灣出擊的特攻作戰隨同沖繩防衛戰役結束後，美軍再次空前絕後超大規模對紅頭嶼狂炸，就顯得很離奇。

1945 年 7 月 7 日，第 5 航空軍居然派出 345 轟炸大隊 34 架 B 25 及 49 戰鬥大隊 69 架 P-38，直奔第 6 責任區濫炸紅頭嶼！用牛刀殺雞的 103 架美機，3 小時內把紅頭嶼來回轟炸到濃煙四佈方揚長而去。屬台東廳蕃地紅頭嶼的原住民部落野銀社、東清社及紅頭社，遭反復炸射夷為廢墟，原住民走避不及，約 500 餘位達悟族人遭炸死，佔總人口的三成！陸軍紅頭嶼飛行跑道、總督府紅頭嶼測候所及電信所僅半毀，顯然美軍濫炸紅頭嶼，目標根本不是島上稀稀落落的少數軍用設施，而是針對達悟族下手。

美軍出動不成比例的大規模航空兵力濫炸紅頭嶼，動機著實令人費解。是為了報復 1867 年「遠征福爾摩沙剿蕃作戰」美軍的落敗？還是替 1903 年「紅頭嶼事件」美籍罹難海員討回公道？抑或是變相懲罰台灣原住民編成的「高砂義勇隊」，在外南洋屢屢陷美軍於苦戰？

8 月 14 日，美國海軍 119 巡邏中隊派出 1 架 PB4Y 巡邏機，奔赴第 5 責任區偵巡。上午，該機在澎湖廳馬公支廳白沙庄吉貝嶼炸射 1 艘漁船。下午，在澎湖廳望安支廳望安庄東吉嶼炸射另 1 艘漁船，這是美機在二戰結束前最後一次對台澎陸、海空交通的轟炸。

遍佈台澎地區許多重要的非軍事目標，均與日軍戰備息息相關，如金屬業為製造飛機與軍艦所依賴，化工業為軍需用品如炸藥的火車頭工業，營建業為要塞化構築工事自活自戰之所繫。相關工廠大都林立於城鎮區，以廣招鄰近居民上工，當然也就成為美軍必然轟炸的目標。第 5 航空軍全面封鎖台澎、徹底夷平基礎建設的最後一步，就是攻擊各地工業區，採用地毯式轟炸，徹底摧毀工廠。

第 5 航空軍對台灣各工業區的攻擊，始於 1945 年 1 月 22 日。是夜，4 架 B-24 夜襲日本鋁業高雄工場。二戰最後 200 多天，美軍有整整 125 天對台灣城鎮區的工廠濫炸，總計出動了任務機 1,350 架次，投彈 900 噸。全台有 74 座大型石化、

鋼鐵、電機及造船工廠全毀。

　　受到美機飽和轟炸，台灣既有工業建設幾乎完全報銷。與戰前產量峰值比，產能大都跌到 10% 上下，即九成毀於轟炸：食品工業－8.0％；化學工業－8.9％；製造業－9.6％；採礦業－10.5%；金屬製造業－11.0%；修造船業－11.4%；紡織工業－12.6％；一般工業－15.6％；水泥營建業－25.6％。

　　遭盟軍鎖定大規模轟炸，受損最慘烈的前 5 座工廠，按照天數依序為：日本鋁業高雄工場（9 天）；鹽水港紙漿新營工場（7 天）；日本鋁業花蓮港鋁工場（6 天）；台灣船渠基隆港修船所（4 天）；東邦金屬製煉花蓮港鐵工場（4 天）。

　　事實上，戰時台灣每一座工廠（見表 2），均遭美軍大規模轟炸。

彈如雨下　人間浩劫

　　二戰最後 200 多天，美軍從菲律賓攻擊台澎，將兩成兵力用於集中轟炸城鎮區。美軍曾一度考慮使用毒氣化武戰劑，自空中噴灑全台 16 座城鎮，蓋因重要軍事設施內的日軍官兵與住宅區內的日本僑民，均蝟集在城鎮區內。再者，台灣各工業區的工廠緊鄰城鎮區，方便招募台工，住宅區也就慘遭波及。更有甚者，美軍為了逼使台灣民眾不敢上工且主動疏散至鄉下避難，造成勞工的短缺以致工廠停產，還刻意攻擊城鎮區工廠旁的住民地。

　　在諸多轟炸台澎城鎮任務中，美軍還使用新型炸彈及引信，如人員殺傷彈、油氣彈、燒夷彈、爆破彈與延遲引爆彈，拿台灣民眾當作濫炸試驗品，以替爾後轟炸日本時，作為績效參考。台灣民眾，也就成為美、日雙方交戰下的犧牲者。美軍長達 200 多天的綿密轟炸，還針對台灣的給水系統濫炸。民生飲食、農業灌溉，工廠營運需要水資源，部隊作息也離不開水。只要天候許可，第 5 航空軍往返台灣轟炸，都會順道攻擊南台灣的嘉南大圳、北台灣的桃園大圳及其它水源地如烏山頭水庫，還有城鄉間的自來水明管與污水涵管。

　　美軍天天以大編隊機群，地毯式轟炸了 70 個城鎮。城鎮區第一次遭致大轟

炸是發生在 2 月 20 日。該日，3 個大隊 93 架各型飛機，對潮州街及鄰近的潮州
基地實施飽和轟炸。

2 月 24 日及 26 日，高雄市區則飽受 4 個轟炸大隊 71 架 B-24 濫炸，全城慘
遭重磅燒夷彈、爆破彈及通用炸彈攻擊。此後，高雄市區及工業區的工廠，就
被列為主要目標，天候許可就遭美機小編隊轟炸。3 月 28 日，90 轟炸大隊 23 架
B-24 再度濫炸高雄市。5 月 30 日，4 個轟炸大隊 105 架 B-24，以大編隊高空水
平轟炸高雄市區。2 天後再炸一次，高雄市又遭 4 個轟炸大隊 79 架 B-24 的飽和
炸射。6 月 2 日，2 個大隊 49 架各型飛機，攻擊了緊鄰高雄市的鳳山街。3 日，
2 個轟炸大隊又派出 44 架 B-24 濫炸高鳳地區，使得市街幾乎完全被毀。高鳳地
區被夷為瓦礫廢墟者，除了港區、市區、工業區，還包括了高雄車站、發電所、
後壁林製糖所、陸軍 50 師團營區、小港基地與鳳山飛行場、壽山高雄要塞獨立
混成 100 旅團營區、旗后 16 重砲兵聯隊陣地及海軍高雄警備府。

在所有城鎮中，新竹市由於緊鄰海軍新竹基地，市區內又遍佈工廠及能源研
究單位，故遭美軍轟炸最烈。第 5 航空軍首次以大編隊濫炸新竹，是 3 月 17 日
由 22 轟炸大隊 21 架 B-24 出擊，新竹居民傷亡頗大。5 月 15 日，4 個轟炸大隊
79 架 B-24 飛臨新竹市投彈，命中了工廠、行政區、新竹車站、調車場及住宅區。
20 日，2 個轟炸大隊 41 架 B-24 雲上盲炸新竹基地與市區。29 日，43 轟炸大隊
11 架 B-24 光顧風城，濫炸市郊 6 燃廠新竹支廠，幾乎將之夷為平地。新竹市中心、
糖廠、近郊的飛行基地及湖口陸軍第 9 師團營區，全遭轟炸。

下一個目標，即為軍事重鎮台南市。3 月 1 日，2 個轟炸大隊 41 架 B-24，
對市區、工業區、安平港區及第 10 方面軍直屬第 38 船舶工兵聯隊碼頭，投下
387 枚 500 磅燒夷彈，使全城陷入火海。復於 12 日及 13 日 2 天，24 架 B-24 再
投下 84 枚千磅炸彈。20 日，2 個轟炸大隊 35 架 B-24，以油氣彈及人員殺傷彈，
焚毀了後驛陸軍 12 師團營區。經過 3 月間的一連串濫炸，美軍便將台南市自目
標榜單中除名，此後台南市僅被列為隨機目標，偶爾遭受歸航美機順道投彈。

嘉義市於戰爭最後 3 個月，才遭美軍大編隊轟炸。5 月 1 日，3 個轟炸大隊

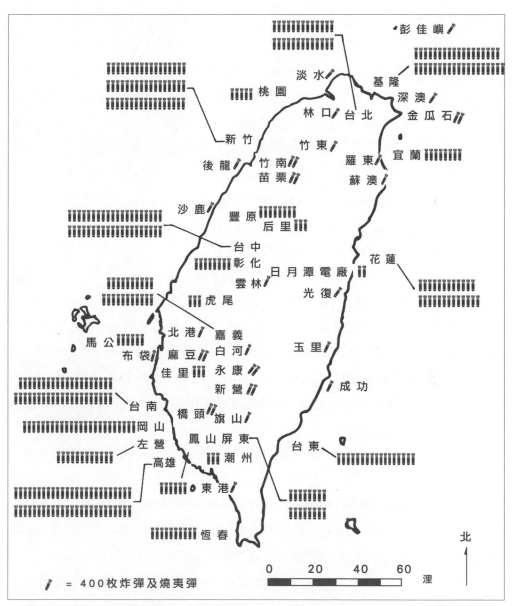

八年戰爭期間，台澎遭盟軍轟炸，23,300噸的炸彈與火箭彈投擲在各州、廳的行政區劃分佈圖。
（作者、蔡懿亭繪製）

51 架 B-24，雲上盲炸嘉義市；11 日，2 個轟炸大隊 48 架 B-25，超低空炸射嘉義市郊的陸軍第 40 軍司令部、第 10 方面軍直屬 33 通信聯隊及 71 師團營區，營舍均遭炸彈炸毀。鄰近的嘉義郡水上庄陸軍飛行基地與第 10 方面軍直屬 42 工兵聯隊隊部，幾被炸平。此後，嘉義市僅被列為隨機目標，不時遭受返航美機投彈。

　　台中市亦於二戰最後 3 個月，才遭美軍大編隊轟炸。5 月 18 日，2 個轟炸大隊 43 架 B-24，轟炸台中市綠川町周邊民宅。7 月 2 日，22 轟炸大隊 17 架 B-24，再度光臨台中市區轟炸，還波及梧棲街及沙鹿街、市郊豐原郡的神岡庄。除公館及水湳 2 個飛行基地遭持續轟炸外，美軍也瘋狂炸射第 10 方面軍直屬 162 高射砲聯隊陣地。

　　美軍對軍政中心的台北市大轟炸，始自 5 月 17 日。3 個轟炸大隊 32 架 B-24，對陸軍台北基地及市中心濫炸，位於大直的台灣神宮亦中彈焚毀。31 日，4 個轟炸大隊 116 架 B-24 濫炸台北市軍政中心，也是第 5 航空軍單一任務中，出動飛機數目最多的一次。這次投擲 3,800 枚炸彈，造成市中心大破！二戰最後一次大規模轟炸，由第 5 轟炸大隊 22 架 B-24 於 8 月 9 日對陸軍台北飛行基地及市區濫炸，造成總督府養神院（精神病院）小破。連日的濫炸，令市區三分之一遭炸毀。除了陸軍台北飛行基地及台北（南）飛行場持續遭轟炸外，台北市中心的第 10 方面軍司令長官部、台灣軍管區司令長官部、憲兵司令部、方面軍直屬 34 通信聯隊與 161 高射砲聯隊陣地、陸軍 66 師團營區，也遭美軍小編隊轟炸機持續攻擊。

　　4 月 10 日，90 轟炸大隊派出 23 架 B-24，在恆春街及郊區的陸軍恆春飛行基地投下百磅人員殺傷彈多枚，將之夷為平地後揚長而去。鄰近的高雄警備府恆春派遣隊、恆春製糖所及酒精工場，也遭美軍小編隊轟炸機持續攻擊。

　　5 月 31 日，2 個轟炸大隊 24 架 B-25 濫炸宜蘭市中心，造成商業街及宜蘭車站中彈焚燒多日，市區金六結的陸軍獨立混成 112 旅團營區，亦遭超低空炸射。6 月 5 日，22 轟炸大隊 17 架 B-24，猛烈轟炸台東街商業區及台東車站，郊外的陸軍台東飛行基地、獨立混成 103 旅團營區及都蘭、馬蘭、台東製糖所，均遭美

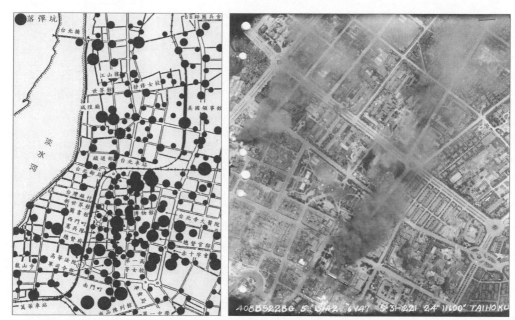

1945 年 5 月 31 日，美軍大舉濫炸軍政中心的台北市，民宅也遭轟炸波及。當天的彈坑密佈市中心，無辜台灣民眾傷亡超過 3,000 人。（作者繪製）從美軍執行任務時的照片，下方可見黑色濃煙即是總督府，其他包括今天的北一女、臺北市立大學、中央氣象局、新光三越大樓的位置，均有中彈，可以窺見當時的激烈程度。（US Army/ 中研院）

軍轟炸。

　　還有 20 個小城鎮自 4 月份起，陸續遭到美機 112 架次攻擊。例如 6 月 22 日，2 個戰鬥大隊 86 架各型戰機夷平了麻豆街，使全城陷入大火當中。這些轟炸小城鎮的任務，可說是每日為之。8 月 8 日，墨西哥空軍 201 戰鬥中隊自菲律賓派出 6 架 P-47 戰鬥機，轟炸花蓮港市與陸軍獨立混成 102 旅團營區。12 日，已進駐沖繩的美軍陸戰隊第 33 大隊，派出 40 架 F4U 戰鬥機，自沖繩飛赴 400 浬外的淡水街，轟炸淡水古鎮、淡水車站及高雄警備府淡水防備隊與淡水水上機飛行場，淡水街是二戰結束前最後一座美機炸射的小城鎮。

　　3 月份過後，第 5 航空軍開始炸射鄉間村落，凡有重要設施者，如台東廳新

港郡的新港（今成功鎮）有軍事用途港口；又如新竹州竹東郡寶山庄內有帝國石
油竹東工場的天然氣井，均遭美軍炸射。為了混淆美機領航員視線，總督府曾
要求鄉間台灣民眾在住宅前以濕材燃燒，製造大量濃煙以遮蔽民宅上空，妨礙美
軍精確投彈。但其效果往往適得其反，獨棟民宅不但仍遭美機以雷達引導慘烈挨
炸，發煙的民宅周邊也橫遭濫炸。

　　菲律賓來襲的盟軍戰機，自 1945 年 1 月中旬起，逐月轟炸台澎地區的密度，
詳列於表 12。二戰最後 200 多天的濫炸，盟軍飛機來襲合計 9,952 架次，投彈
15,410 噸。從每個月以 B-24 為主體的出擊架次可看出，日軍發動菊水特攻作戰
期間，美軍亦同步升高制壓轟炸。最高峰的美軍濫炸月份，發生在 5 月下旬起的
1 個月間，盟軍單月出擊高達 2,313 架次。此際，自台灣出擊的日軍特攻作戰已
近尾聲，美機轉而轟炸非軍事目標的住民地城鎮。爾後美機轟炸台灣的密度逐月
減低，到了二戰最後 1 個月，盟軍單月轟炸從 6 月份的 1,572 架次，銳減到 7 月
份僅剩 258 架次。這又是為什麼？

　　除了交戰雙方決策高層知道為什麼（見下一章）之外，沒人會料到太平洋戰
爭居然在短短 4 週內突然結束。駐台日軍與台灣民眾，都作好長期忍受美軍轟炸
迄日本本土決戰最終敗亡為止。駐菲律賓的美軍官兵，也看不到任何短期內會奉
命停止轟炸台澎的徵候。到了 1945 年 7 月中旬以後，太平洋戰爭進入最終階段，
美軍早已奪佔鞏固沖繩群島，正積極準備以沖繩為整補泊區，由此直接進攻 400
浬外的九州。台灣總算被戰爭洪流所忽略，從主戰場變次戰場，再從次戰場變
成海中孤島。唯美機依然晝夜不停濫炸、制壓距沖繩泊區也是 400 浬外的台澎地
區，防止日軍殘餘航空兵力自背後偷襲。台灣民眾，實在看不到戰爭結束盡頭的
曙光。

　　自 6 月 28 日起，第 91 偵照聯隊的偵察機，終日在戰鬥機側護下，低飛盤旋。
它們沒有攻擊、炸射，僅實施低空偵照。這項綿密的偵照飛行任務，特別集中在
花東海岸及花東縱谷，還數度引起後山民眾驚惶，以為美軍即將在台灣東岸搶灘
登陸。原來，美機是要標定跳傘落難倖存的友軍空勤組員下落，以便敵後搜救特

勤隊（Air-Ground Air Service, AGAS）擬定突襲、營救計畫。

遭盟軍持續轟炸最嚴重的 5 處城鎮，按照天數依序為：

新竹市（人口台灣民眾 8.1 萬、日僑 1.1 萬）──165 天

高雄市（人口台灣民眾 16.1 萬、日僑 3.6 萬）──160 天

台北市（人口台灣民眾 28.8 萬、日僑 9.5 萬）──126 天

恆春街（人口台灣民眾 1.5 萬、日僑 0.2 萬）──125 天

屏東市（人口台灣民眾 5.7 萬、日僑 0.5 萬）──124 天

事實上，台灣 564 個城鎮與村落中，425 個均遭美軍轟炸。

表 12　二戰結束前 200 多天，盟軍戰機大規模濫炸台澎地區逐月出擊架次

1945 年各月份	B-24 轟炸機	其它戰機	合計
1 月 16 日至 2 月 15 日	212 架次	376 架次	588 架次
2 月 16 日至 3 月 15 日	661 架次	1,047 架次	1,708 架次
3 月 16 日至 4 月 15 日	914 架次	750 架次	1,664 架次
4 月 16 日至 5 月 15 日	1,119 架次	730 架次	1,849 架次
5 月 16 日至 6 月 15 日	1,181 架次	1,132 架次	2,313 架次
6 月 16 日至 7 月 15 日	717 架次	855 架次	1,572 架次
7 月 16 日至 8 月 15 日	179 架次	79 架次	258 架次
小計	4,983 架次	4,969 架次	9,952 架次
註：本表所列出擊架次，包括英軍航艦艦載機、澳大利亞皇家空軍巡邏機與墨西哥空軍戰鬥機，但不包含台灣航空戰美國海軍出動的艦載機，也不包含兩個階段戰役前，盟軍轟炸台澎的軍機。			

（鍾堅製表）

第十章

斷瓦殘礫
——台灣血、皇軍魂

（**1937 年至 1945 年**）

　　美軍對台澎地區制壓性的濫炸，交戰雙方原以為會長日漫漫。台灣民眾得持續忍受炸射，迄盟軍攻奪日本本土，對日本的滅國行動完成後，美機才會中止對台轟炸。美軍樂觀但謹慎的預估，對日本的滅國行動，至少會拖到 1946 年底才能竟全功。各方均未料到的，是美國於 1945 年 7 月 16 日原子彈試爆成功，該日美軍奉命對台降低濫炸力道。美國為減少奪佔日本本土滅國行動的傷亡率，最終動用核武攻擊日本。太平洋戰爭結束得非常突兀，美軍未敢動用化武攻擊台灣 16 座城鎮，以避免濫殺百萬無辜台灣民眾，卻又瘋狂地使用核武攻擊日本都會區，濫殺日本無辜民眾及倖存者輻射罹癌又何止百萬？這導致日本天皇懼怕遭滅族，而遵照《波茨坦宣言》無條件投降。蘇聯也趁火打劫抓緊時機對日宣戰，出兵攻城掠地撿便宜。1945 年 8 月 15 日中午，昭和天皇玉音放送終戰詔書，血腥的太平洋戰爭，就在輻射落塵瀰漫中匆促結束。

　　太平洋戰爭期間，駐菲第 5 航空軍對台澎地區的空襲與濫炸，讓擠夾在戰火中的台灣民眾，無端挨了 23,300 噸炸彈，生命及財產損失浩大。在 564 個町、庄、街與蕃地三級行政區當中，有 425 個遭炸，造成萬名以上台灣民眾死傷，民宅全毀及半毀高達 46,000 餘棟，277,000 餘住民無家可歸。重要的非軍事設施如客、貨運車站與跨河橋樑，悉遭盟軍炸射毀壞。

　　而日軍在台徵募的參戰者，包括台籍慰安婦、軍農、技術工、學徒兵、少年飛行兵、軍伕、軍屬、高砂義勇隊、特別志願兵及一般徵兵，卻令多少家庭、親

族失散，血染異鄉。戰爭期間，日軍以各種徵募名義，動員近 73 萬台灣民眾從事戰鬥勤務及支援勞務。其中，近 78,000 人在外南洋及異域戰場殞命或失蹤。太平洋戰爭在 588 萬台灣民眾心中，烙下永遠的創痛。

在太平洋戰爭後期，美軍為防止日軍自台灣阻撓同盟國攻奪日本本土，刻意濫炸台澎地區。飽和攻擊除造成全島設施損毀、島上軍民傷亡慘重外，美軍多位空勤組員也遭防空火網擊斃，跳傘後倖存者也遭生俘。轟炸更波及無辜，包括在台灣戰俘營來去的盟軍戰俘，都遭美軍無差別攻擊炸死。戰爭期間，在台澎地區及台灣海域殞命的盟軍就有 3,393 名。

侵略戰爭　匆忙終戰

太平洋戰爭末期，日本節節敗退，遂啟動特攻作戰，用人肉炸彈一命換百命的戰法，與盟軍作殊死相搏。盟軍在慘遭神風特攻衝撞的震撼下，遂有消滅日本的滅國計畫。代號「沒落作戰」（Operation Downfall），奪佔日本本土的軍事行動，於 1945 年 3 月沖繩戰役啟動前，已由美國參聯會核定實施。

在歐戰與沖繩戰役告一段落後，美軍開始為「沒落作戰」調兵遣將，集結主戰兵力，輔以英、澳、紐部隊，協力奪佔日本本土。盟軍消滅日本的作戰計畫，逐次投入的總兵力高達 600 萬人，特別要借重蘇聯在遠東開闢第二戰場，牽制滿州的日軍戰略預備隊，使其無法脫身回日參與本土決戰。前期作戰預劃於沖繩戰役結束後，當即在沖繩泊區整補。4 個月後的 1945 年 11 月 1 日，揮軍登陸九州鹿兒島，再橫跨內海攻奪本州南部（代號奧林匹克作戰，Operation Olympic）。中期作戰於 1946 年 3 月 1 日登陸本州相模灣地區，與前期登陸部隊在本州關東平原會師（代號小王冠作戰，Operation Coronet），與日軍主戰兵力決戰。後期作戰可望於 1946 年底完成本州東北、四國與北海道之掃蕩，全面奪佔日本。

日軍對本土決戰有鋼鐵般的戰志。1945 年 4 月 7 日，大本營在得知海軍由大和號主力艦領軍的海上特攻艦隊失敗後，當即把陸軍的本土防衛總司令部，改

制為第 4 個總軍層級的第 1 總軍，總司令長官杉山元大將，駐地東京；另編成第 2 總軍，總司令長官畑俊六元帥，駐地廣島市；還有新編的航空總軍（見第七章），3 個本土總軍指揮機構，連同海軍 4 個既有的鎮守府指揮機構，擁有決戰意志激昂的陸、海軍岸置兵力、總計達 430 萬官兵。此外，日本內地尚有 3,100 萬名達役齡的男性，決心跟隨日軍對入侵家園的盟軍殊死搏鬥。而困守在本土外的其他 3 個總軍層級部隊，包括南方軍（西貢）、支那派遣軍（南京）及關東軍（新京），連同困守台澎的陸、海軍部隊，加總也超過 300 萬大軍，均因返回日本的海、空交通線遭阻斷，僅能眼睜睜地目睹皇土故居遭敵軍入侵，無法回國保護家園，只能現地自活自戰。

　　由於日軍必死必中的特攻戰法非常殘暴，美國粗算雙方的戰損也非常駭人。盟軍無差別擊滅焦土戰鬥的日本軍民，至少得殺戮千萬人以上。所付出的代價，是高達 80 萬的登陸部隊陣亡，另有 320 萬官兵受輕重傷！為大幅降低傷亡，美、英兩國遂「請鬼拿藥單」，頻催蘇聯出兵協戰。除要求紅軍牽制、拘束駐守滿州的日軍戰略預備部隊外，還要求蘇聯揮軍自庫頁島方面向日本樺太守軍發動攻擊，再南下奪取北海道。

　　同為盟軍一份子的我國，因不具跨洋兩棲作戰能量，無力派遣遠征軍渡海奪佔日本本土，被剔除在盟軍「沒落作戰」計畫之外，也從未被告知對日滅國作戰計畫相關細節，以防杜洩密。倒是盟軍在「沒落作戰」推動前，一再要求我國在華東地區用力牽制駐守該處的支那派遣軍。

　　日、俄兩強在 20 世紀曾打過 3 場戰爭，算是相互算計的惡鄰邦。早於 1904 年，日本與沙俄就因爭奪滿州與朝鮮的殖民利益結怨，雙方在該年 2 月起，於大清帝國的祖先發源地打了 576 天的日俄戰爭（見第一章）。兩造雙方合計戰歿近 16 萬官兵，日勝俄敗。日本民間盛傳日勝俄敗主要原因，是日軍參戰官兵隨身攜帶的野戰胃藥「征露丸」（征服露西亞的軍藥）具療癒水土不服的奇效，該藥現今已改名為不具軍國主義色彩的「正露丸」。

　　日、俄雙方第二次對決，係因日本侵華與蘇聯派軍協助我國抗戰，雙方為此

嫌隙。自 1939 年 5 月起，在外蒙與滿州接壤處的我國領土上，打了 128 天的諾門罕戰役（見第五章），雙方戰歿官兵共逾 5 萬人，打成平手。

其後蘇聯在歐洲為專注於抵禦德國入侵、日本為併吞外南洋列強殖民地而實施南進侵略，各忙各的。雙方最終在 1941 年 4 月 13 日簽署《蘇日互不侵犯條約》，言明蘇、日互不攻擊對方。但蘇聯亦不得再協助我國抗日，把來華助戰、今日軍頭痛的蘇聯航空志願隊撤收。不侵犯條約效期五年，唯單一方可隨時片面廢約，通知對方廢約之日起算，一年後就生效。蘇、日雙方簽訂盟約後，尚可維持貌合神離、可敵可友的政治態勢。

在 1943 年 11 月底的首次美國總統、英國首相與蘇聯領導人三巨頭德黑蘭會議，以及 1945 年 2 月初的第二次三巨頭雅爾達會議，蘇聯都勉為其難應允美、英兩國諮請，擇期出兵攻日。唯礙於《蘇日互不侵犯條約》限制，蘇聯以「德國敗亡後兩至三個月才考慮出兵攻日」敷衍了事，但蘇聯為出兵攻日，又提出附帶條件。

一、蘇聯須收回南庫頁島（樺太）與千島群島等日俄戰爭失守的固有疆土

二、英國與美國須承認外蒙古與朝鮮等共黨政權的建國與主權

三、蘇聯戰後享有日本遺留旅順軍港及滿州陸域鐵道通路使用權

蘇聯長期潛伏在美國的間諜遂行專案佈建，及時蒐獲盟軍「沒落作戰」全般計畫後，眼見機不可失，得適時插花，參加對日滅國作戰，趁機撿便宜，輕鬆坐收漁利。「沒落作戰」的本州關東平原主力決戰，按計畫排定在 1946 年雪融後的 3 至 5 月間實施。蘇聯若要及時參戰打場輕鬆球賽，出兵日本應在戰爭進入尾聲的 1946 年 4 月後。要廢止《蘇日互不侵犯條約》，就須提前一年知會日本，這就是為何蘇聯經過慎密精算，刻意在德國敗亡前一個月的 1945 年 4 月 5 日，匆匆地啟動廢約，知會日本廢止互不侵犯條約，1946 年 4 月 5 日生效。

1945 年 7 月 16 日，正當 22 轟炸大隊派出 B-24 夜襲濫炸台南新營街小城鎮

之際，6,000 浬外的美國新墨西哥州荒漠陸航靶區，拂曉時分瞬間冒出太陽般的強烈閃光，火球炫光照亮夜空。半分鐘後，百浬外的德州邊城厄爾巴索居民被衝擊震波搖醒，沉悶如滾雷般的爆炸聲隨後傳來。美軍緊急發佈新聞稿，聲稱噪音僅為靶區彈藥庫爆炸意外，大家無需掛心。天亮後居民目賭到「靶區」天頂的蕈狀雲，直沖 40,000 呎高的大氣平流層。這是人類史上首次運用鈽彈心的核武成功試爆，威力相當於 22,100 噸級炸藥當量（22.1 kT）。緊接著，美軍開始量產戰備核武器，跟上戰時需求。

當日午夜，美國總統在專機抵達德國波茨坦後，加密電文傳來核爆成功的喜訊，杜魯門總統勝券在握。隔日，三巨頭第三次會議在波茨坦的王子白色宮殿舉行。接續前兩次的德黑蘭會議與雅爾達會議，三次會議的核心議題，都圍繞在同盟國對德作戰、戰後歐洲重建與對日聯盟作戰。唯蘇聯於德國敗亡後這兩個月來，在歐洲併吞城池、吃相難看，且美國已擁有可用的戰備核武，故美國在這回合的波茨坦會議 17 天議程中，始終不再提出諮請蘇聯協攻日本。

波茨坦會議開議一週以來，由於蘇聯佔據東歐不願退兵，杜魯門忍無可忍，當面正告史達林：「告訴你，美國已有新型的超級武器（Superweapon 代號為S）！」但未再多談細節。史達林假裝聽不懂，在側的邱吉爾似懂非懂。兩天後，中、美、英三國共同連署的《波茨坦宣言》（最後通牒文告，要求日本立即無條件投降），蘇聯竟拒絕簽字。

史達林裝傻、不動聲色是另懷心機。史達林在戰爭期間，早就下達情蒐指導，令潛伏在美國的諜報人員潛入核武研發團隊，持續地蒐集諜報。波茨坦會議前，蘇聯諜員來報：美國即將準備進行某種核試驗，唯科技專業不足的諜員蒐獲的零星片斷情資，無法拼湊成完整之預警情報研析。史達林於波茨坦會議開議前三週的 6 月 28 日匆忙押注，密電西伯利亞蘇聯紅軍備戰，大膽假設美國即將成功研製核彈，且肯定會對日本下重手使用核武，則日本敗亡指日可待。史達林擬趁虛而入，在日本敗亡前撿便宜攻掠城池，瓜分日本殘餘資源。

杜魯門在波茨坦會議中，輕率地洩露一句「美國已有新型超級武器」，等同

招認美軍核武已戰測實用化。史達林當面獲得第一手珍貴又及時的頂級戰略情報，人還在波茨坦，就迫不及待密電催促紅軍加快出兵攻日的整備。

蘇聯遠東總司令華西列夫斯基元帥經過一個月匆促的戰爭準備，於 8 月 3 日向史達林密呈「八月風暴」作戰計畫，準備出兵襲奪日軍占領的內蒙、滿州、朝鮮、南庫頁島、千島群島，最終登陸奪佔北海道的道北地區。一經史達林批准，可在廢止蘇日互不侵犯條約生效的 1946 年 4 月 5 日，對日發動總攻擊。

同盟國發出最後通牒逾 10 日，始終未獲日本善意回覆《波茨坦宣言》。苦等不到日本無條件投降，又擔心兩棲攻擊本土的「沒落作戰」傷亡過大，在美國核爆成功後，杜魯門就當機立斷決定動用核武。核心決策幕僚選擇首批核武攻擊目標的原則有四：

一、鑒於核彈從未在戰場運用過，會有何種效果非常不確定，為方便評估戰果，目標須以尚未遭傳統炸彈地毯式轟炸夷平者為優先；

二、目標須有舉足輕重的軍事設施，且為平民密集的大型都會區，以求殲滅最大量的日本軍民；

三、目標地勢須平整，以發揮核爆高溫火球與高壓震波大規模毀滅效應；

四、為配合「沒落作戰」，削減日本抵抗力道，目標須位於上揭軍事行動前期與中期攻勢軸線上的九州與本州西部。

按照這些原則，首批都會型目標區於 1945 年 7 月底擇定，依序為本州的廣島、橫濱、新潟、北九州的小倉與長崎。原先列為首選的京都府，遭美國戰爭部長史汀生（Henry L. Stimson）剔除，理由是他曾在此古城蜜月旅行過，長崎也就因此被拉上死亡清單。

廣島為陸軍擁兵百萬的第 2 總軍司令長官部所在地，第 2 總軍作戰地境轄九州、四國與本州西部，是統領日本半壁江山的守軍。配合「沒落作戰」前期攻勢，美軍第一枚 S 彈在廣島擲下（備選目標為小倉），戰略規劃至為明顯。

美軍第二枚 S 彈的目標是橫濱（備選目標仍為小倉），距日本皇居所在的東京市都心僅 15 浬，恰在原子彈高溫火球與高壓震波威力半徑外緣，武嚇意味十足。美軍在 8 月份手頭僅有的 4 枚戰備彈，第 3 枚 S 彈預劃擲向小倉（備選目標為長崎）。在美軍持續量產核武後，擬於「沒落作戰」登陸南九州之前的 9 月份，向新潟投擲第 4 枚 S 彈。10 月份再向日軍反登陸集結區投擲多至 5 枚核武。登陸本州執行滅國行動之前，美軍準備對付日本軍民的核彈就多達 9 枚。11 月執行兩棲登陸九州後，美軍將備妥更多原子彈，以消滅逆襲之日軍。

8 月份的頭 5 天，日本還是不回應盟軍《波茨坦宣言》的招降，反而變本加厲，自本土出動海軍殘餘之特攻機、海龍特攻潛航艇、回天魚雷及殘餘的震洋艇，出海對美軍艦艇衝撞。就連陸軍殘餘的特攻機也出海尋找美軍艦艇衝撞。杜魯門忍無可忍，下令對日本本土投擲原子彈！

8 月 6 日 08:15，美國在廣島投擲第 1 枚 15 kT S-1 鈾彈，15 萬人瞬間遭高壓衝擊波震碎、遺骸被高溫火球焚為灰燼，另有 7 萬居民瞬間輕重傷！這是人類史上首度在戰場使用核武，無差別大規模毀滅性的殘虐濫殺無辜效應終獲驗證。

美軍立即呈報戰果予杜魯門總統。16 小時後的隔日凌晨，杜魯門的招降錄音，透過心戰電台每一刻鐘向全球重複播送，除強調廣島核爆的懾人威力之外，並威脅日本若不立即投降，核武將會「彈如雨下」。

蘇聯在截聽美國對日招降的廣播後，證實核彈威力的確懾人。史達林不顧《蘇日互不侵犯條約》仍具效力，當即下達撕毀條約匆促執行對日作戰令，並隨後副署《波茨坦宣言》。人算不如天算，蘇聯插花對日作戰的超完美「八月風暴」計畫，就因杜魯門提前使用核武，被迫也慌忙提槍上陣，作戰計畫變成大幅減縮的迷你版本。

8 日，混亂的情資，在紛擾的情勢中匯集到昭和天皇處。天皇御令隔日早晨由鈴木首相召開「最高戰爭指導會議」，決定日本未來何去何從。當日 23:00，蘇聯匆匆對日宣戰。2 小時後的 8 月 9 日 00:10，蘇聯紅軍兵分三路自西伯利亞借道外蒙古，向內蒙古、滿州挺進。曾駐守滿州的關東軍精銳部隊，早已悉數調

離，準備在絕對國防圈內緣執行本土決戰。當時關東軍總司令長官山田乙三大將所屬部眾雖號稱百萬大軍，實則僅有皇軍隊職幹部 10 萬官兵，餘為徵募未足額之滿、蒙及朝鮮兵，部隊既缺裝又缺員。雖然戰志高昂，但仍無法抵擋蘇聯紅軍裝甲部隊的凌厲攻勢。

此刻，日軍大本營眾主戰軍頭一廂情願地認為，美國就只有廣島這 1 枚原子彈。唯 8 月 6 日下午日軍用刑偵訊遭俘美軍飛行員，逼打後戰俘瞎掰美方已有百餘枚戰備核武，且下一個目標竟是東京的皇居，引起大本營一陣騷亂！日軍另向京都帝國大學資深核子物理學教授請益，專家則謹慎推定美方應該已擁有數枚戰備核彈。

9 日，正當鈴木首相召開「最高戰爭指導會議」之際，美機攜帶第 2 枚 21 kT S-2 鈽彈，飛臨原目標橫濱。但目標區遭雷雨密雲罩頂，只能放棄擲彈。美機飛抵備選目標小倉，卻因小倉兵工廠燃燒原料煤，目標爆心點遭濃煙遮蔽，故在啟程返航一刻鐘後的 11:02，將第 2 枚 S-2 鈽彈改擲向次目標——三菱重工所屬廠區密集的長崎。8 萬人當場慘死，另有 6 萬人瞬間輕重傷！

美軍在長崎擲下第 2 枚核彈，證實杜魯門招降錄音「彈如雨下」應該不假！昭和天皇於第 2 枚核彈投下半天後的 8 月 9 日 23:00 召開緊急御前會議。2 小時後的 8 月 10 日 02:30，天皇裁示：為避免大和民族遭核武滅族大禍，期盼盟軍在戰後不把統帥皇軍的天皇當成戰犯處置，並維護日本天皇體制的前提下，對同盟國作有條件接受《波茨坦宣言》招降。同時於 8 月 10 日 07:00 密電中立國瑞士的日本大使館，轉知各交戰國。外交電文傳抵美國後，美軍奉命暫停將第 3 枚 S-3 原子彈擲向小倉的航前準備，靜待戰爭結束到來。

天皇決定有條件降伏之際，蘇聯部隊已經入侵 28 小時，唯進展遠不如預期。西路紅軍尖刀部隊跨越內蒙古荒原進入滿州嫩江，唯部隊補給基數的油、彈耗盡，戰車、甲車停滯在吉林東屏鎮，距關東軍總司令長官部所在的新京，尚有 200 餘公里。東路紅軍自興凱湖南側越界，受沼澤地形阻礙，僅奪下合江邊城平陽鎮。北路紅軍正沿著黑龍江海蘭泡至伯力一線架設浮橋，尚未渡江越界。

　　同盟國接獲日本表達有條件降伏之意願後，三巨頭以電文往返密集會商，蘇聯又提出戰後要割據北海道為蘇聯國土，始准許日本有條件降伏。美、英兩國當即拒絕蘇聯的蠻橫索賞要求。唯三方最終達成共識，堅持日本須立即無條件投降，不得向盟軍討價還價談條件。在日本應允前，同盟國暫停對日本進行攻擊。8 月 11 日 08:00，同盟國透過瑞士將共識轉交日本。

　　然而，蘇聯卻片面違背共識，仍馬不停蹄入侵滿州。其實美國也是一丘之貉，持續無差別濫炸台澎地區。8 月 11 日 08:00 起，同盟國暫停對日本進行攻擊，唯美國第 5 航空軍在當日仍有 24 架 B-24 攻擊屏東飛行基地；美軍陸戰隊於 8 月 12 日出動 40 架 F4U 戰鬥機攻擊淡水街；美國海軍於 8 月 14 日 1 架 PB4Y 巡邏機攻擊澎湖漁船（見第八章）。停火不停戰，自古皆然。

　　日本民族大和魂沒有「降」字。即便日本本土決戰最終敗亡勢不可免，軍民無人敢提投降選項。決策高層針對「戰」與「和」分成兩派——主流的「決戰派」與非主流的「停戰派」；沒有所謂的「投降派」。決戰派由陸軍大臣阿南惟幾、參謀總長梅津美治郎大將與海軍軍令部總長豐田副武大將諸軍頭主導，停戰派以外務大臣東鄉茂德領導的內閣文官低調研議。

　　決戰派的策略是以戰逼和，誘敵深入日本內地後進行決戰，圍殲盟軍以爭取優勢談判條件，有尊嚴地停火結束戰爭。由於 300 萬日軍如南方軍、支那派遣軍、關東軍，散佈在外地與台澎等地區，無法及時調回本土，相對大幅削弱本土決戰能量。加諸本土的「全民皆兵」制度尚未完備，皇民玉碎精神總動員能量不足，能否圍殲入侵敵軍，決戰派諸軍頭沒把握。

　　另一方面，停戰派的策略是經由第三方中立國斡旋和談，爭取就地「現況停戰」，早早結束戰爭。自 6 月 30 日起，停戰派暗地透過當時《蘇日互不侵犯條約》仍具效力被綁住的蘇聯，試圖與美、英等交戰國協商停戰。但拉著蘇聯等同與虎謀皮，始終遭態度曖昧的蘇聯冷處理。

　　一籌莫展的決戰派與停戰派，在緊急御前會議向天皇呈報困境與當前戰局後，致使天皇於 8 月 14 日 11:00 做出「聖斷」，裁示無條件降伏，並通令各地

日軍即刻停止抗敵，靜待天皇聖旨。

　　8月15日12:00，天皇玉音放送廣播，接受《波茨坦宣言》無條件投降，期以結束戰爭。天皇對臣民的終戰詔書，說明了日本無條件降伏的根本原因：

> 「…然交戰已閱四歲…戰局不必好轉，世界大勢亦不利我。加之敵新使用殘虐爆彈，頻殺傷無辜，慘害之所及，真至不可測。而尚繼續交戰，終招來我民族之滅亡…朕使帝國政府，對米（美）、英、支（中）、蘇四國，通告受諾其共同宣言旨…爾臣民，其克體朕意。」

　　詔書顯示天皇對核武「殘虐爆彈頻殺傷無辜」感到震驚，面對美軍不計其數的核彈持續投擲攻擊，終將遭致滅族之禍。故天皇棄大和魂，選擇降伏。唯詔書內無「降」字眼，僅用「終戰」為題掩飾。

　　日本宣佈無條件降伏當天，蘇聯紅軍多在滿州境內就地整補中。最大的進展是北路紅軍已強渡黑龍江，全面包圍合江佳木斯。宣布終戰後，日軍遵奉天皇御令停止抵抗。唯蘇聯卻故意給全世界難堪，依舊揮軍侵略，眼見蘇聯紅軍對日僑追殺姦淫，部份關東軍又重拾武器展開自衛戰鬥。遠東地區日、蘇兩軍的零星戰鬥，迄9月2日受降典禮當日才劃下句點。蘇聯紅軍入侵25天期間，全面攻佔內蒙古、滿州、北朝鮮、南庫頁島與千島群島，蘇聯太平洋艦隊則乘勝駛入滿州與北朝鮮所有港口；日、蘇雙方此期間戰歿官兵，共3萬餘人。為防堵蘇聯戰後持續擴充遠東占領區，美國隨後緊急派遣陸軍第7步兵師於9月8日登陸朝鮮半島仁川，再派陸戰第6師於10月9日登陸華北青島建立灘頭堡。與中共、朝鮮共黨抗日聯軍及蘇聯紅軍遙相對壘。

　　然而，近年來美國學界興起另類「蘇聯因素學派」，替美國對日本使用核武除罪化，詮釋天皇認為核爆威力與傳統飽和轟炸差異不大。日本投降的真正主因，被此學派定調為蘇聯對日宣戰所致，與美軍對日投擲大規模毀滅性核彈無關。此學派認為，天皇在蘇聯宣戰28小時後，就匆忙決定附帶條件向盟軍降伏。

學者的主張，日本決定投降時，距廣島核爆早已超過 90 小時，故美軍核武攻擊並非天皇降伏主因。此學派甚至視杜魯門的一句話：「美國已有新型超級武器」應居首功，誘使蘇聯匆忙出兵讓太平洋戰爭匆匆結束。此學派更無視天皇在裁示投降前，蘇聯入侵進展委實有限，也扭曲核爆血淋淋殺戮的如山鐵證，更不能將美國使用核武濫殺無辜洗淨罪孽！

那什麼才是日本降伏的主因？眾所周知日本之所以無條件降伏，係 2 枚核彈瞬間造成 36 萬人民傷亡。感染後顯性輻射病變的人與其後代更達百萬人以上，促使天皇意志崩解，這是多年來歷史學家的共識。天皇對臣民的終戰詔書痛陳核武「殘虐爆彈頻殺傷無辜」，詔書唯一提及蘇聯處，是連同美、英、中等 4 國連署的《波茨坦宣言》，全篇詔書對蘇聯宣戰入侵隻字不提。日本降伏之主因，是大規模毀滅的核武，而非蘇聯對日宣戰入侵，不言可諭。

破碎田園　瓦礫四佈

1945 年 8 月 15 日，戰爭宣告結束。駐台的日本陸、海軍留下眾多戰爭物資，除了 545 架堪用飛機、395 艘震洋艇及 58 架卸除燃料的櫻花機（見第七、八章）外，尚有堪用武器、裝備、物資留在台澎地區營舍、陣地與要港、要塞內：

- 500 噸級日香丸輸送艦，200 噸級 1089 號砲艇
- 200 噸級旗浚丸大港拖，百噸級小港拖 8 艘及各型舟艇 285 艘
- 戰車、甲車 99 輛，軍車 1,998 輛及徵用民車 1,571 輛
- 各型火砲 1,375 門、機槍 5,078 挺，擲彈筒 5,458 具、手槍及步槍 12.5 萬餘枝
- 水雷 1,250 枚、地雷 5,775 枚、空用炸彈 4.3 萬餘枚、照明彈 2.3 萬餘枚、槍榴彈 47 萬餘枚及各型砲彈 10.3 萬餘枚，各種口徑子彈 6,800 餘萬發、炸藥 147 萬餘公斤及信管 6.6 萬餘支

• 收發報機 102 台，有線及無線話機 2,788 座

　　所幸，美軍未依「堤道作戰」計畫（見第六章）奪佔台澎，否則遭遇具有鋼鐵般決戰意志、火力強盛的駐台日軍，雙方的攻防戰役將會非常血腥！

　　台灣遍佈軍營及相關設施、設備。毗鄰而居的民眾，在盟軍飽和攻擊下也無可避免遭受炸彈波及。終戰前 100 天，美軍開始針對住宅區等非軍事目標施以濫炸，民眾的生命財產直接受害。甚至連醫院、學校等機關，美軍亦低飛掃射，以殲滅所有生命為目的。美軍只要在空照圖上判讀為有人聚居的地區，特別是環繞在工廠附近的城鎮，均實施炸射。即便是西部沿海重要村落，均遭飽和濫炸。

　　其實，早在 1944 年 6 月 18 日，台灣總督府即公布「過大稠密都市住民疏散要綱」，強制基隆、台北、新竹、台中、彰化、嘉義、台南、高雄、屏東、宜蘭及花蓮港等 11 個二級行政都會住民，須往城外鄉下疏散。但誰又忍心拋棄祖產及事業，遷居到生活條件艱困的山區？等到戰局惡化，美機大舉來襲台澎地區前夕，總督府也只能先救自己人，強制並安排日僑及眷屬及時疏散至城郊，以減少日籍皇民生命財產損失。

　　二戰末期，台灣歷經了台灣航空戰及第 5 航空軍連續綿密轟炸，其中單一目標遭美機出動架次最多、投彈最密者，首推 1945 年 5 月 31 日的台北大轟炸（見第八章）。是日美機首要目標為 69,000 名日籍僑民聚居的若竹町、老松町、榮町、京町、兒玉町及古亭町，次為市區之軍營與官署。此外，日僑精神寄託的台灣神宮，剛修竣完工不久也在大空襲挨炸，加計前次空襲的破壞又再度挨炸，導致宮殿全毀。台北龍山寺町也難逃劫數，龍山寺內中殿及左廊遭炸毀。即使台北帝國大學附屬病院（現台大醫院西址）屋頂漆有巨幅紅十字標識，連同總督府熱帶醫學研究所及紅十字總會（現張榮發基金會大樓）也一併飽受美機濫炸！

　　5 月 31 日，美軍以三機一組的整齊編隊低空炸射台北市區，從上午 10 點開始輪番轟炸到下午 1 點始揚長而去。台北市中心陷入一片火海，延燒三天三夜，成為焦黑廢墟。市中心由第一高等女學校（現北一女）至台北車站的本町通（現

重慶南路），以及方面軍司令長官部至高等法院的京通（現博愛路），均被多枚重磅炸彈命中而形成連串巨大彈坑。新公園內彈坑密佈宛如蜂窩，大樹被連根炸飛，公園內防空洞遭數枚炸彈直接命中，日籍官員及眷屬死傷累累。台灣銀行總行至高等法院整條街烈焰衝天，其間則是彈坑接二連三。市中心的台北車站中破、總督官邸小破、總督府後方的直屬圖書館小破。即使在二戰結束後75年的今天，依然可在台大醫院西址及植物園等處的百年老樹枝幹上，看到當年炸彈破片刮傷的疤痕。

　　被炸最烈的還是台灣第一府——總督府。總督府的正門前左方有2個巨形彈坑，正門旗樓遭炸彈震波震成傾斜，府內遭數枚燒夷彈命中炸毀多處，引燃大火烈焰沖天，整整燒了一天一夜始熄。炸後數日民眾經過現場，依稀可聞辨出由地底傳出日語哀號呼救之聲。那是身陷總督府與台灣銀行間炸塌祕密通道內避難的日籍官員及眷屬，皆因救援無著而慘死在內。由於損毀嚴重，安藤總督立即將府內各單位撤到城外，成立臨時總督府本部繼續辦公。而殘破的總督府，一時成為台灣民眾解禁後最喜歡去蹓躂的鬼域危樓，很多人更爬到內部遭美軍炸歪的旗樓頂，遠眺台北死城。

　　台北市中心一夕間變成了人間煉獄，無辜的日籍僑民與台灣民眾傷亡超過3,000人。不但市井街坊謠言滿天，人心不安，且多數日籍僑民皆感到戰局不妙，都準備面對敗亡到來。總督府則以高壓手段，脅迫居民編組勞役隊，參與彈坑回填、修接電線及整理官署等勞務。許多歷劫未死的日籍僑民，則紛紛向板橋街、鶯歌街彭福（樹林）、新店街方面疏散，遠離死寂又殘破的台北市。

　　11,000名日籍僑民居停的新竹市挨炸最烈，新竹車站前的榮町只剩一片瓦礫。車站前派出所、商工會館、新竹旅社、塚酒家旅社、有樂歌伎館、長途汽車客運站、朝鮮藝旦間及明新醫院，全被夷為平地。全市尋常小學校學童及高校低班女生被迫停學，各機關及市區居民自竹塹城往外逃逸，向十八尖山、二重埔及竹東山區疏散。新竹飛行基地周圍的南寮、樹林頭及湳雅幾乎變為死城，新竹住民為躲空襲而逃避一空。

居住有 12,000 名日籍僑民的嘉義市，毗鄰帝國石油嘉義溶劑廠，受炸亦十分慘烈。市區東門町的圓環及西門町的西門街，均遭美軍飽和攻擊，引發大火延燒至新店屋及三仙國王廟。嘉義市商業區三分之二盡成廢墟，西門町的西門市場內，數百店舖亦因美軍燒夷彈而焚毀。南門町的南門外洪羅漢醬園亦挨炸，而打石街一帶數百棟民宅亦全毀。南門五穀廟前之共榮館旅社被炸，隔鄰防空洞遭炸彈直接命中，躲警報的台灣民眾悉數遭難！五穀廟及元帥廟間一整片民宅全炸毀，嘉義市住宅區內的防空洞，也被高溫空氣閃燃焚燒濃煙滲入，許多躲空襲民眾在內嗆死。市區民宅 750 棟全遭燒夷彈命中焚毀，東門國民學校、東本願寺及嘉義車站均全毀。斯時物資缺乏，醫藥供應全無，被炸死民眾的殘肢斷臂四佈，屍首遍野。戰時因無棺木供應，倖存者只好以草蓆掩蓋親朋遺體。嘉義市東門町的東門外日本佛寺，一如其他各地神社，均成為美軍必然攻擊的目標全毀。

台南市有 17,000 名日籍僑民，在 1945 年 3 月間的 3 次大轟炸，致使台南市區全毀。市街柏油路面除現在的中正路及青年路二段較為完整外，餘皆彈坑累累，不能通行。又因路街車輛炸損頗多，汽車燃料匱乏，台南地區交通完全陷於停頓。工商、農畜及水產各行業缺水、缺電，均陷於癱瘓破產狀態。3 月間因空襲頻仍，甚至連最受人稱道的郵政服務，也因投遞送信風險太高而停業！城北的北門町 270 棟住宅、市區的台南州廳、車站、師範學校、盲啞學校、台南第一高等女學校均遭燒夷彈毒手。3 月 17 日，台南神社遭美軍轟炸夷平，台灣民眾則紛紛疏散至鄉下躲避空襲。台南市行政區因人口銳減，由原有的 15 區減併為 5 區合署辦公。

南部地區受害最烈的城區，當為 36,000 名日籍僑民居停的高雄市。市區滿佈各類工廠及軍營，又緊鄰高雄港、左營港和高雄要塞，所以在 1945 年幾乎天天均遭美機轟炸。市區民宅九成遭炸毀或焚毀，市民倉皇疏散逃至鄉下。然因缺糧、缺藥，加上溽暑燠熱，戰災災民水土不服、瘟疫流行，病歿者眾，真是浩劫一場。

其它都會區也因轟炸損失慘重。以住有 19,000 名日籍僑民的港都基隆為例，

住宅區緊鄰港區，故民宅彈坑累累、滿目瘡痍，被炸毀的街巷，多達 75 條。中部地區雖然民宅受損較輕，擁有 16,000 名日籍僑民的台中市最為幸運，傷亡不多，但周邊各級學校卻無端遭致濫炸。豐原郡神岡庄的岸裡國民學校、神岡國民學校及豐原農業實踐女學校均遭炸毀。斗六郡大埤庄的大埤國民學校遭美機低飛掃射，學童當場 4 死 6 傷！戰爭固然無情，但美軍飛行員在快速低飛時，無暇顧及目標辨識，充分顯示戰爭的血腥殘酷。

美國海軍特遣艦隊及陸軍第 20 航空軍於台灣航空戰戰役期間，共計出動戰機 5,874 架次（見表 8），其中大部分艦載機執行制空作戰，故僅對軍事目標投彈約 5,500 噸。軍事目標周圍的民宅當然也受波及，居民傷亡不小。而同一時段，B-29 的來襲更是雪上加霜。B-29 採高空投彈，根本沒有準頭，所投擲的 1,700 噸炸彈，多半均落入住宅區。最兇狠的攻擊，還是第 5 航空軍在 1945 年二戰最後 200 多天的大轟炸。空襲台澎的轟炸機計 9,952 架次，投彈 16,100 噸（見表 12），軍民死傷累累。

綜合以上所有盟軍各航空部隊轟炸的結果，加計台灣航空戰戰役前的俄員隊與中美混合聯隊 115 架次來襲，八年戰爭期間台澎總共承受 15,941 架次盟機濫炸，投彈 10 萬枚以上，總計約 23,300 噸炸彈！588 萬台灣民眾，平均每人分攤到約 4 公斤的高爆炸藥。換言之，從天而降的人員殺傷彈、爆破彈、汽油彈、燒夷彈、油氣彈、火箭彈、延遲引爆彈及通用炸彈，每 59 位民眾就要面對盟軍丟擲的一枚 500 磅炸彈！空襲濫炸的歲月，台灣民眾猶如在阿鼻地獄苟活中求存，特別是聚居於挨炸城鎮市區者，在濫炸之下死傷累累。這筆帳還是得算在美、日交戰雙方的頭上。

依據二戰結束時台灣總督府的統計資料，戰爭期間遭盟軍飛機轟炸的台灣民眾登記死傷人數為：死亡 5,582 人，失蹤 419 人，輕重傷 3,667 人，沒到病院求診自生自滅者，更數十倍於此。日籍僑民挨炸登記死亡 518 人，失蹤 16 人，輕重傷 5,570 人。588 萬台灣民眾的死多傷少，與 32.1 萬餘日僑皇民的死少傷多，彰顯了醫療急救體系的病院，有優先搶救日籍僑民、視台灣民眾為二等國民的心

態。民宅遭盟軍轟炸全毀 10,820 棟，半毀 15,965 棟。因轟炸延燒焚毀民宅共計 18,371 棟，半焚毀 1,162 棟，民宅連炸帶燒共損毀了 46,318 棟。無家可歸的台灣民眾，更多達 277,300 餘人。戰爭不但殘酷，而且血腥無比。

戰爭期間設治的行政區劃除前述的州、廳一級行政區與市、郡、支廳等二級行政區之外，尚有三級行政區的區劃。三級行政區包括 266 町、198 庄、64 街與 36 蕃地。從基隆到恆春，從馬公到紅頭嶼，每個一級行政州、廳及每個二級行政市、郡、支廳，均遭盟軍飛機濫炸。564 個三級行政區，就有 425 個遭盟軍飛機濫炸。換言之，每 4 個街、庄就有 3 個挨炸！這些遭致戰火蹂躪的一、二、三級行政區，以及推定行政區劃內的落彈噸數列於表 13。8 個一級行政區的居民數與落彈噸數，從表中可得知，軍營密集的州、廳，落彈較多：

- 高雄州（台民 86 萬、日僑 5.2 萬、日軍 4.5 萬），落彈 6,776 噸
- 台南州（台民 149 萬、日僑 4.7 萬、日軍 4.6 萬），落彈 4,166 噸
- 台北州（台民 114 萬、日僑 13.5 萬、日軍 5 萬），落彈 3,443 噸
- 台中州（台民 130 萬、日僑 4.1 萬、日軍 1.7 萬），落彈 2,902 噸
- 新竹州（台民 79 萬、日僑 1.8 萬、日軍 1.9 萬），落彈 2,530 噸
- 台東廳（台民 9 萬、日僑 0.7 萬、日軍 0.5 萬），落彈 1,231 噸
- 澎湖廳（台民 7 萬、日僑 0.3 萬、日軍 0.6 萬），落彈 1,127 噸
- 花蓮港廳（台民 15 萬、日僑 1.8 萬、日軍 0.8 萬），落彈 1,111 噸

不論居住在哪，台灣民眾只要聽聞空襲警報響起，當即紛紛往郊區疏散！即使在戰後 75 年的今天，新聞媒體仍不時報導，各處還持續挖到戰爭期間美軍投下的未爆彈。就在本書付梓前，宜蘭縣頭城鎮漁民在大里近岸捕撈，竟撈到一枚鏽蝕的美製 250 磅未爆彈，這是典型的戰爭疤記。

表 13　盟軍大規模濫炸之台澎三個層級行政區及落彈統計

區	一級	二級	三級行政區	落彈噸數
北台灣	台北州	台北市	西門町等 64 個町	1,085
		基隆市	入船町等 28 個町含基隆港及彭佳嶼	766
		宜蘭市	本町區等 7 個町	465
		七星郡	汐止街、士林街、北投街、內湖庄	52
		新莊郡	新莊街、五股庄、林口庄	43
		海山郡	板橋街、鶯歌街	43
		文山郡	新店街、蕃地（烏來社）	17
		淡水郡	淡水街、八里庄、三芝庄、石門庄	499
		基隆郡	瑞芳街、七堵庄、貢寮庄	103
		宜蘭郡	頭圍庄、礁溪庄、員山庄	43
		羅東郡	羅東街、五結庄、三星庄	120
		蘇澳郡	蘇澳街、蕃地（南澳社）	207
	新竹州	新竹市	黑金町等 15 個町	1,421
		新竹郡	紅毛庄、湖口庄、竹北庄	103
		中壢郡	楊梅街、觀音庄	34
		桃園郡	桃園街、龜山庄、八塊庄、大園庄	146
		大溪郡	龍潭庄	26
		竹東郡	竹東街、寶山庄、橫山庄	43
		竹南郡	竹南街、頭分街、三灣庄、造橋庄、後龍庄	430
		苗栗郡	苗栗街、苑裡街、公館庄、三義庄、通霄庄	310
		大湖郡	獅潭庄、卓蘭庄、蕃地（錦水社）	17
	台中州	台中市	綠川町等僅 9 個町	327
		彰化市	快官町等 38 個町	267
		大屯郡	霧峰庄、大平庄、北屯庄、烏日庄	224
		豐原郡	豐原街、內埔庄、神岡庄、潭子庄	164
		大甲郡	大甲街、清水街、梧棲街、沙鹿街、大安庄、大肚庄	465
		東勢郡	東勢街、新社庄	86
		彰化郡	鹿港街、和美街、福興庄、花壇庄	301
		員林郡	員林街、溪湖街、田中街、二水庄	95

中台灣		北斗郡	北斗街、二林街、大城庄、竹塘庄、溪州庄	344
		南投郡	南投街、草屯街、名間庄	198
		竹山郡	竹山街	9
		能高郡	埔里街、國姓庄、蕃地（霧社）	138
		新高郡	集集街、魚池庄、蕃地（東埔社）	284
	台南州	台南市	北門町等 31 個町	964
		嘉義市	南門町等 17 個町	327
		新豐郡	仁德庄、歸仁庄、永康庄	284
		新化郡	新化街、善化街、新市庄、玉井庄	129
		曾文郡	麻豆街、六甲庄、官田庄	353
		北門郡	佳里街、將軍庄、北門庄、學甲庄	224
		新營郡	新營街、鹽水街、後壁庄、番社庄	482
		嘉義郡	大林街、水上庄、民雄庄、蕃地（阿里山社）	603
		斗六郡	斗六街、斗南街、古坑庄	86
		虎尾郡	虎尾街、西螺街、土庫街、崙背庄、海口庄	310
		北港郡	北港街、口湖庄、水林庄	215
		東石郡	朴子街、六腳庄、東石庄、布袋庄、義竹庄	189
南台灣	高雄州	高雄市	田町等 14 個町含高雄港	1,378
		屏東市	隼町等 21 個町	1,068
		岡山郡	岡山街、阿蓮庄、彌陀庄、楠梓庄、燕巢庄	835
		鳳山郡	鳳山街、大寮庄、小港庄	577
		旗山郡	旗山街、美濃庄、六龜庄	215
		屏東郡	鹽埔庄、里港庄	34
		潮州郡	潮州街、內埔庄、新埤庄、枋寮庄、枋山庄、蕃地（獅頭社）	405
		東港郡	東港街、林邊庄、佳冬庄、琉球庄	792
		恆春郡	恆春街、滿州庄	1,076
東台灣	花蓮港廳	花蓮港市	市區含花蓮港	370
		花蓮郡	吉野庄、壽庄、研海庄、蕃地（太魯閣社）	362
		鳳林郡	鳳林街、瑞穗庄、新社庄、蕃地（馬侯宛社）	319
		玉里郡	玉里街、富里庄	60

	台東郡	台東街、卑南庄、太麻里庄、大武庄、 火燒島庄、蕃地（紅頭嶼社）	852
台東廳	關山郡	關山庄、鹿野庄	52
	新港郡	新港庄、長濱庄、都蘭庄	327
澎湖廳 澎湖	馬公支廳	馬公街含虎井嶼、湖西庄含查母嶼、 白沙庄含吉貝嶼及北島、西嶼庄含漁翁島	981
	望安支廳	望安庄含望安島及東吉嶼、大嶼庄含七美嶼	146

註：（1）台北州 140 個三級行政區有 125 個遭炸，落彈 3,443 噸。
　　（2）新竹州 59 個三級行政區有 41 個遭炸，落彈 2,530 噸。
　　（3）台中州 127 個三級行政區有 86 個遭炸，落彈 2,902 噸。
　　（4）台南州 128 個三級行政區有 86 個遭炸，落彈 4,166 噸。
　　（5）高雄州 81 個三級行政區有 60 個遭炸，落彈另加左營軍港 396 噸共 6,776 噸。
　　（6）花蓮港廳 11 個三級行政區有 10 個遭炸，落彈 1,111 噸。
　　（7）台東廳 12 個三級行政區有 11 個遭炸，落彈 1,231 噸。
　　（8）澎湖廳 6 個三級行政區全遭炸，落彈 1,127 噸。

（鍾堅製表）

台灣熱血　皇軍孤魂

　　盟軍戰機的狂轟濫炸，除了導致台灣民眾死亡 6,000 人以上、日籍僑民死亡 500 餘人之外，日軍官兵在美軍濫炸期間陣亡者更多達 7,369 名。他們多屬航空、艦艇及防空等部隊。其實，還有更多的台灣民眾，以慰安婦、軍農、技術工、軍伕、軍屬、高砂義勇隊、特別志願兵、學徒兵、少年兵、徵召兵及國民徵用隊員的身份，在台澎各處軍營中被盟軍炸死，或遠赴外南洋及中緬印戰場客死異域。為天皇奮戰而死亡與失蹤的台灣民眾近 78,000 人。

　　最慘無人道者，係日本發動台澎地區年輕女子，遠赴境外戰場充當日軍隨軍慰安婦。早在瀋陽事變後，日軍就透過台澎地區庄役所仲介良家少女及蕃地年輕女性原住民，出境隨同日軍從事有薪給之烹飪、洗衣及其它「工作」，唯招募成效不彰。後經人口販子在風月場所高薪誘拐侍女補足所須。戰時體制下超過千名

的年輕女子，被遣至華南及外南洋日軍營區的慰安所，加入以朝鮮女子為主體的
10 萬慰安婦大軍，替 200 餘萬日軍提供性服務。半世紀後，有 59 位尚健在的台
籍慰安婦，勇敢站出來控訴日本暴行，代表人物是已辭世的中壢阿嬤黃阿桃。

　　1937 年，日本發動侵華戰爭，當時日軍的兵員號稱百萬（陸軍 95 萬及海軍
13 萬）。由於三月亡華夢幻成空，且身陷中國戰區的戰略防禦泥淖，亟需兵源
補充。起先日軍不敢讓台灣民眾拿起武器，但並沒有因此放過 500 多萬名在地居
民。1937 年 9 月 10 日淞滬會戰時，台灣總督府設立「國民精神總動員本部」及「皇
民奉公會」等附隨組織，籌辦訓練班隊講述侵華的必要性。依據日本內閣之「國
民精神總動員計畫實施要綱」，日本在「舉國一致、盡忠報國、堅忍持久」三大
口號下，網羅台灣各社團領袖，組成國民精神總動員中央聯盟，以「深入島民生
活的各部分，真正促成日台合一的大轉機，進而達成皇國臣民之義務」。換言之，
日本已正式開始精神動員台灣民眾，充當其侵略砲灰。

　　1939 年 3 月 31 日，日本國會通過並實施國家總動員法。總督府依此規定，
將民間資源、工廠、資本、勞力、交通及通訊等企業由總督府統轄，進而徵調帝
國臣民服勤，並限制言論自由、禁制爭議。台灣民眾的生活，從此一律受總督府
規範管束。為了確保效忠天皇，確實做到皇民化，總督府認為有必要對台灣青少
年施予積極教育訓練。1940 年 3 月 28 日，總督府於各三級行政區編成「勤行報
國青年隊」，由町、街、庄、蕃地等地方官吏推薦青年學生領袖，集中於各二級
行政區的市、郡、支廳等訓練所，施以 3 個月集訓，每期徵召 300 人，結訓後編
入在鄉勤行報國青年隊任核心幹部，2 年內完訓 22 期。太平洋戰爭爆發後，他
們都成了在鄉領導份子，率眾積極參與徵募活動及參加勞役等「報國獻身」運動，
搖身一變，成為驅使台灣民眾捲入戰爭洪流的催化劑。

　　1940 年，日本在台澎大舉徵募兵卒之前，即透過御筆宣傳隊，利用教師、
文人、記者的筆桿隊伍，宣導大東亞共榮理想。典型的代表，即為當時的台灣軍
司令長官本間中將作詞、山田氏作曲的《台灣軍之歌》。歌詞的開場白「太平洋
上天遙遠、南十字星閃耀光、黑潮溢流椰子島、荒波湧浪赤道線，睨目企騰在南

方、守護有咱台灣軍…」，代表日本將南進戰爭浪漫化的意境。多少台籍軍伕，在慘烈的戰場上負傷、重病或思鄉之際，總會吟唱《台灣軍之歌》，仰望夜空代表亞洲共榮理想的南十字星，似乎能夠填補台籍軍伕心中徬徨與空虛。南十字星，也就成為台籍軍伕參戰浪漫的原點。

此際，日本也積極在台澎推動皇民化運動，刻意凸顯台澎地位，使其淪為日本軍國主義祭品。在長期徹底皇民化運動下，台灣青年高唱日本國歌「君之代」及「提起志願當軍伕」等歌謠，誓死成為皇民赤子，準備為大日本帝國捐軀。

1941 年太平洋戰爭爆發，徹底皇民化的台灣為了響應大東亞榮征，自是有錢出錢，有力出力。各民間會社紛紛組成協力社、奉仕團，向總督府奉納獻金，以襄助大東亞聖戰。各三級行政區亦在町、街、庄、蕃地組成「皇民奉公隊」，就地替駐守日軍修護軍需品、縫補征衣，更發動每位學童及每 30 位民眾書寫一封信，去函前方日軍表示慰問、仰慕之意。

中日戰爭爆發後，日本不信任在台的漢人，僅徵召極少數親日知識青年擔任翻譯員，隨台灣混成旅團前往對岸作戰。此外，也開始徵召台籍農民擔任作戰部隊的軍農，以期自耕蔬果達致以兵養兵。如 1938 年在台南徵召 200 位台籍農民編成「農業義勇團」任軍農，赴華中軍屯。因績效卓著，爾後每年由台北、新竹、台中、台南及高雄在各州招募 200 名台籍農民，編成「農業義勇團」隨日軍在華南占領區軍屯，或編成「農業挺身團」隨日軍在外南洋前線屯墾，達到自戰自活之目標。戰時體制下招募無武裝的台籍農民「鋤頭戰士」出境屯墾，累計超過萬名以上。

台籍技術工人亦遭日本財團以高薪引誘，參加「拓南工業戰士團」，遠赴外南洋占領地，至日本財團需要大量技工的油田、工廠服勤，台籍拓南工業戰士多達 2,800 餘人。而熟悉農業改良、產銷通路的台籍農業技工，亦遭日本財團承辦「拓南農業戰士團」招募，遠赴外南洋占領地的農場擔任幹部，人數也有 500 餘人。還有台籍船舶技工在日本水產南進規劃下，赴日本財團經營之「拓南海洋戰士團」，在外南洋日籍船隊擔當艙面水手與輪機工匠，人數亦有 350 人。

日軍除了在駐地驅役台籍軍農在營屯墾外，更須要大量勞力協助修補工事、構築陣地、搬運軍品，這就是招募台籍青壯編成「勞務奉公團」與「特設勤勞團」擔當日軍隨軍軍伕的緣由。日本招募台籍軍伕的濫觴，源自 1900 年 1 月總督府招募 300 台籍青壯，隨台灣守備混成旅團在營區擔當勞役勤務。迄 1919 年，駐軍擴編為台灣軍時，隨軍的台籍軍伕仍維持在千人上下。

中日戰爭爆發後，日軍亟須勞力補充，否則部隊無法專注於用兵作戰任務。1938 年 4 月，首批台籍青壯軍伕 450 名編成「白樺隊」，赴華中戰場隨日軍行動，從事陣中勞役。隨後陸續招募 3,000 台籍軍伕，赴華南與海南島，受征戰日軍驅役。太平洋戰爭爆發後，再大幅招募軍伕赴菲律賓、印支半島及外南洋各島礁，替前線日軍構築工事。以「勞務奉公團」與「特設勤勞團」名義招募的「勞務戰士」，前後多達 30 批，計 34,000 餘之眾。

戰時體制下，日本在台澎募集最多者，當為 126,750 位台籍軍屬。前揭日軍部隊的台籍軍伕，嚴格算來是最下等的另類軍屬，位階在部隊內是傭人，從事高耗能雜役，工作很沒尊嚴。軍屬分三個階級，除了最低階的軍伕，最高階軍屬稱為「囑託」，位階同尉官及奏任官。中階軍屬稱為「雇員」，位階同日軍士官、判任官或士兵。例如招募的男性醫師擔當囑託的軍醫、女性看護擔當雇員的軍護，從事境外醫護勤務的台籍軍屬多達千人。更多軍屬則被募集至台澎地區的軍需生產線、兵工廠、後勤維修工場與油彈補給倉庫工作，擔當生產勞務或補給輸送，修補設施工役、糧彈搬運等勤務。甚至有者派到海軍基地擔當警備巡守，以及陸軍的戰俘營擔任盟軍戰俘監視員與憲兵補。

為數 3.4 萬餘的台籍軍伕與 12.7 萬左右的台籍軍屬，有 9.6 萬餘被遣至外南洋第一線隨日軍征戰，其餘均留在台澎服勤。出境服勤的台籍軍屬，有 6 萬餘立即派赴菲島、南太平洋支援作戰。2.3 萬餘前往華南隨支那派遣軍轉戰南北，1.3 萬餘被運回日本服勞役。

高砂勇士　英勇奮戰

太平洋戰爭爆發後率先擔負作戰任務的台籍民眾，為招募台灣原住民的「高砂義勇隊」。台灣軍司令長官本間雅晴中將任職時，就對台灣原住民在高山野地求生技能特別注意。本間中將在戰爭爆發前夕，調任第 14 軍司令長官，率部登陸攻奪菲島，很自然就想動員原住民赴南方熱帶叢林助戰，遂以「南方派遣高砂族挺身報國隊」之名，在台招募身體碩壯、通曉日語之台籍原住民隨軍出征。由於高山部落對日本忠誠度高，長期與平地漢人對立，責任感強且兇悍善戰。日本遂甄選其中優秀青年，集中在湖口軍營施以叢林特戰訓練，完訓後派赴外南洋第一線服勤。高砂義勇隊以 500 人為 1 個營級規模的大隊，下轄 2 個連級規模的中隊，中隊再編成 3 個排級規模的小隊，小隊長以上之隊職官，由部落派出所日籍警察兼任，隨隊出境作戰。1942 年 12 月 17 日，首批高砂義勇隊從高雄港出發，遠赴外南洋前線，支援日軍作戰。

高砂義勇隊起先並無帝國軍人身份，在前線律定的任務原本只有糧彈輸送、工事構築、修橋鋪路及傷患後送等軍伕層級勞務。然原住民勇猛機敏，前線指揮官均偏好挪用高砂義勇隊員擔任搜索、偵察、爆破、斥候等第一線特戰任務。由於原住民在戰場表現傑出，聲名大噪，日軍為其爭取軍籍且爭相搶用，使得戰時派至外南洋作戰的高砂義勇隊員多達 9 批，計 6,916 人。

不過，台籍高砂義勇隊隊員多戰歿異域，拆散許多部落家庭。漢名楊明德的原住民，隨高砂義勇隊赴菲島叢林作戰，居然得以全身而退，隨軍調返台灣，駐防屏東營區整訓，後卻遭美機掃射傷重成殘。漢名鐘經忠的原住民（日名阪村忠一）被徵召在阿里山營區受訓時，尚未被編入高砂義勇隊出境作戰，就在阿里山營區遭美機空襲，右腿慘遭炸斷。多少悲慘離異，總算隨著戰爭結束而停止殺戮。

最離奇的境遇，是「最後的帝國軍人」阿美族人史尼育唔。他於 1943 年加入台灣特別志願兵行列。一等兵史尼育唔改名為中村輝夫參加高砂義勇隊後，於 1944 年被日軍派至蘭印守島，與入襲美軍在熱帶雨林對戰後脫隊失蹤。中村自

活自戰迄 1974 年才步出雨林解繳武器，方知戰爭早已結束 29 年！中村一等兵不是日籍皇民，僅為殖民地的原住民，故日本政府反應非常冷漠，僅提升兩階、追頒兵長軍階後發給相當於當時自衛隊兵長一個月月俸的補償金令其退伍。但由於日本政界相當重視這件事情，因此又籌募一筆特別慰問金，總共交給史尼育唔大約 800 萬日圓。隔年，中村對日本的淡漠失望透頂，拒絕去日本定居，直接從印尼返回台東，並在 4 年後在故鄉辭世。印尼政府特為他在曾駐守過的摩洛泰島立銅像碑紀念。作者公訪印尼時，曾赴該島憑弔戰爭紀念銅像碑。

在地徵召　解決兵荒

譁於台灣人及朝鮮人並非日籍皇民，不適用日本徵兵法以徵召入伍，故日本於 1938 年 4 月 3 日頒佈「陸軍特別志願兵」實施綱要。針對不適用戶籍法的外地「帝國臣民」開闢兵源，鼓勵台灣及朝鮮男性「志願」服勤陸軍。實施初期，日本不信任漢人，並未實施特別志願兵募集，僅極少數忠誠度高者方可擔任翻譯員隨軍出境作戰。

太平洋戰爭爆發後，乘勝追擊的日軍挾 240 萬之眾，橫掃大東亞及外南洋，頗有捲襲整個亞太地區之勢。戰線拉長綿延 3,000 浬之遙，日本當即感受兵力分散、兵源短缺。在實施陸軍特別志願兵四年後的 1942 年 4 月 1 日，不得不網開一面，徵召台澎地區漢人青壯入伍。雖然在台澎地區 17 至 30 歲、體能合格的男性就超過 60 萬人，但日本十分謹慎，在沒有消除對漢人忠誠度疑慮前，只敢少量甄選。第 1 批 1,020 人於 5 月 4 日入伍，服現役 2 年及預備役 15 年 4 個月。第 2 批 1,030 於隔年 6 月 1 日入伍，最後 1 批於 1944 年入伍。不計高砂義勇隊員，前後總計募集 5,500 餘陸軍特別志願兵入營。他們結訓後均派出境外，隨日軍遠赴異域，擔任輸送、維修、補給等支援勤務，不在台澎地區服勤。

台籍皇軍軍階最高者，為預備幹部出身、漢名鍾謙順的原住民。他曾擔任關東軍少佐大隊長職，為五等奏任官，也就是最低階的佐級上長官，不過這僅為特

例個案。絕大部份的台籍日本特別志願兵，迄二戰結束止都還是部隊最底層的兵卒，能升任士官甚至是初級軍官的基層領導幹部者，算是鳳毛麟角。

到了 1943 年，日軍官兵人數雖然膨脹到 360 萬之眾，然技術兵種如海軍犧牲頗大，非常缺員。當時海軍編制上雖有 68 萬員額，然而一經散開到外南洋各島嶼，勢孤力薄，捉襟見肘。該年 5 月 12 日，日本頒布「海軍特別志願兵」制度，準備招募朝鮮及台澎地區民眾參戰，預定補充之員額為 31.6 萬人。8 月 1 日，海軍特別志願兵同步在朝、台施行甄選，總督府調查 14 至 20 歲合格適齡的台澎男性，就有 13.2 萬餘人。許多漢人青年踴躍從軍，準備效忠天皇，隨軍參加大東亞榮征。1944 年 3 月 31 日，首批 1,000 名完訓的海軍特別志願兵，依其體能、智商、技能及教育程度，由高雄警備府予以分科，擔任勤務工作兵、輪機、衛生、主計、飛行整備或艦艇兵，服役 3 年及預備役 12 年。前後甄選完訓的海軍特別志願兵，多達 1.1 萬餘人。結訓後，大部分都派出境外隨海軍遠赴異域，僅少數在台澎服勤。

到了 1943 年 10 月，日本連幼童也不放過，開始招募 10 歲以上台籍學童為「學徒兵」，為數 3 萬人。除了在校強制實施軍訓洗腦，令其背誦「軍人敕諭」及「決戰訓」，更將部分資優生送往兵工廠服勞役，以勞力換取技能及高校專技文憑。例如日本曾招募 8,459 名台籍學徒兵，遠赴日本內地加入各航空廠趕製飛機。資質較差的萬餘名學徒兵，則派赴南洋及中國戰區前線，擔任日軍上長官的佐級軍官勤務兵，主要工作是洗衣、擦鞋、打掃等低層次勞務。

戰時體制下，能被海、陸軍甄選入航空部隊擔當空勤任務的台籍青年，破格錄用者算是少數中的極少數。戰爭期間，有不少台籍少年報考陸軍飛行兵，但能順利通過考核駕駛飛機的卻少之又少。首位考取陸軍少年航空兵的是原籍新竹州竹南郡頭份街的張彩鑑，是第 6 期少年航空兵。結訓後派赴 6 飛師服勤，任整備伍長，於 1942 年 4 月在緬甸遭美軍空襲重傷致死，年僅 20 歲。

日軍在太平洋戰爭期間殞命者多達 220 萬之眾，為皇民膜拜的真「英雄」，是將生命像櫻花般玉碎的海軍海龍、回天震洋，陸軍丹羽、海上挺身隊、義烈空

挺隊，以及及陸、海軍航空特攻等來自不同特攻隊的隊員。1.4 萬多名各類特攻戰歿者中，僅有 1 位是來自台灣的優秀青年被甄選為神風特攻隊員，以血肉之軀在太平洋上衝撞盟軍艦艇，如花絮般飄散在血紅的夕陽中消逝。他是原籍新竹州苗栗郡銅鑼庄的劉志宏。劉員考入陸軍東京航空學校就讀，改名泉川正宏。依適性分發至所澤陸軍航空整備學校受訓，1943 年自少飛 11 期結訓，派至滿州吉林公主嶺的 2 航軍航空部隊服勤。1944 年 12 月 14 日，飛行伍長泉川正宏隨 4 航軍 5 飛團 74 戰隊自呂宋島出擊。劉員係由百式重爆吞龍編成的菊水特攻隊機組組員之一，唯出海後尚未目視美艦，就遭美機攔截擊墜殞命，得年 21 歲。

　　海軍僅於二戰末期需求空勤組員孔急，始於 1945 年在海軍特別丙種飛行預科練習生（特丙飛）24 期，甄選朝鮮籍與台籍少年飛行兵各 50 名送訓，唯二戰結束之際尚未結訓。

　　當戰火逐漸延燒回西太平洋，台灣軍司令長官部手邊僅有的作戰部隊還不到 3 個師團。要防衛全島，兵力未免太過單薄。在台澎所招募的 2.3 萬特別志願兵及高砂義勇隊卻受困於外南洋前線，也無法返鄉作戰。總督府遂決定於 1944 年 9 月 1 日起，正式實施徵兵，由台灣軍管區司令長官部透過各級行政區警察，負責動員 19 至 23 歲適齡壯丁入伍，服役年限與特別志願兵同。1945 年 1 月，台澎地區排定徵兵體檢梯次，受檢體位合格之台籍壯丁旋即強徵入伍。徵召的台籍日本兵以陸軍最多，近 7.6 萬餘人，補充駐守台澎之擴編部隊缺員。

　　海軍因艦艇部隊損耗殆盡，僅徵召 3,700 餘人，以補充高雄警備府及陸基海軍航空部隊之缺額。其中就有很多自願納編為震洋特攻隊員，企圖透過流血，將自己變成真正的日本皇民。

　　海、陸軍在台徵集且留駐台澎地區的台籍日本兵，合計 80,433 人。另外，在台澎的陸軍部隊內，還有 56,578 名台籍軍伕與軍屬，海軍則是有 7,871 名。例如海軍 61 航空廠就有台籍軍伕與軍屬 4,246 人，在生產車間工作。又，日本陸軍第 5 野戰航空修理廠從事勞務的台籍軍屬也有 1 萬餘人，連同在飛行場站從事修築構工的軍伕，合計就多達 27,727 人在陸軍航空部隊服勞役。因此，日軍駐

台各級部隊（見表 7），有四成三是台籍日本兵及強徵的隨軍軍屬與軍伕。

　　1944 年 7 月，日本頒布「國民徵用令」，總督府遂依規定將男女老幼分別編組，就地動員，遂行台澎地區絕對防衛以自活自戰。巧立名目的各種徵集勤務計有：

- 勤勞報國隊赴工廠服勞役及修築要塞工事
- 國民義勇隊去修填飛行場站跑道彈坑
- 義勇報國隊擔當防空哨戒等民防勤務
- 特別防衛警備隊編訓中學生防諜肅奸
- 女子報國救護隊負責醫療防疫勤務
- 女子挺身報國隊擔當育幼義工
- 畜力挺身隊提供獸力車輛支援軍運

　　全民就地動員自活自戰，總計有 42 萬無武裝台灣民眾參加。綜上所述，林林總總被日本徵召、脅迫，直接或間接參戰者，多達 72.8 萬餘名。台灣直接或間接參戰者在各個不同領域的人數分布如下：

- 慰安婦超過千名
- 鋤頭戰士的軍農超過萬名
- 拓南戰士的技工 3,700 餘名
- 勞務戰士的軍伕 34,000 餘名
- 軍屬 126,700 餘名
- 原住民高砂義勇隊 6,900 餘名
- 陸軍特別志願兵 5,500 餘名
- 海軍特別志願兵 11,000 餘名
- 學徒兵 30,000 餘名

- 少年飛行兵 200 餘名
- 陸軍原日本兵 76,000 餘名
- 海軍原日本兵 3,700 餘名
- 國民徵用隊員 42 萬餘名

　　台灣民眾平均八口之家，就有一人被強徵隨軍參戰。到了戰爭後期，全台城鄉感覺上只剩下老弱幼孺。青壯及婦女似乎都為日軍充當勞役，離鄉背井不知人在何方。

　　在東京靖國神社奉安殿內，靜靜地擺設著 27,857 個台籍兵卒的靈位。但按照台灣總督府的兵籍簿，戰爭期間在亞太各地戰歿的台籍兵卒不只靖國神擺設的靈位數目，而應有 30,304 名，其中包括：

- 陸軍軍屬——16,854 名
- 海軍軍屬——11,304 名
- 陸軍特別志願兵及徵召常備兵——1,515 名
- 海軍特別志願兵及徵召常備兵——631 名

　　靖國神社擺設台籍兵卒的靈位，要比台灣總督府的兵卒戰歿簿短少 2,447 人！更有甚者，總督府兵籍簿也註明有 22,671 名台籍兵卒作戰失蹤，他們也都未設靈位，置於靖國神社內。日本當局對所有作戰失蹤的殖民地台籍兵卒，根本置之不理，當作從不存在。例如陸軍台灣特別志願兵高砂義勇隊員一等兵中村輝夫，二戰結束後的 29 年失蹤期間，靖國神社根本沒有他容身的位置。更有 25,000 餘名沒軍籍的台籍慰安婦、軍農、技術工、學徒兵、軍伕在戰場永久不歸，不是橫屍異域就是隨船艦屍沉深海，日本當局也不聞不問。日本發動太平洋戰爭，卻在台澎地區拆散了近 7.8 萬個家庭。

　　此外，144,800 餘名駐守台澎地區的台籍軍屬、軍伕與士兵，加上二戰結束

後由日本內地、中國戰場及外南洋遣返的各類徵募 138,900 餘名台籍男女，不論他們在日軍部隊內服勤期間長短，共有 33,000 餘名遭盟軍炸射而受輕重傷成殘歸鄉，受傷率高達一成二！

　　在北迴歸線以南的南台灣，每年春夏的晴朗夜空都可以仰望到定向專用、光燦奪目的南十字星。作者於 2013 年趁公訪之便，踏查南太平洋島國吉里巴斯首府貝壽島的「台灣公園」。夜晚獨自漫步在海濤拍岸的細碎聲中，抬頭可望見耀眼恆星組成的南十字星懸掛在南方星空，與南台灣春夏夜空觀星的景緻一模一樣。

　　「台灣公園」係由我政府出資援贈的濱海公園，花木扶梳、椰影婆娑。然而，在面積不到 2 平方公里的首府塔拉瓦環礁貝壽島珊瑚細砂底下，卻陳屍多達 7 千亡魂！1943 年底，就在改變台灣命運的「開羅會議」召開之際（見第五章），美、日兩國於南太塔拉瓦貝壽島掀開史上最血腥、也是最經典的兩棲攻防戰。

　　令作者震憾的是，在「台灣公園」椰樹根部，躺著近百名台籍軍伕。這批台籍亡魂，屬海軍第 111 建設營與第 4 艦隊工程營的軍伕。他們既非日籍皇民，亦非日本皇軍編制內有軍籍的官兵。他們是日軍南侵後，在缺員的困局下，被迫加入「台灣特設勤勞團」的台籍青壯，被運載出境開赴外南洋新幾內亞的拉布爾基地，再前運配置在貝壽島擔任勞務工作，替守備的日軍構築防禦工事。

　　由於日軍並不信任來自朝鮮、台灣的軍伕，既不發給他們自衛武器，也不准他們進入陣地掩蔽。在美軍發動兩棲攻擊前的飽和轟擊下，近 2,000 名朝鮮籍與台籍軍伕無處可躲，慘遭美軍艦砲岸轟得血肉橫飛。這批台籍軍伕並沒列入日軍軍籍冊簿，戰後當然也無牌位安置於靖國神社。這批近百位無名、無主、無全屍且遭日軍臨戰時拋棄的台籍軍伕，遂成為飄泊異域的孤魂野鬼，加入 25,000 餘名台籍參戰者的亡靈行列，遊盪在外南洋戰場上無處可歸。

　　由於總督府刻意不出示沒有軍籍的台籍慰安婦、軍農、技術工、學徒兵、軍伕的徵募名簿，靖國神社所奉伺的又只是台籍兵卒陣亡的一小部分，故台灣民間的統計資料應更為詳實。上述各種徵募隨軍出征的台澎居民，確知陣亡者計

53,300 餘人，永久失蹤者 24,600 餘人，合計 77,900 餘人。包括上揭吉里巴斯首府貝壽島的「台灣公園」細砂下，埋葬著近百名台籍軍伕亡靈。

換句話說，每千位居民的村落中，被徵募參戰者有 123 人。二戰結束時陣亡、失蹤未歸者有 13 人。戰後自海外遣回歸鄉者有 23 人，參戰者倖存但有戰傷殘廢者 5 人。在鄉的鄉親遭美軍炸射傷亡者 2 人以上，住戶被炸毀無家可歸者有 45 人，合計 211 人，佔村落居民的兩成！可以這麼說，每個家庭親族，均受戰禍波及，親人離散、子弟陣亡、失蹤與傷殘者，比比皆是。

美國戰俘　命喪台澎

太平洋戰爭期間，近 78,000 名台籍參戰者的戰歿，與超過 1 萬名台澎居民遭盟軍濫炸傷亡，替時代悲劇留下血淋淋的註解，那麼盟軍合計有 3,393 人命喪台澎地區及周邊海域，應算是戰爭結束交戰雙方共有的創痕。

太平洋戰爭初期，在遠東地區的同盟國兵敗如山倒，為數約 34 萬英、澳、荷、美、加等國的軍民遭日本俘獲。其中美籍軍民有 25,600 餘人，這些戰俘被日軍羈押在遠東各地的 134 座戰俘營內看管。日軍為疏遷外南洋的大量俘虜，自 1942 年 8 月起也在台灣陸續開設戰俘營，短短 2 個月就興建 4 座應急使用。其順序如下：

- 屏東捕虜監視所，1942 年 8 月 2 日開設至 1945 年 3 月 15 日關閉，今屏東縣麟洛鄉國軍閒置的陝寮營區（見第四章）。
- 花蓮港捕虜監視所，1942 年 8 月 17 日開設至 1943 年 6 月 6 日關閉，今花蓮市國軍憲兵隊誠正營區。
- 高雄捕虜監視所，1942 年 9 月 7 日開設至 1945 年 2 月 15 日關閉，今高雄港 26 號碼頭與夢時代購物中心間。
- 台中捕虜監視所，1942 年 9 月 27 日開設至 1944 年 7 月 1 日關閉，今台中

市霧峰區經濟部水利規劃試驗所的舊正辦公區。

日軍隨後又接力開設另外 10 座戰俘營，以便羈押更多盟軍戰俘。當太平洋戰火逐漸逼近時，日軍就將外南洋的戰俘加快後送至日本內地及滿州等後方，高雄港與基隆港就成為中繼轉運站。戰俘船半途靠泊兩港添加糧水，順便讓島上的戰俘隨船週轉進出。太平洋戰爭期間，在台灣的戰俘營開開又關關，被羈押的盟軍戰俘來來又去去，戰俘營容量始終維持在 1,300 人上下。曾被關在台灣的盟軍戰俘，累積多達 4,344 人次，內含美籍軍民 1,525 人次。

羈押在台灣的盟軍戰俘最高階軍官，是接替麥克阿瑟菲律賓作戰的美國陸軍三星中將溫萊特（LTG Jonathan M. Wainwright）。他於 1942 年被遣送來台灣，先後羈押在花蓮港及台中，最後送往木柵的戰俘營[1]。溫萊特在台羈押期間，未受日軍凌辱，還有飯糰美食可享用。他於 1944 年底被日軍轉送至滿州，遠離太平洋戰火。

盟軍戰俘被逼迫日以繼夜進行高耗能的外役，因過度饑餓、傷殘重病、不堪凌虐甚至遭美軍誤炸而客死台灣者，累計有 430 人，內含美籍軍民 79 人。病歿的盟軍戰俘最高階軍官，是馬尼拉衛戍指揮部司令美國陸軍一星准將麥克布萊德（BG Allan C. McBride）。他於 1944 年 5 月 19 日在白河戰俘營[2]亡故。

透過中美合作所諜員在台灣現地偵察回報，所有羈押盟軍戰俘所在的戰俘營，均予標定確切位置。為了避免誤炸，美軍訓令所有參戰官兵，不得轟炸戰俘營及緊鄰的軍事設施與民宅。如基隆河北岸最大的盟軍戰俘營──台北戰俘營[3]，美軍就從未轟炸。

---

1 木柵戰俘營是 1943 年 6 月 24 日開設的第 8 座戰俘營，1944 年 12 月 6 日關閉，位在今日台北市文山區再興小學。
2 白河戰俘營是 1943 年 6 月 6 日開設的第 7 座戰俘營，位在今日台南市白河區內角國小。
3 台北戰俘營是 1942 年 12 月 14 日開設的第 5 座戰俘營，位在今日台北市中山區大直國防部營區。

　　另一方面，日本戰俘船南來北往，難免會有戰俘在航途中因病、缺糧或不服管教而殞命，甚者遭美軍擊沉。戰俘船航途中亡故的盟軍戰俘就超過 21,000 人，其中包括 4,300 餘位美籍軍民。1944 年 9 月，日軍大本營預判美軍即將奪佔菲律賓，遂加快將羈押在菲島的美軍戰俘遣離。由於台灣的戰俘營均被來自星、馬的英國軍民塞爆，故運載美軍的戰俘船駛離菲律賓後，中停高雄、基隆兩港僅靠泊整補，不卸載戰俘，隨後再將美軍戰俘運往日本內地及滿州繼續羈押。

　　離譜的是，就在此際不斷上演美軍誤擊盟軍戰俘的悲劇。戰史上最慘烈的一次事件，就發生在東沙島與台灣間的海域。1944 年 10 月 24 日，美軍潛艦新鯊魚號（USS Shark II, SS-314）會同其它 8 艘姐妹艦，在台灣海峽南口伏擊區巡弋。新鯊魚號在日落前發現一艘日籍商船航向高雄港，當即發射魚雷將它轟成兩截，沉沒位置在東沙島正東 90 浬的呂宋海峽。潛艦艦長當時並不知道遭他轟沉的日籍商船「阿里山丸」（Arisan Maru），竟載有 1,781 名盟軍戰俘自菲律賓呂宋島開赴高雄港。馳援的日軍驅逐艦忙著先撈起 300 餘位日籍海員與日軍眷屬，入夜後回頭再撈救落海逃生的盟軍戰俘時，僅救到 4 名美籍軍民。另 5 名美軍戰俘漂流至福建由國軍救起，餘皆隨船沉入海峽。往生的 1,762 位美籍與 10 位分別是英、荷、加籍的戰俘。當中最高階軍官是美國陸軍騎兵中校葛里格萊（LTC Roy D. Gregory）。

　　不過，新鯊魚號潛艦在事發之後，當即被日本海軍呂宋海峽反潛部隊的春風號驅逐艦擊沉，潛艦內 87 名官兵全數殞命。美軍潛艦官兵來不及送軍法究辦，逕行陪葬遭他們擊沉冤死的盟軍戰俘，雙雙長眠於呂宋海峽。潛艦誤擊事件無獨有偶，沒有最慘，只有更慘。就在新鯊魚號潛艦遭擊沉的 9 小時後，另一艘在台灣海峽北口伏擊區的美軍潛艦刺尾魚號（USS Tang, SS-306），深夜對準過往日輪發射最後一枚魚雷，未料魚雷失控開始兜圈，20 秒後居然回頭擊中潛艦艦艉！刺尾魚號潛艦自己打死自己，沉沒在淡水正西 79 浬的台灣海峽，全艦官兵 78 員陣亡、9 名被俘。

　　美軍不僅從水下攻擊戰俘船，更從空中轟擊。第 38 特遣艦隊航艦大黃蜂號

（*USS Hornet, CV-12*）的 11 飛行大隊，於 1944 年 12 月 15 日在呂宋島炸沉擬開往高雄港的日籍戰俘船「鴨綠丸」（*Ōryoku Maru*），船上運載的 1,622 名盟軍戰俘當場被炸死 270 人，其中包括 246 名美籍軍民。倖存的戰俘，分別再轉搭戰俘船「江之浦丸」（*Enoura Maru*）與「巴西丸」（*Brazil Maru*）安抵高雄港過境。孰料大黃蜂號飛行員，三週後於 1945 年 1 月 9 日又尾隨而至，對江之浦丸反覆炸射，造成 376 名美籍軍民死亡。往生的美軍戰俘最高階軍官，是陸軍軍醫中校肯普（LTG Orion V. Kempf）。日軍拖延施救，將戰俘遺體草草火化後的骨灰，棄置在高雄市旗后中洲亂葬崗內。

美軍對台濫炸期間，近千名美軍空勤組員所駕駛之 400 餘架作戰飛機未能歸航。例如在台灣航空戰期間就有 200 餘架美機的戰損。戰爭最後 200 多天自菲律賓來襲的美軍，500 餘機組組員駕駛之 200 餘架美機遭擊墜（見第七、八章），還有部份美機因編隊擦撞墜落、低飛撞地、飛入峽谷撞山、迷航墜海、遭友機誤擊爆炸而在台灣周邊空域損耗。扣除過半數戰機飛行員落海獲友軍救回，有 366 名機組組員當場殞命或失蹤。此外，另有 46 名機組組員在台澎迫降、跳傘遭生俘，其中的 25 人以「戰犯」罪名被拘禁在日軍憲兵司令部台北刑務所接受審訊。1945 年 6 月 19 日，10 名美國海軍及 4 名陸軍第 5 航空軍的機組組員，因惡意濫炸民宅村莊，以「戰犯」死罪遭斬首處決！遭斬者，包括企業號艦載機被俘的中尉飛行官、電訊一兵與槍帆一兵。

總結戰爭期間，在台澎地區及周邊海域殞命的盟軍包括：

- 戰俘營殞命有 430 人，內含美籍軍民 79 人
- 在台灣周邊海域航行的戰俘船遭擊沉而淹死的有 2,042 人，內含美籍軍民 2,008 人
- 在台灣海峽伏擊區遭擊沉殞命的美軍潛艦官兵有 165 人
- 在高雄港江之浦丸戰俘船遭美機炸死的美軍戰俘有 376 人
- 在台澎地區轟炸的美軍機組組員殞命者有 366 人

- 在台灣羈押的美軍被俘機組組員遭戰犯罪名處決者有 14 人

　　以上殞命的盟軍，合計有 3,393 人，內含美籍軍民 3,008 人。兩軍交戰，對駐台的日軍而言，這個冰冷的數字算是血債血還了！

後記

　　1945 年 8 月 15 日，戰爭結束匆匆來到，日本無條件降伏。高興到手舞足蹈的，當然是羈押在台灣的盟軍戰俘。在撤離返鄉前，美國陸軍第 20 航空軍派出多批重型轟炸機，飛抵仍使用中的三座戰俘營，超低空拋投救援物資，居然也砸中撿拾物資的戰俘，造成 4 死 7 重傷的慘劇。二戰結束兩週後，中美合作所檢派的遣俘小組會同美軍敵後搜救特勤隊 AGAS 隊員登陸台灣，協助 1,281 名盟軍戰俘經鐵道運輸至基隆港，搭美、英軍艦撤離歸鄉，包括英籍軍民 1,178 人、美籍軍民 88 人，荷籍官兵 12 人與澳籍官兵 3 人。

　　台灣終告脫離戰爭死神糾纏，免於玉碎。落寞感傷的日軍官兵有 195,173 人，另有日本僑民 321,212 人倖免於難。近 52 萬日籍軍民，靜待美軍安排船期，遣返遭戰火摧毀的日本。流落異域、思鄉情切的台籍參戰者，也由美軍安排船期返回台澎故鄉，包括 97,748 人自外南洋戰地歸鄉、37,700 人自中國戰區返台，8,419 人自日本內地返鄉。但有 173 位台籍參戰者回不了家園，他們是日軍戰區各戰俘營的台籍監視員，被指控凌虐盟軍戰俘，其中 26 人遭判決處死。

—— · —— · ——

　　日本取台始於戰爭，也終於戰爭。在二戰結束前的最後 1 年，烽火瀰漫台澎各處，盟軍大肆濫炸，造成民眾生命財產有史以來最浩大的損失。美、日雙方在太平洋的島嶼爭奪戰，差一點將台澎捲入萬劫不復的血腥兩棲攻防。戰爭末期，縱使美軍以跳島攻勢躍過台澎，沒有執行規劃中的奪島戰，但盟軍對台澎的長期轟炸，使得民眾傷亡萬人以上，民宅房舍近 5 萬棟遭炸毀，近 30 萬災民無家可歸。

期間，日軍在台募集參戰者，動員將近 73 萬男女老幼，直接或間接參與大東亞共榮的自活自戰，致使近 78,000 名台籍參戰者在台澎營區、陣地或外南洋雨林、島礁內陣亡失蹤，令台灣每個家庭親族，均有成員因戰禍而失散，永遠未歸。

　　日本一直都是台灣的鄰邦，過去百餘年來台灣受日本影響，可以說是深遠至極。強盛的日本理應發揚大和民族固有的神道教佛學內涵以濟弱扶貧。然而，日本因軍閥掌權主政，泯滅良知又沉溺於軍國主義的虛妄榮耀。恣意欺凌積弱不振的友好鄰邦，強取台澎，西進奪佔朝鮮、滿州與中國大陸，北取樺太，南進併吞外南洋各地。日本軍國主義猶如一隻飼養失控的巨龍，為了長得更大，就得吃得愈多。南方資源的掠取，藉「大東亞共榮圈」之名加以掠奪，當然也就與美、英、荷、法等殖民列強發生利益衝突。這就是日本軍閥主政發動「大東亞榮征」的歷史背景，在遠東具首要戰略地位的台灣與澎湖，也無可避免地被捲入這場戰爭。

　　作者的日籍友人，常提起當年日軍實在不該挑起中日戰爭，食髓知味進而南進攻掠。軍國主義不但使生靈塗炭，最後天皇落得無條件降伏，幾至亡國。日本更不該把台澎軍事化、要塞化，轉骨成不沉空母，驅役台灣民眾為侵略戰爭效命，引來盟軍飽和炸射，使得無辜的老弱婦孺死傷枕藉。歷史一再告訴我們，被戰爭淘汰的國家有兩類，一是沉於逸樂而忽略建軍備戰者，一是窮兵黷武而用兵好戰者。腐敗的大清帝國是前者的典型代表，日本軍閥的妄動南進是後者的實例。

　　日本軍閥固然要對太平洋戰爭期間台灣民眾生命財產的戰損負責，對台籍參戰者也應該有適當的補償和撫卹。但平心靜氣想想，為什麼在台灣耆老大都緬懷日本取台時期的美好治理時光，甚至部份滿腔熱血的台籍參戰者，寧願奉獻自己的生命，也要為大東亞聖戰捐軀？這得歸因於戰前日本的大和魂教育。日本取台期間，用大和魂來教育灌輸愛國、尚武、任俠、廉潔、知恥、勤勞、節儉、服從和守法的精神。培養出的台籍參戰者，大都有視死如歸，為君玉碎的殉國激情，具有臨戰奮勇殺敵的尚武氣魄！的確，我們不得不承認大和民族還是有些特點值得吾人省思參考。

　　日本取台 50 年，二戰結束後台灣光復迄今已然 75 年，戰爭疤痕猶烙印在先

輩內心深處。台灣航空戰的血腥戰役已成歷史。然而，戰史是鑑古知今最好的借鏡，當前應如何防衛台澎金馬領空，備戰但不求戰，避免將戰爭帶進我國境內。政府一旦決心要戰，力求主力決戰於遠海空域，是政府現階段建軍備戰應慎謀深思的課題。

2020 年適逢上一回世界大戰結束 75 週年。當年台澎籠罩在同盟國與軸心國交戰狼煙中，居民注定成為無情戰火摧殘下的犧牲者。往生的台灣民眾，絕少知曉為何而戰，更不知為誰而戰。戰爭結束後，台澎地區獲得重生，儘管戰後世局因冷戰造成全球小區域局部戰爭四起，但兵燹始終沒有再延燒到我們，這得感謝政府多年來用心守護台海，讓前線敵軍難以跨越雷池一步，讓後方國民同享安居樂業。

若交戰雙方均有鋼鐵般的意志力，戰爭不會有輸贏，只有悲劇。戰爭也沒有勝負，只有遺憾。最無奈的是擠夾在交戰雙方間無辜的民眾，戰爭帶給居民家庭哀慟與無奈。戰後，也帶給遺眷重建家園的動力。若兵燹下的黎民也有鋼鐵般的意志力，戰爭雖然帶來家園的破壞與毀滅，戰後也帶來社會的復原與重生。太平洋戰爭的創痕猶烙印在長者前輩內心深處，台灣航空戰的血腥戰役早成歷史被淡忘。

然而，回顧戰史記取教訓，是撰寫本書最終的訴求。

《孫子兵法》謀攻篇：「百戰百勝，非善之善者也；不戰而屈人之兵，善之善者也」。

吾輩能不「慎戰」乎？

附錄一

台澎重要軍事設施地名的
美軍英文拼音與中文對照

　　台澎地區首份完整版的城鎮地圖與地形圖冊，是美軍於二戰期間跳島攻勢中企圖占領台澎的堤道作戰計畫而準備的圖資。美國陸軍製圖局主任辦公室，於1944 年專為堤道作戰計畫備妥了 103 份台澎地區 1：50,000 大比例尺地形圖冊，與 26 份 1：10,000 小比例尺城鎮圖冊。這些圖冊，均依據連續偵照圖片研析調製，機密軍圖均簽發給奪台美軍團級以上作戰參謀運用（見前揭第六章）。這些美軍軍圖有超過 1,600 個地名，係根據日本取台期間所定編之日語名稱直譯成英文拼音標示，方便美軍奪島攻擊時，詰問、偵訊島上軍民。如今，這批台澎地區首份完整版的圖冊已解密，可在官網資源共享中點閱運用，也是研析台澎軍史最珍貴的圖檔。唯其內多有謬誤，如錯把鶯歌當八德（日本地名為八塊）。為提供讀者查詢圖檔時辨識 75 年前正確的地名，在本附錄將台澎重要軍事設施地名的美軍英文拼音與現今中文地名（縣市級行政轄區）做了以下的對照表。

ALIAN 阿蓮（高雄）　　　　BARAN 馬蘭（台東）

BOKO SHOTO 澎湖群島　　　BYORITSU 苗栗（苗栗）

CHIJOKYO 池上（台東）　　 CHIKUNAN 竹南（苗栗）

CHITKAQ 歸仁（台南）　　　CHOMOSUI 豬母水（澎湖）

CHOSHU 潮州（屏東）　　　 EIKO 永康（台南）

GAISANCHO 外傘頂（雲林）　GIRAN 宜蘭（宜蘭）

GOSEI 梧棲（台中）　　　　 GYOO TO 漁翁島（澎湖）

HACHIKAI 八塊（桃園八德）

HAYASHIDA 林田（花蓮）

HEISIOLIAU 梨頭鏢（屏東）

HEITO 屏東（屏東）

HINAN 卑南（台東）

HOKKO 北港（雲林）

HONGKANG 金山（新北）

HORIGAI 埔里（南投）

HOZAN 鳳山（高雄）

ITAHASHI 板橋（新北）

KAGI 嘉義（嘉義）

KAMKA 仁德（台南）

KAREIEN 北埔（花蓮）

KARENKO 花蓮（花蓮）

KASHO TO 火燒島（台東）

KATO 佳冬（屏東）

KIBI 旗尾（高雄）

KIIRUN 基隆（基隆）

KINKASEKI 金瓜石（新北）

KISAN 旗山（高雄）

KITSUBAI SHO 吉貝嶼（澎湖）

KIYOMIZU 清水（台中）

KIZAN TO 龜山島（宜蘭）

KOBI 虎尾（雲林）

KOKO 湖口（新竹）

KONAI 湖內（高雄）

KONGKUAN 公館（台中）

KORYU 後龍（苗栗）

KOSEI SHO 虎井嶼（澎湖）

KOSHUN 恆春（屏東）

KOTO SHO 紅頭嶼（台東蘭嶼）

KOTOBUKIMURA 壽豐（花蓮）

LAMSEPO 樹林口（新北）

MAKO 馬公（澎湖）

MATO 麻豆（台南）

MATSUYAMA 松山（台北）

MINO 美濃（高雄）

MIZUKAMI 水上（嘉義）

MOAN SHO 望安島（澎湖）

NAGA TO 長島（高雄太平島）

NAIRIN 內林（雲林）

NAPI 林邊（屏東）

NIRIN 二林（彰化）

O SHIMA 大嶼（澎湖七美嶼）

OKASEKI 鶯歌（新北）

OKAYAMA 岡山（高雄）

RATO 羅東（宜蘭）

RIKO 里港（屏東）

ROKKO 鹿港（彰化）

RYUKYU SHO 小琉球（屏東）

RYUTAN 龍潭（桃園）

SEIRA 西螺（雲林）

SHAROKEN 車路墘（台南）　　SHAROKU 沙鹿（台中）

SHINCHIKU 新竹（新竹）　　SHINI 新圍（屏東）

SHINKA 新化（台南）　　SHINNAN SHOTO 新南群島

SHINSHO 新社（台中）　　SHOKA 彰化（彰化）

SOTONSHO 草屯（南投）　　SUO 蘇澳（宜蘭）

TAICHU 台中（台中）　　TAIEN 大園（桃園）

TAIHOKU 台北（台北）　　TAINAN 台南（台南）

TAIRIN 大林（嘉義）　　TAITO 台東（台東）

TAKAO 高雄（高雄）　　TAKURAN 卓蘭（苗栗）

TANSUI 淡水（新北）　　TOEN 桃園（桃園）

TOKICHI SHO 東吉嶼（澎湖）　　TOKO 東港（屏東）

TOSHA SHIMA 東沙群島　　TOSHIEN 桃子園（高雄左營）

TSUINA 水林（雲林）　　TURAN 都蘭（台東東河）

YAMATO 大和（花蓮光復）

（鍾堅、區肇威製作）

附錄二

進出台澎地區各國航空器一覽表（1924-1945）

日本駐防台澎各型航空器

部隊	航空廠機型	機種	在台澎出勤節略	航空器諸元
警察	中島乙式一型	偵察機	1926 年台灣總督府警察總署航空班編配，進駐鹿港飛行場	單座最大速度 130 節，續航力 200 浬，出廠 151 架
日本海軍	橫須賀甲式	水上偵察機	1924 年大村航空隊隨艦部署於馬公港、基隆港與高雄港	雙座最大速度 80 節，續航力 420 浬，出廠 218 架
	三菱九六式	陸上攻擊機	1937 年隨鹿屋航空隊進駐台北基地	7 名組員最大速度 200 節，可攜 1,800 磅炸彈，全掛載續航力 2,400 浬，出廠 1,048 架
	三菱九六式	艦上戰鬥機	1937 年 8 月隨加賀號正規航艦航空隊駐泊馬公港	單座最大速度 230 節，續航力 680 浬，出廠 980 架
	中島九七式	艦上攻擊機*	1938 年 4 月編配於高雄航空隊	3 名組員最大速度 230 節，可攜 1,760 磅炸彈，全掛載續航力 1,000 浬，出廠 437 架
	三菱零式	艦上戰鬥機*	1941 年 10 月編配於台南航空隊	單座最大速度 300 節，續航力 1,000 浬，出廠 10,430 架
	愛知九九式	艦上爆擊機*	1941 年 4 月 18 日編配於台中基地的第 3 航空隊	雙座最大速度 200 節，可攜 550 磅炸彈，全掛載續航力 800 浬，出廠 1,426 架
	川西九七式	大型飛行艇	1939 年 6 月編配於第 1 航空隊駐泊馬公港	10 名組員最大速度 210 節，可攜 2,205 磅炸彈，全掛載續航力 2,670 浬，出廠 179 架
	三菱九八式	陸上偵察機*	1941 年 10 月編配於台南航空隊	雙座最大速度 320 節，續航力 1,330 浬，出廠 50 架
	川西二式	大型飛行艇	1943 年 2 月 20 日編配於 851 航空隊（原東港航空隊）	9 名組員最大速度 250 節，可攜 4,400 磅炸彈或 2 枚魚雷或搭載乘員 29 人，全掛載續航力 3,860 浬，出廠 167 架

中島銀河	陸上爆擊機 *	1944 年初編配於新竹基地的 762 航空隊	3 名組員最大速度 295 節，可攜 2,205 磅炸彈或魚雷，全掛載續航力 2,900 浬，出廠 1,105 架
川西九三式	中間練習機	1944 年初編配於虎尾航空隊與第 2 高雄航空隊，接訓日本內地航空學校整備練習生	雙座最大速度 115 節，續航力 550 浬，出廠 5,770 架
中島天山	艦上攻擊機 *	1944 年 7 月編配於台中基地的 763 航空隊	雙座最大速度 260 節，可攜 1,760 磅炸彈或魚雷，全掛載續航 1,600 浬，出廠 1,266 架
川西紫電	局地戰鬥機	1944 年 8 月底編配於岡山的 341 航空隊	單座最大速度 310 節，可攜 1,102 磅炸彈，全掛載續航力 770 浬，出廠 1,442 架
三菱四式	重型爆擊機 *	又稱「飛龍」，1944 年 10 月編配於 T 攻擊部隊，在台灣航空戰戰役反擊美軍特遣艦隊	7 名組員最大速度 300 節，可攜 1,764 磅炸彈或魚雷，全掛載續航力 2,000 浬，改裝為特攻機可攜 6,400 磅炸彈，出廠 635 架
三菱一式	陸上攻擊機	1941 年 10 月編配於新竹基地的元山航空隊，1945 年 1 月亦編配於新竹基地新編成的 765 航空隊，在台灣航空戰戰役反擊美軍特遣艦隊	7 名組員最大速度 230 節，可攜 2,200 磅炸彈或 1 架櫻花特攻兵器，全掛載續航力 1,300 浬，出廠 2,435 架
愛知彗星	艦上爆擊機	1945 年 1 月 21 日編配於台南基地的 705 航空隊 102 飛行隊組成之新高特攻隊衝撞美艦	雙座最大速度 300 節，可攜 1,100 磅炸彈，改裝特攻機可攜 1,800 磅炸彈，全掛載續航力 900 浬，出廠 2,253 架
中島月光	夜間戰鬥機 *	1945 年 1 月底編配於新竹基地的 765 航空隊	雙座最大速度 270 節，可攜 550 磅炸彈，全掛載續航力 1,350 浬，出廠 479 架
中島甲四式	戰鬥機	1927 年編配於第 8 飛行聯隊進駐屏東基地，隨後投入霧社剿蕃戰鬥	單座最大速度 120 節，續航力 310 浬，出廠 608 架
川崎九五式	戰鬥機	1936 年編配於第 3 飛行團第 8 飛行聯隊進駐屏東基地	單座最大速度 190 節，續航力 720 浬，出廠 850 架

日本陸軍	三菱九三式	重型爆擊機	1936 年編配於第 3 飛行集團第 14 飛行聯隊進駐嘉義基地	4 名組員最大速度 120 節，可攜 3,300 磅炸彈，全掛載續航力 675 浬，出廠 219 架
	川崎九九式	雙輕爆擊機 *	1941 年 9 月編配於第 3 飛行團飛行第 14 戰隊進駐嘉義基地	4 名組員最大速度 270 節，可攜 810 磅炸彈，全掛載續航力 1,280 浬，出廠 1,997 架
	三菱九九式	軍用偵察機 *	1941 年 9 月編配於第 3 飛行團飛行第 50 戰隊進駐台中（西屯）基地	雙座最大速度 220 節，續航力 570 浬，出廠 2,385 架
	立川九五式	中間練習機	1942 年編配於 104 教育飛行團第 109 教育飛行中隊移駐嘉義基地	雙座最大速度 130 節，續航力 280 浬，出廠 2,618 架
	三菱百式	輸送機 *	1943 年 9 月 9 日，第 3 飛行師團師團長中薗盛孝中將搭本型機，自嘉義基地前往廣州途中，遭美機狙擊墜毀全機組組員與乘員陣亡	4 名組員可搭載乘員 11 人，最大速度 250 節，續航力 1,600 浬，出廠 406 架
	中島零式	輸送機	美國道格拉斯航空廠授權組裝 DC-2 機，適逢大東亞戰爭爆發僅少量生產	4 名組員可搭載乘員 14 人，最大速度 170 節，續航力 800 浬，出廠 6 架
	中島九七式	戰鬥機 *	1938 年 2 月 23 日編配於第 3 飛行團第 8 飛行聯隊戰鬥第 10 中隊進駐屏東基地	單座最大速度 250 節，續航力 600 浬，出廠 3,386 架
	川崎二式	複座戰鬥機 *	又稱「屠龍」，1943 年 11 月編配於第 3 飛行團進駐台北（南）飛行場	雙座最大速度 290 節，續航力 1,050 浬，出廠 1,691 架
	中島一式	戰鬥機 *	又稱「隼」，1943 年 11 月編配於第 3 飛行團進駐台北（南）飛行場	單座最大速度 260 節，續航力 520 浬，出廠 5,751 架
	中島二式	戰鬥機 *	暱稱「鍾馗」，1944 年 10 月編配於第 8 飛行師團 25 飛行團進駐花蓮港（北）基地支援台灣航空戰戰役	單座最大速度 320 節，續航力 650 浬，出廠 1,220 架
	川崎三式	戰鬥機 *	又稱「飛燕」，1944 年 10 月編配於第 8 飛行師團飛行第 50 戰隊（彰化）與飛行第 108 戰隊（嘉義）支援台灣航空戰戰役	單座最大速度 310 節，續航力 970 浬，出廠 2,950 架

中島四式	戰鬥機 *	又稱「疾風」，1945 年 1 月編配於第 8 飛行師團進駐八塊飛行場支援台灣航空戰戰役	單座最大速度 330 節，續航力 750 浬，出廠 3,514 架
中島百式	重型爆擊機 *	又稱「吞龍」，唯一台籍特攻隊員劉志宏於 1944 年 12 月 14 日參與第 4 航空軍 5 飛行團飛行第 74 戰隊自呂宋島出擊衝撞美艦未遂陣亡	8 名組員最大速度 260 節，可攜 2,205 磅炸彈，全掛載續航力 1,100 浬，出廠 819 架

註：* 戰爭末期大多改裝為特攻機。

轟炸台澎之盟國各型航空器

盟軍	航空廠機型	機種	飛行部隊編成 轟炸台澎行動節略	諸元
我空軍及中美機隊	馬丁 139W C 型	轟炸機	美國陸航 B-10B 的外銷型，我空軍於 1936 年購入 9 架編配於 8 大隊 34 中隊，1937 年 8 月擬以 4 架本型機跨海轟炸台灣但未實施	4 名組員最大速度 250 節，可攜 2,260 磅炸彈，全掛載續航力 1,600 浬，出廠 583 架
	北美 B-25 米契爾式	中型轟炸機	在台投下首枚炸彈的美軍轟炸機，美軍轟炸台澎任務計 167 批 1,603 架次，另我空軍僅出動過 1 批 6 架	5 名組員最大速度 230 節，可攜 3,000 磅炸彈，全掛載續航力 1,170 浬，出廠 9,816 架
俄員隊	蘇聯 圖波列夫 SB-2	轟炸機	蘇聯對台灣擲下首枚炸彈的轟炸機，蘇聯航空志願隊轟炸第 1 大隊派出唯一的一批 28 架 SB-2，於 1938 年 2 月 23 日空襲北台灣	4 名組員最大速度 240 節，可攜 2,420 磅炸彈，全掛載續航力 1,250 浬，出廠 6,656 架
	波音 B-17 空中堡壘式	重型轟炸機	1941 年駐菲的美軍陸航本型機曾在太平洋戰爭爆發後擬轟炸台灣，唯遭日機擊毀於呂宋島駐地	10 名組員最大速度 240 節，可攜 8,000 磅炸彈，全掛載續航力 1,700 浬，出廠 12,731 架
	洛克希德 F-5/P-38 閃電式	偵照機 戰鬥機	自 1942 年 9 月起對台澎實施偵炸，美軍 F-5/P-38 偵炸台澎任務計 62 批 1,370 架次	單座最大速度 360 節，續航力 1,150 浬，總共出廠 10,037 架
	北美 P-51 野馬式	戰鬥機	自 1943 年 11 月 25 日起對台澎實施攻擊，美軍炸射台澎任務計 82 批 1,085 架次	單座最大速度 380 節，可攜 1,000 磅炸彈，全掛載續航力 1,450 浬，出廠 15,469 架

	團結 B-24 解放者式	重型 轟炸機	自 1944 年 1 月 11 日起對台澎實施攻擊，美軍炸射台澎任務計 386 批 5,025 架次	10 名組員最大速度 260 節，可攜 5,000 磅炸彈，全掛載續航力 1,300 浬，生產量 18,188 架。
美國陸軍航空軍含墨西哥空軍	波音 B-29 超級空中 堡壘式	重型 轟炸機	自 1944 年 10 月 14 日起自成都起飛，對台澎實施攻擊，美軍炸射台澎任務計 6 批 452 架次	11 名組員最大速度 310 節，可攜 8,000 磅炸彈，全掛載續航力 2,800 浬，出廠 3,970 架
	共和 P-47 雷霆式	戰鬥機	自 1945 年 1 月 30 日起對台澎實施攻擊，美軍炸射台澎任務計 24 批 405 架次，另墨西哥空軍有 4 批 38 架次	單座最大速度 370 節，可攜 2,500 磅炸彈，全掛載續航力 690 浬，出廠 15,636 架
	諾斯洛普 P-61 黑寡婦式	夜間 戰鬥機	自 1945 年 5 月起對台澎實施攻擊，美軍炸射台澎任務計 7 批 16 架次	3 名組員最大速度 310 節，可攜 1,600 磅炸彈，全掛載續航力 2,300 浬，出廠 706 架
	道格拉斯 A-20 浩劫式	輕型 攻擊機	自 1945 年 3 月 2 日起對台澎實施攻擊，美軍炸射台澎任務計 10 批 142 架次	3 名組員最大速度 270 節，可攜 4,000 磅炸彈，全掛載續航力 820 浬，出廠 7,478 架
	道格拉斯 A-26 入侵者式	中型 攻擊機	自 1945 年 7 月 6 日起對台澎實施攻擊，美軍炸射台澎任務計 6 批 39 架次	3 名組員最大速度 310 節，可攜 6,000 磅炸彈，全掛載續航力 1,400 浬，出廠 2,503 架
	團結 B-32 統治者式	重型 轟炸機	自 1945 年 6 月 13 日起對台澎實施攻擊，美軍炸射台澎任務計 8 批 20 架次	10 名組員最大速度 310 節，可攜 20,000 磅炸彈，全掛載續航力 3,300 浬，出廠 118 架
美國海軍含英國皇家海軍與澳大利亞皇家空軍	格魯曼 F6F 地獄貓式	艦載 戰鬥機	美國海軍各航艦艦載機自 1944 年 10 月起對台澎實施攻擊，美軍炸射台澎任務計 27 批 3,151 架次	單座最大速度 300 節，可攜 4,000 磅炸彈，全掛載續航力 1,600 浬，出廠 12,275 架
	寇蒂斯 SB2C 地獄 俯衝式	艦載 俯衝 轟炸機	美國海軍各航艦艦載機自 1944 年 10 月起對台澎實施攻擊，美軍炸射台澎任務計 25 批 1,059 架次	雙座最大速度 250 節，可攜 2,000 磅炸彈，全掛載續航力 2,000 浬，出廠 7,140 架
	格魯曼 TBF 復仇者式	魚雷 轟炸機	美國海軍各航艦艦載機及英國皇家海軍航艦艦載機，自 1944 年 10 月起對台澎實施攻擊，美軍炸射台澎任務計 25 批 1,163 架次，另英國皇家海軍有 2 批 70 架次	雙座最大速度 230 節，可攜 2,000 磅炸彈或魚雷，全掛載續航力 860 浬，出廠 9,839 架
	錢斯沃特 F4U 海盜式	艦載 戰鬥機	美國海軍各航艦航艦載機及英國皇家海軍各航艦航艦載機，自 1945 年 1 月起對台澎實施攻擊，	單座最大速度 380 節，可攜 4,000 磅炸彈，全掛載續航力 870 浬，出廠 12,571 架

		美軍炸射台澎任務計 8 批 87 架次,另英國皇家海軍有 2 批 87 架次	
團結 PBY-5 卡特琳娜式	水上巡邏機	美國海軍陸基巡邏機及澳大利亞皇家空軍陸基巡邏機,自 1945 年 1 月起對台澎實施攻擊,美軍炸射台澎任務計 11 批 14 架次,另澳大利亞皇家空軍有 4 批 7 架次	10 名組員最大速度 160 節,可攜 4,000 磅炸彈,全掛載續航力 2,170 浬,出廠 3,305 架
洛克希德 PV-1 文圖拉式	巡邏轟炸機	納編美國海軍 137 巡邏轟炸中隊,自 1945 年 5 月起對台澎實施攻擊,美軍炸射台澎任務計 9 批 38 架次	6 名組員最大速度 270 節,可攜 3,000 磅炸彈,全掛載續航力 1,440 浬,出廠 1,988 架
聯合 PB4Y-2 私掠者式	巡邏轟炸機	納編美國海軍 119 巡邏轟炸中隊,自 1945 年 3 月起對台澎實施攻擊,美軍炸射台澎任務計 31 批 36 架次	11 名組員最大速度 260 節,可攜 12,800 磅炸彈,全掛載續航力 2,450 浬,出廠 739 架

（鍾堅製表）

附錄三

台灣與離島飛行場站位置及戰時被襲天數

　　太平洋戰爭結束前，日本在台灣與離島總共興建了 67 處飛行場站，已分別列於第三章內。本附錄整理這些飛行場所在的地理位置，分別列出北、中、南、東及離島的各個位置及後續發展的簡略說明。同時，還記錄二戰期間曾遭受盟軍大規模轟炸的天數。除列表說明外，根據美國陸軍製圖局（Army Map Service, AMS）解密的軍圖繪製這 67 處飛行場站的位置，輔以鄰近地標說明，圖示於本附錄內，方便讀者比對 75 年後當下的地貌變遷。台灣與離島飛行場站圖引用自 AMS 貼於網路資源共享之解密軍圖為底圖，作者加以自繪。

地境	名稱	軍種 規模 跑道數	當前 地理位置	現況 （部份）	被襲 天數
北台灣十五座飛行場站	金包里	陸軍飛行跑道 1	新北市金山區下六股	發還原地主	—
	淡水 *	海軍水上飛行場 1	新北市淡水區文化里	淡水文化園區	7
	台北 *	陸軍飛行基地 3	台北市松山區精忠里	台北國際航空站	33
	台北（南）	陸軍飛行場 1	台北市萬華區日祥里	青年公園	7
	樹林口	陸軍飛行場 1	新北市林口區麗園里	麗園國小校區	3
	桃園	陸軍飛行場 2	桃園市大園區大海里	桃園航空城	8
	八塊	陸軍飛行場 2	桃園市八德區大竹里	國防大學校區	5
	龍潭	陸軍飛行場 1	桃園市龍潭區九龍里	陸航龍城營區	2
	龍潭（西）	陸軍飛行跑道 1	桃園市龍潭區高原里	三號國道龍潭段	—
	紅毛	海軍飛行場 1	新竹縣新豐鄉青埔村	青埔社區	4
	湖口	陸軍飛行跑道 1	新竹縣湖口鄉中興村	陸軍裝甲營區	1
	新竹	海軍飛行基地 5	新竹市北區士林里	空軍新竹基地	29
	後龍	海軍飛行場 2	苗栗縣後龍鎮溪洲里	仁德醫管專校校區	8
	苗栗	陸軍飛行跑道 1	苗栗縣苗栗市嘉盛里	發還原地主	4

卓蘭	陸軍飛行跑道 1	苗栗縣卓蘭鄉壢西坪	發還原地主	1
台中 *	海軍飛行基地 2	台中市沙鹿區公館	空軍清泉崗基地	17
新社	陸軍飛行場 1	台中市新社區頭料山	陸航龍翔營區	4
台中（西屯）	陸軍飛行基地 2	台中市北屯區水湳	水湳經貿園區	19
大肚山	陸軍飛行場 2	台中市龍井區新庄仔	發還原地主	7
台中（東）	陸軍飛行跑道 1	台中市太平區番子路	國立勤益科大校區	—
鹿港	陸軍飛行場 1	彰化縣鹿港鎮東石里	國立鹿港高中校區	8
彰化	陸軍飛行基地 1	彰化縣福興鄉外埔村	發還原地主	13
埔里	陸軍飛行跑道 2	南投縣埔里鎮梅仔腳	發還原地主	2
草屯	陸軍飛行場 3	南投縣草屯鎮復興里	發還原地主	5
二林	海軍飛行場 1	彰化縣二林鎮中西里	退輔會路平農場	2
北斗	陸軍飛行基地 2	彰化縣埤頭鄉三塊厝	發還原地主	7
虎尾	海軍飛行基地 1	雲林縣虎尾鎮廉使里	高鐵雲林站	10
大林	海軍飛行場 1	嘉義縣大林鎮內林里	陸軍社團眷村遺址	4
北港	陸軍飛行基地 2	雲林縣水林鄉土間厝	發還原地主	5
嘉義	陸軍飛行基地 1	嘉義縣水上鄉三和村	空軍嘉義基地	21
白河	陸軍飛行跑道 2	台南市白河區大排竹	發還原地主	—
鹽水	陸軍飛行場 2	嘉義縣鹿草鄉竹子腳	發還原地主	6
麻豆	海軍飛行場 1	台南市下營區中營里	發還原地主	10
永康 *	海軍飛行場 2	台南市永康區鹽行里	台南應用科大校區	4
新化	陸軍飛行跑道 1	台南市新化區知義里	發還原地主	3
歸仁	海軍飛行場 2	台南市歸仁區七甲里	陸軍飛訓部營區	3
仁德	海軍飛行場 1	台南市仁德區仁德里	中華醫事科大校區	9
台南 *	海軍飛行基地 4	台南市南區大恩里	空軍台南基地	38
旗山（北）	陸軍飛行跑道 1	高雄市旗山區圓潭	發還原地主	4
大崗山	海軍飛行場 1	高雄市阿蓮區埤子尾	陸軍天山營區	2
里港（北）	陸軍飛行場 1	高雄市旗山區手巾療	旗南農改場	2
高雄	海軍飛行基地 4	高雄市岡山區後協里	空軍官校校區	28
岡山（東）	海軍飛行跑道 1	高雄市燕巢區湖內	退輔會岡山榮家	2
里港（南）	陸軍飛行跑道 2	屏東縣鹽埔鄉新圍	大仁科大校區	—
左營大要地	海軍飛行跑道 1	高雄市左營區崇實里	海軍神鷹營區	6
屏東（北） 屏東（南）*	陸軍飛行基地 3	屏東縣屏東市廣興里 屏東縣屏東市潭垵里	空軍屏東基地	35

中台灣十八座飛行場站

南台灣二十二座飛行場站

平頂山	陸軍飛行跑道 1	屏東縣內埔鄉梨頭鏢	退輔會屏東榮家	—
鳳山	陸軍飛行場 2	高雄市大寮區中庄	發還原地主	6
小港（東）	陸軍飛行跑道 1	高雄市大寮區過溪	發還原地主	—
小港	陸軍飛行基地 3	高雄市小港區中厝里	高雄國際航空站	28
潮州（東）	陸軍飛行跑道 1	屏東縣萬巒鄉新置	發還原地主	—
潮州	陸軍飛行基地 1	屏東縣潮州鎮大春里	陸軍傘訓空降場	7
東港	海軍飛艇基地 1	屏東縣東港鎮大鵬里	大鵬灣風景區	16
佳冬	陸軍飛行場 1	屏東縣佳冬鄉佳冬村	屏南工業區	12
恆春	陸軍飛行基地 3	屏東縣恆春鎮仁壽里	恆春航空站	24
東台灣及離島十二座飛行場站	宜蘭（北）*	陸軍飛行基地 3	宜蘭縣宜蘭市金六結	陸軍蘭指部營區	20
	宜蘭（南）		宜蘭縣宜蘭市南橋里	宜蘭科學園區	
	宜蘭（西）	陸軍飛行跑道 1	宜蘭縣員山鄉內城村	金車酒廠	—
	花蓮港（北）*	陸軍飛行基地 1	花蓮縣新城鄉北埔	空軍花蓮基地	11
	花蓮港（南）	陸軍飛行場 1	花蓮縣吉安鄉南埔	知卡宣親水公園	12
	上大和（北）	陸軍飛行跑道 1	花蓮縣鳳林鄉林田	發還原地主	—
	上大和（南）	陸軍飛行跑道 1	花蓮縣光復鄉大全	發還原地主	11
	池上	陸軍飛行跑道 1	台東縣池上鄉上新興	發還原地主	—
	台東（北）*	海軍用北飛行場	台東縣台東市豐年里	台東航空站	13
	台東（南）	陸軍飛行基地 5	台東縣台東市康樂里	發還原地主	
	紅頭嶼	陸軍飛行跑道 1	台東縣蘭嶼鄉野銀村	退輔會永興農莊	3
	馬公*	海軍飛行跑道 1	澎湖縣馬公市前寮里	三總澎湖分院	7
	豬母水	海軍飛行場 1	澎湖縣馬公市山水里	陸軍五德營區	16
	東沙	海軍飛行跑道 1	高雄市旗津區東沙島	海巡東沙指揮部	6

註：（一）台灣本島後龍溪谷以北、中央山脈以西為北台灣地境，後龍溪谷以南、曾文溪谷以北、中央山脈以西為中台灣地境，曾文溪谷以南、中央山脈以西為中台灣地境，中央山脈以東為東台灣地境。

（二）＊是 10 個太平洋戰爭爆發前為軍民共用飛行場站。

（三）基隆港東碼頭、高雄商港的內苓雅寮及左營軍港東碼頭、馬公軍港測天島、東沙島及新南群島之長島（太平島）均設有水上飛機起降區。

（四）東沙島飛行跑道終戰前有六天遭盟軍大規模炸射、岸轟與登島奪佔。

（鍾堅製表）

北台灣飛行場站位置圖

金包里陸軍飛行跑道

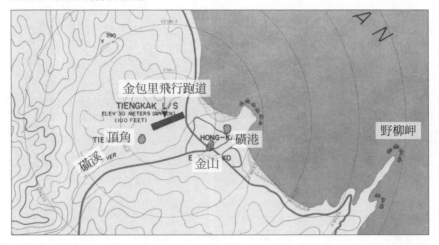

台北陸軍飛行基地

台北（南）陸軍飛行場

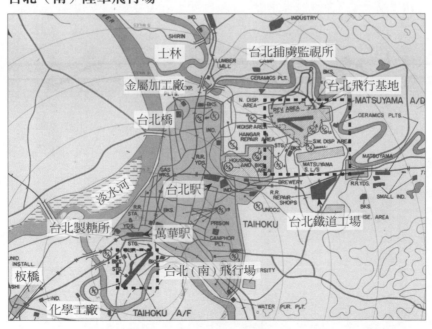

淡水海軍飛艇場
樹林口陸軍飛行場

桃園陸軍飛行場

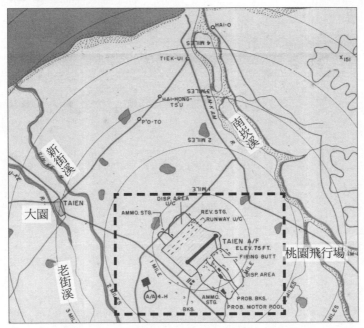

八塊陸軍飛行場

龍潭陸軍飛行場

龍潭（西）陸軍飛行跑道

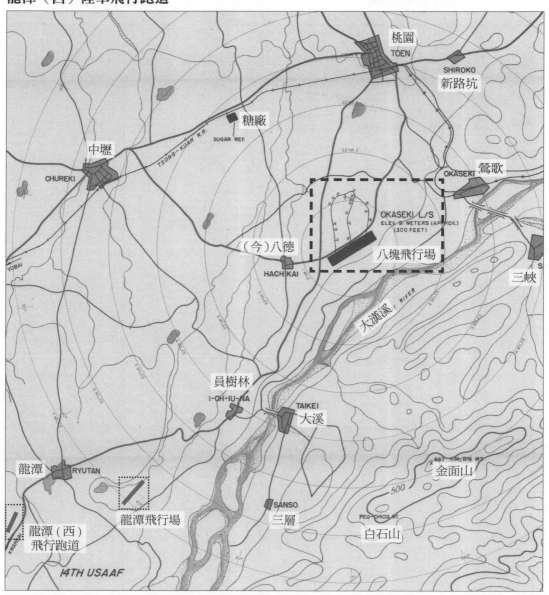

紅毛海軍飛行場

湖口陸軍飛行跑道

新竹海軍飛行基地

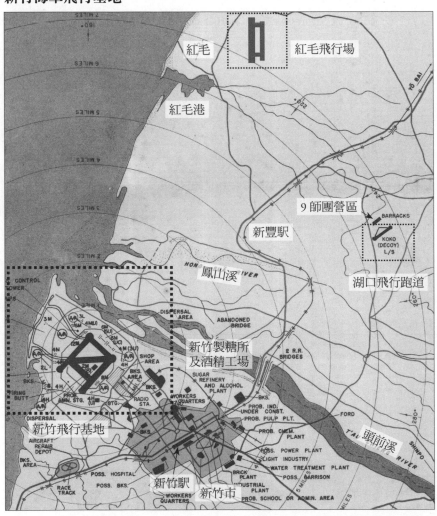

後龍海軍飛行場

苗栗陸軍飛行跑道

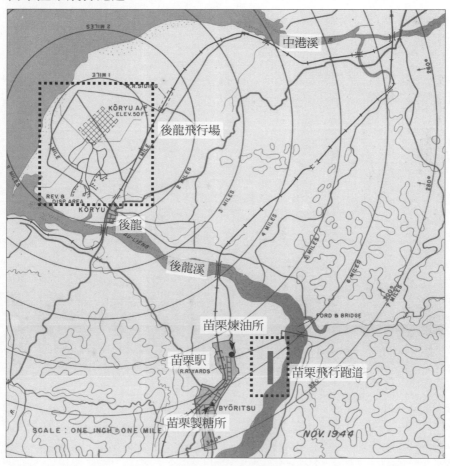

中台灣飛行場站位置圖

卓蘭陸軍飛行跑道（北台灣）

台中海軍飛行基地（中台灣，以下同）

新社陸軍飛行場

台中（西屯）陸軍飛行基地

大肚山陸軍飛行場

台中（東）陸軍飛行跑道

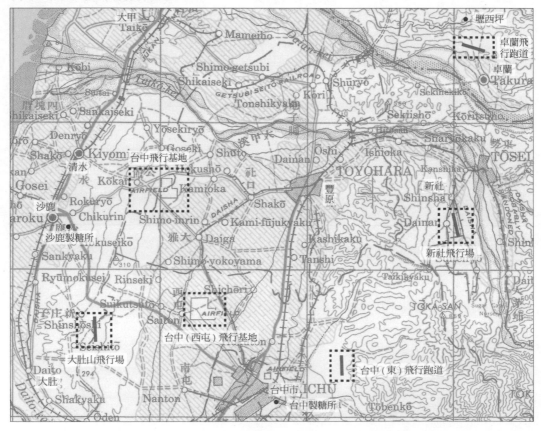

鹿港陸軍飛行場

彰化陸軍飛行基地

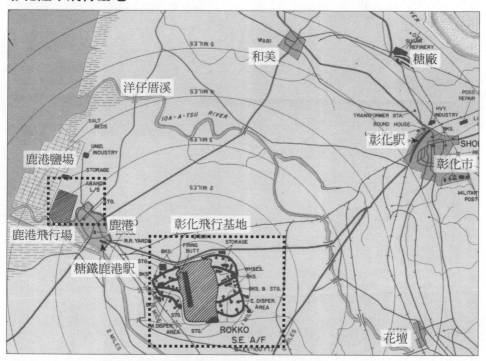

埔里陸軍飛行跑道

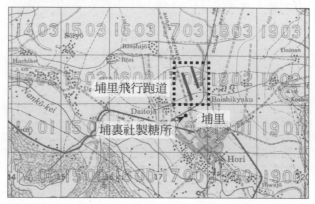

草屯陸軍飛行場

二林海軍飛行場
北斗陸軍飛行基地

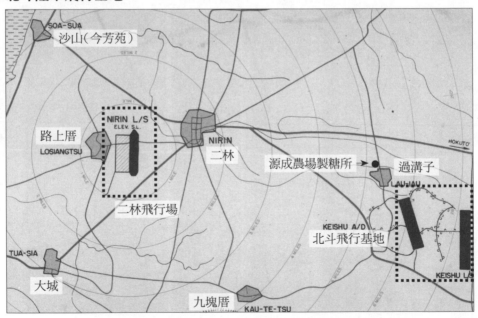

虎尾海軍飛行基地

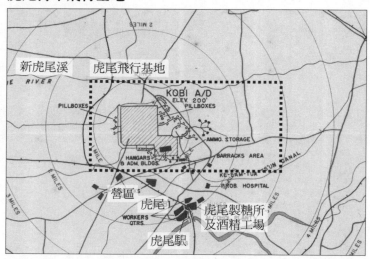

大林海軍飛行場

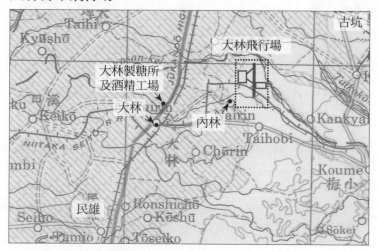

北港陸軍飛行基地

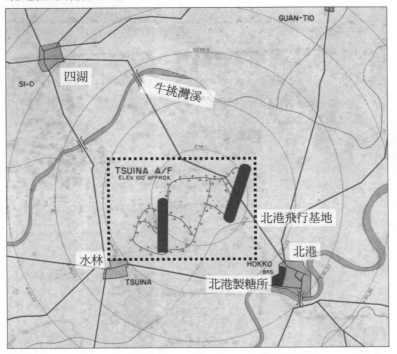

嘉義陸軍飛行基地
白河陸軍飛行跑道

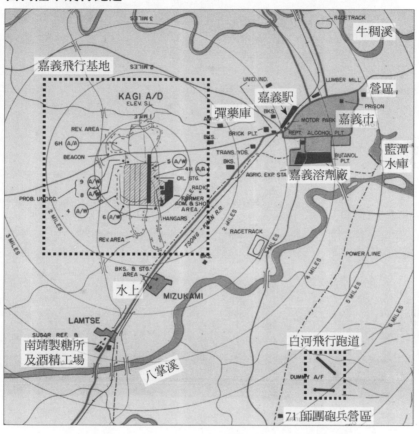

鹽水陸軍飛行場

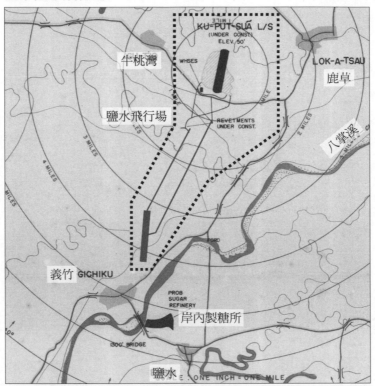

麻豆海軍飛行場

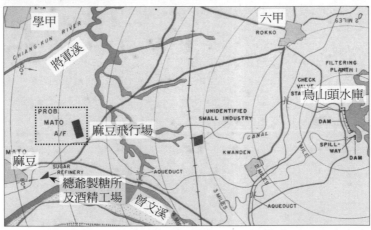

南台灣飛行場站位置圖

永康海軍飛行場

新化陸軍飛行跑道

歸仁海軍飛行場

仁德海軍飛行場

台南海軍飛行基地

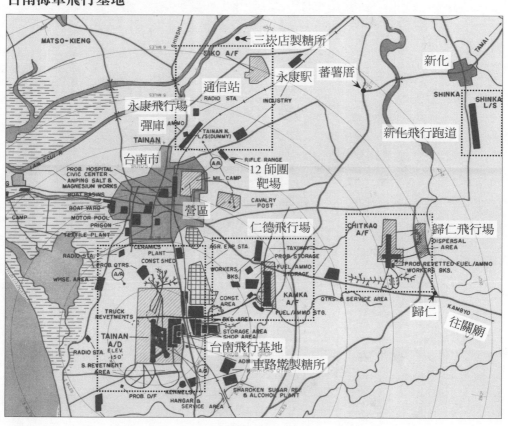

旗山（北）陸軍飛行跑道
里港（北）陸軍飛行場

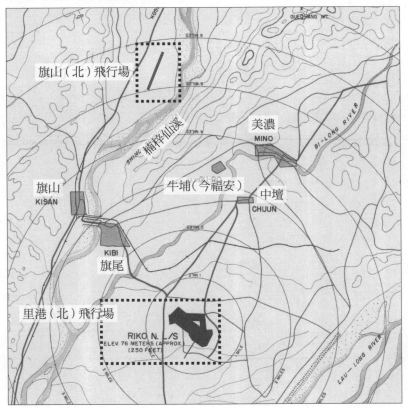

大崗山海軍飛行場

崗山（東）海軍飛行跑道

高雄海軍飛行基地

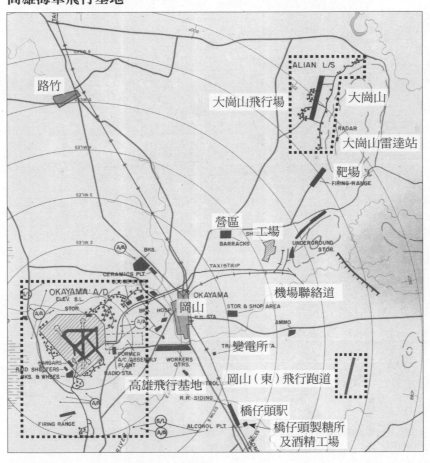

左營大要地海軍飛行跑道

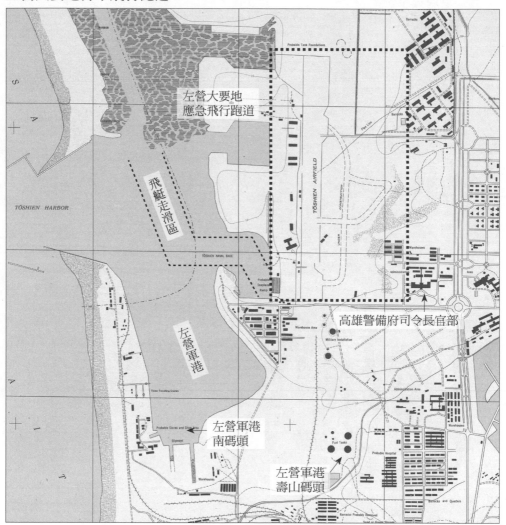

小港陸軍飛行基地

鳳山陸軍飛行場

小港（東）飛行跑道

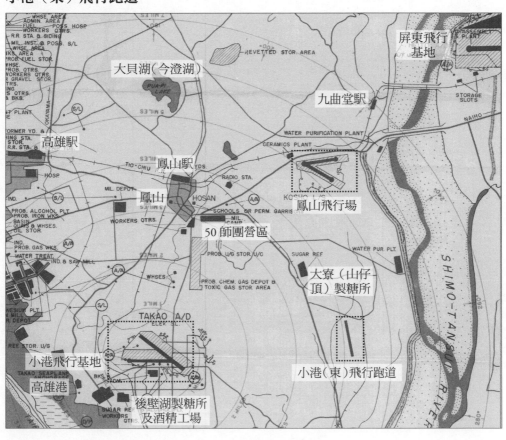

里港（南）陸軍飛行跑道
平頂山陸軍飛行跑道
屏東陸軍飛行基地

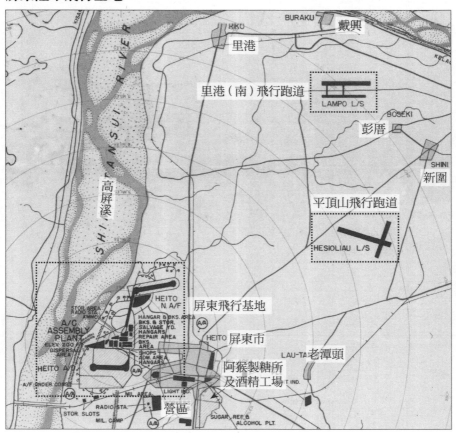

潮州陸軍飛行基地
潮州（東）陸軍飛行跑道

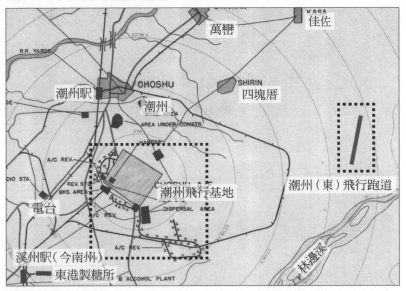

東港海軍飛艇基地
佳冬陸軍飛行場

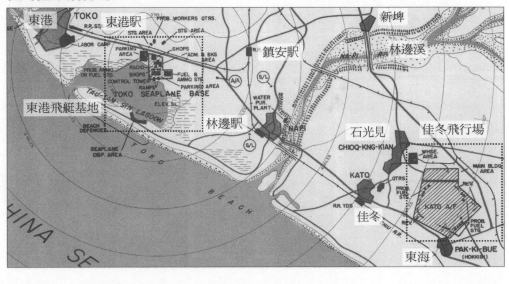

恆春陸軍飛行基地

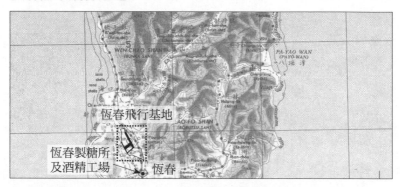

東台灣及離島飛行場站位置圖

宜蘭陸軍飛行基地

宜蘭（西）陸軍飛行跑道

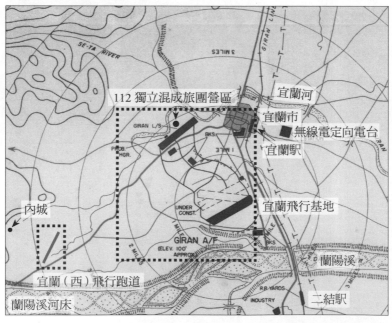

花蓮港（北）陸軍飛行基地
花蓮港（南）陸軍飛行場

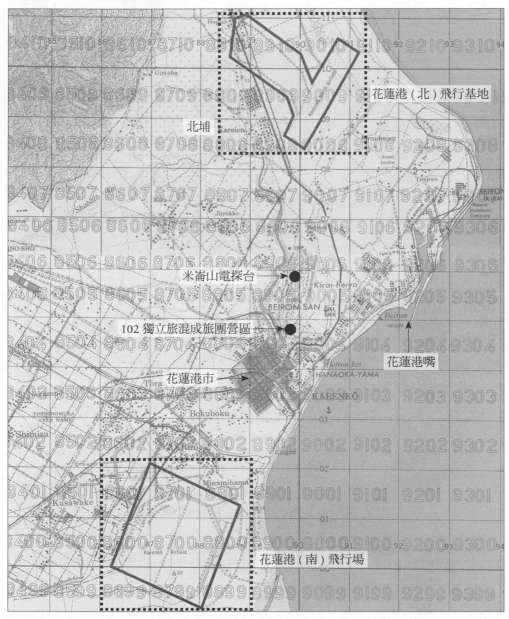

花蓮港（北）飛行基地

北埔

米崙山電探台

102 獨立旅混成旅團營區

花蓮港市

花蓮港嘴

花蓮港（南）飛行場

上大和（北）陸軍飛行跑道
上大和（南）陸軍飛行跑道
池上陸軍飛行跑道

台東飛行基地

北：海軍飛行場

南：陸軍飛行基地

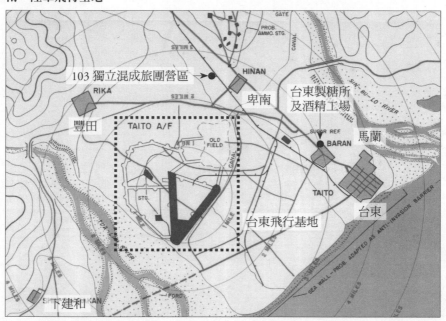

紅頭嶼陸軍飛行跑道

馬公海軍飛行跑道
豬母水海軍飛行場

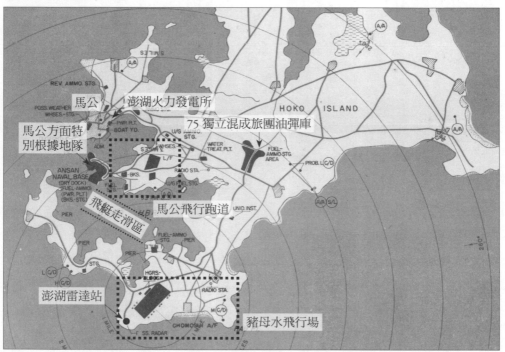

東沙島飛行跑道

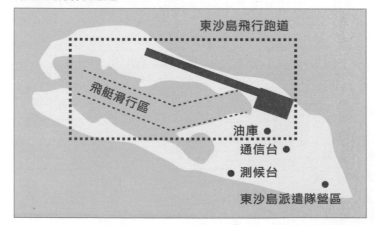

附錄四

本書常用日軍軍語

大本營

明治維新後，天皇為落實皇權一統，乃廢止內閣兵部省，於戰爭事變之際，新編大本營為天皇執行統帥權的幕僚機構。大本營的任務為依統帥御令，策劃日軍運用的各種計畫、發布天皇對日軍所下之命令等。大本營內的陸軍參謀總長與海軍軍令部總長為雙頭幕僚長，其職責為參與有關作戰的策劃，期使陸、海軍均能策應協同作戰，特別是陸、海軍各自所屬的航空兵須合作無間。

大海（陸）令

大海（陸）令由海軍軍令部總長或陸軍參謀總長轉達上級大本營之大命的文號名稱，亦即大本營海（陸）軍令之謂，以大海（陸）令第○○號發佈。

大海（陸）指

依據大海（陸）令而由海軍軍令部總長或陸軍參謀總長下達指示時的文號名稱，以大海（陸）指第○○號發佈。

要地防空

政略與戰略上的要地防空，通常均設有防衛司令部，並設有所需之防空隊，以及防空機構與防空情報機關，用以構成防衛網。

要港部

由海軍編成的各海軍軍區下的補給、修理、醫務、衛生以及擔當相關涉外事

項，司令官為少將編階。

航空部隊

航空兵以其高度機動力與威懾力，從開戰之初即從空中執行摧毀敵軍在空中、海面、地面戰鬥力。日本兩軍的航空部隊編配實用機的峰值，陸軍有 3,000 架、海軍有 6,300 架。

航空軍

陸軍於 1942 年將航空軍區併編易名為航空軍的軍級指揮機構，提供後勤、補給予陸軍航空兵部隊。司令長官為中將編階，上級單位為航空兵團（二戰結束前晉名為航空總軍）。日本陸軍先後編過成 6 個航空軍，對下屬飛行師團與教導飛行師團提供後勤與補給。

航空隊

航空隊為海軍航空部隊的戰術基本單位，隊部下設飛行、通信、內務、主計、軍醫各科及氣象班、情報班。航空隊轄有 3 至 6 個飛行隊，編配 80 架以上的實用機，司令編階為大佐。戰時先後編成過 228 個航空隊，上級單位為航空戰隊、聯合航空隊、鎮守府或警備府。

航空戰隊

航空戰隊係 2 艘以上航空母艦艦載航空隊或 2 隊以上的地上航空隊所編成。司令官為少將編階，編配 160 架以上的實用機。戰時海軍先後編成過 16 個航空戰隊，上級單位為陸基航空艦隊、海上機動艦隊或警備府。

航空總軍

陸軍於戰爭末期的 1945 年 4 月新編總軍層級的航空總軍指揮機構，執行各

方面航空作戰後勤、補給予陸軍飛機，總司令長官為大將編階。航空總軍由陸軍省的航空兵團晉級，駐地東京，編成時下轄 5 個航空軍。

航空艦隊

海軍航空艦隊由 2 個以上的航空戰隊編成，航空艦隊有兩類，一類為 4 艘以上艦載航空隊納編的海上航空艦隊，另一類為地上 2 個航空戰隊所編成的地上航空艦隊。司令長官為中將編階，編配 320 架以上的實用機，戰時先後編成過 9 個航空艦隊，上級單位為聯合艦隊。

根據地隊

由海軍編成的縮小版要港部，根據地隊有方面特別根據地隊與根據地隊兩種。兩者任務雖類似，但編制上卻有差異。方面特別根據地隊司令官為少將編階，根據地隊司令則為大佐編階。

海兵團

日本海軍在朝鮮與台灣兩個殖民地創立海兵團，以教育殖民地招募的海軍特別志願兵，並在朝鮮鎮海警備府與台灣高雄警備府設置人事部，以管理海兵團人事。1943 年高雄警備府編成西海兵團（左營）與東海兵團（林園），二戰末期併編為高雄海兵團（南投），末任司令為本田基次郎大佐。

野戰航空修理廠

陸軍於 1941 年底將野戰航空廠劃分為修理與補給兩部門，而分別成立野戰航空修理廠與野戰航空補給廠。野戰航空修理廠設於航空軍區作戰地境內交通便利的主要飛行場站，負責陸軍飛機的修護，並基於狀況的需要而派出游動修理（游修）班以支援航空兵部隊的作戰。1944 年以後戰況吃緊，陸軍取消游修班，另以部隊的需要編成獨立的支廠配屬之。駐守台灣屏東的第 5 野戰航空修理廠，

在台中水湳及花蓮港南埔另設獨立的航空修理支廠。

基地航空部隊

係指海軍以地上（陸基）飛行基地為駐地的部隊（含艦載機使用地上飛行基地時）。為混淆盟軍情報研析，聯合艦隊於 1944 年將地上航空部隊的名稱規定如次：

> 一、第〇航空艦隊司令長官為指揮官的部隊，稱為第〇基地航空部隊，如二航艦駐守高雄岡山時，稱為第二基地航空部隊。
>
> 二、兩隊航空戰隊以上的部隊，稱之為〇〇方面聯合空襲部隊。
>
> 三、航空戰隊司令官為指揮官的部隊，則將航空戰隊固有番號減去 20 後，番號下面加上空襲部隊名稱。例如 21 航空戰隊，稱為第 1 空襲部隊。
>
> 四、以航空隊司令為指揮官的部隊，則在航空隊番號下附加部隊一詞。例如駐守虎尾的第 132 航空隊，稱為第 132 部隊。

飛行中隊

陸軍不論是建制部隊內的飛行中隊或獨立飛行中隊，都是最底層的航空部隊。戰鬥機飛行中隊編配有 3 個 4 機小隊。然偵察、爆擊與輸送等飛行中隊的編制略小，中隊以下的 3 個飛行區隊由 2 至 3 機編成，故飛行中隊編配的實用機遠低於 12 架。

飛行師團

陸軍航空部隊的戰略基本單位。1935 年所設置的飛行集團予以強化改編後，於 1942 年 4 月晉名飛行師團。戰時陸軍先後編成過 19 個飛行師團。飛行師團任務同於飛行集團，師團長為中將編階，下設 2 至 4 個飛行團，編配百架以上的實用機。上級單位為駐地所在的總軍層級或方面軍層級的指揮機構。

飛行基地

飛機起降的場站備有下列各種設施：主跑道、滑行道、場站進出道路、場內交通道路、引導路、掩體、機堡、洞庫、宿營休閒設施、燃料槽及械彈貯藏設施。場站內鋪設有線電線通信設施、設置耐爆指揮所、無線電台、導航設施、氣象測候裝備、修護廠棚、防空隊及警備隊，美軍以 Airdrome （A/D）在軍圖示之。飛行基地由航空地區司令部管理。

飛行跑道

飛機起降的場站僅有主跑道、滑行道、場站進出道路、場內交通道路與引導路。燃料與械彈僅於飛機臨時進駐時，始由附近洞庫送至。場站內無通信設施、耐爆指揮所、導航設施、氣象測候裝備、修護廠棚、掩體、機堡、洞庫、宿營休閒設施，亦無常駐部隊管理。日軍稱為「不時著」（臨時起降）的簡易飛行場站，美軍以 Landing Strip （L/S）在軍圖示之，但常將其誤判為廢棄機場甚至是誘餌假機場。

飛行場

飛機起降的場站備有飛行基地所有設施但簡約化，便於飛行戰隊規模的航空部隊迅速進駐或移防的稱謂，美軍以 Air Field （A/F）在軍圖示之。飛行場由航空地區司令部所轄之飛行場大隊管理。

飛行集團

考量通訊能力與指揮幅度，陸軍於 1935 年新編飛行集團。集團長為中將編階，對 2 至 5 個飛行聯隊遂行作戰管制，指揮百架實用機。1942 年 4 月，5 個飛行集團晉名為飛行師團，飛行集團運作 7 年後走入歷史。

飛行隊

海軍飛行隊轄有 3 個 4 機飛行小隊，小隊再分成 2 個 2 機區隊，飛行隊編配 12 架實用機，上級單位為航空隊。

飛行團

陸軍飛行師團下的建制指揮機構，指揮 2 至 4 個飛行戰隊，多由不同機種的飛行戰隊混編，亦有依單一機種編成的飛行團。團長為少將編階，對 50 架以上的實用機遂行作戰管制。

飛機雅名

日軍於 1943 年 7 月 27 日起，在既有以〇〇式冠稱的飛機表示法之外，再加封雅名。以氣象名表示戰鬥機、雲名表示偵察機、星座與猛禽名表示爆擊機、山嶽名表示攻擊機、天空名表示輸送機、草木風景名表示練習機。例如彗星、吞龍、飛龍係爆擊機、彩雲為偵察機，月光、紫電為戰鬥機、天山係攻擊機，方便區別機種。

飛行戰隊

陸軍飛行戰隊為陸軍航空部隊的戰術基本單位，兼管地勤的飛行場中隊，具有完整的飛管、補給、保修、通信、內務、主計、軍醫及氣象測報能力。1938 年 7 月，陸軍將甲種飛行聯隊全數晉名為飛行戰隊，戰時先後編成過 92 個飛行戰隊。隊長為大佐編階，下轄 3 個飛行中隊，實用機連同預備機不超過 40 架，便於整個飛行戰隊迅速移駐新的飛行場站。

空勤組員

日本陸、海軍飛機的空勤組員編制，由單座機的一人至編制組員多達 10 人

以上的重型機不等，機長由尉級飛行士官擔當，或准士官的海軍飛行兵曹長（飛曹長）及陸軍飛行准尉（飛准）擔當，資深的飛行上長官有大佐、中佐、少佐等佐級帶隊官。空勤組員另含下士官等的海軍上等飛行兵曹（上飛曹）、一等飛行兵曹（一飛曹）與二等飛行兵曹（二飛曹）；陸軍則有飛行兵曹長（飛曹長）、飛行兵軍曹（飛軍曹）與飛行兵伍長（飛伍長）。空勤組員還有兵卒等級的陸、海軍通用之飛行兵長（飛兵長）、上等飛行兵（上飛兵）、一等飛行兵（一飛兵）與二等飛行兵（二飛兵）。

飛行艇

日本海軍大型水上飛機的簡稱，飛行艇與水上機不同，飛行艇靠船形機腹在水面起降，翼下的浮筒僅當平衡機身用。

水上機基地

可供飛行艇與水上機起降，專設有起降水域、上岸用滑溜台的飛行基地。

水上機飛行場

可供飛行艇與水上機起降，專設有起降水域、上岸用滑溜台的縮小版水上機基地。

飛行預科練習生

簡稱預科練，日本海軍招考 14 歲以上高等小學校及中學校程度的少年為飛行預科練習生，接受入伍教育與飛行潛質鑑定，完訓後繼續接受分科進階訓練。

初步訓練（初步練）

陸、海軍航空兵招募下士官程度青年學生與預科練進階飛行練習生，在航空學校接受初級飛行訓練，使用初練機，合格後即遣往練習航空隊接受進階訓練。

整備訓練（整備練）

　　陸、海軍航空兵對飛行練習生進行飛機機身結構、發動機系統、航電線路、武器系統的檢整訓練。測考合格的飛行練習生得以在航空學校卒業，獲頒卒業狀後即遣往部隊接受實用機訓練。

實用機訓練（實機練）

　　陸、海軍航空兵對通過初級飛行的練習生，分發至實用機訓練部隊，進行中間練習（中間練）機與高級練習（高練）機訓練。完訓後銜接熟飛作戰用的實用機，合格的飛行員當即派任航空部隊擔當戰鬥飛行任務。實機練由陸軍各教導飛行師團及海軍 12 個實機練航空隊提供銜接訓練。

鎮守府

　　海軍編成鎮守府，執行大後方各海軍大軍區的行政、教育、訓練與要域防衛作戰。掌管警備、港務、通信，必要時亦分擔艦艇部隊與航空部隊的補給、修理、醫務、衛生以及擔負相關涉外事項。鎮守府司令長官為大將編階，在日本內地編有 4 個鎮守府。

聯合航空隊

　　由 2 至 5 個海軍航空隊編成聯合航空隊，司令官為少將編階。由 2 隊以上教育航空隊編成者稱為教育聯合航空隊。編配實用機的聯合航空隊，其戰力等同於乙種航空戰隊。戰時先後編成過 20 個聯合航空隊，上級單位為海上艦隊、鎮守府或警備府。聯合航空隊轄管各階段之教育航空隊。

警備府

　　由海軍編成的各海軍軍區執行教育、訓練、行政與要域防衛作戰，掌管海軍

軍區的警備、港務、通信，必要時亦分擔艦艇部隊與航空兵部隊的補給、修理、醫務、衛生以及涉外事項。司令長官為中將編階。

附錄五

參考文獻

中文書籍

Alfred Thayer Mahan 著，楊鎮甲譯，《海軍戰略論》（軍事譯粹出版，台北市，民國 68 年）

Barrett Tillman 著，揭仲譯，《企業號的故事：一艘勇猛航艦的誕生與凋零》（八旗文化，新北市，民國 105 年）

Susan Southard 著，楊佳蓉譯，《只要活著：長崎原爆倖存者的生命故事》（馬可勃羅，台北市，民國 106 年）

王建竹主修，《台中市志》卷一，頁 226-229（成文出版社，台北市，民國 72 年）

王景弘，《台灣走過烽火邊緣 1941-1945》，（玉山社出版，台北市，民國 107 年）

王詩良主修，《台北市志》卷十二，頁 40-45（成文出版社，台北市，民國 69 年）

半藤一利著，楊慶慶、王萍、吳小敏譯，《日本最漫長的一天：1945 年 8 月 15 日》，（八旗文化，新北市，民國 104 年）

甘記豪，《米機襲來：二戰台灣空襲寫真集》，（前衛出版，台北市，民國 104 年）

朱匯森編著，《中華民國史事紀要》（中央文物供應社，台北市，民國 78 年 5 月）

杜正宇、謝濟全、金智、吳建昇，《日治下大高雄的飛行場》，（新銳文創，新北市，民國 103 年 3 月）

宜蘭縣文獻委員會編印，《宜蘭縣志》卷首上冊，頁 70-72（宜蘭縣政府，民國 48 年 12 月）

林光餘譯，《B-29 超級空中堡壘》（麥田出版社，台北市，民國 84 年）

林恆生監修，《雲林縣志》卷首大事紀，頁 63（雲林縣文獻委員會，民國 68 年 4 月）

林洋港監修，《重修台灣省通志》全卷各冊（台灣省文獻委員會，南投市中興新村，民國 82 年 1 月）

林興仁主修，《台北縣志》卷一，頁 294-297（成文出版社，台北市，民國 49 年）

空軍總部政戰部編，《空軍建軍史話》（空軍總司令部，台北市，民國 63 年 6 月）

姜長英，《中國航空史》，頁 71-74（中國之翼，台北市，民國 82 年 12 月）

洪致文，《不沉空母：台灣島內飛行場百年史》，（洪致文，台北市，民國 104 年）

胡龍寶等監修，《台南縣志》卷十附錄，頁 185-188（台南縣政府，民國 69 年 6 月）

埔里鎮公所編印，《埔里采風》（埔里鎮公所，南投縣，民國 83 年 1 月）

海軍總部編，《海軍抗日戰史》上冊，頁 634-635（國防部北區印製中心，台北市，民國 83 年 6 月）

海軍總部編，《海軍艦隊發展史（一）》，（國防部史政編譯局，台北市，民國 90 年）

財政部關稅總局編，《台灣之燈塔》（榮民印刷廠，台北市，民國 81 年 3 月）

國防部史政編譯局，《日軍對華作戰紀要》，全 43 冊（國防部史政編譯局，台北市，民國 81 年）

國防部史政編譯局，《國軍後勤史》（國防部史政編譯局，台北市，民國 80 年 6 月）

國防部軍事情報局編，《The Rice Paddy Navy（稻田海軍）》，（國防部軍事情報局，台北市，民國 100 年 10 月）

國防部海軍司令部，《鎮海靖疆：左營軍區的故事》，（國防部海軍司令部，台北市，民國 105 年）

國防部情報局編，《中美合作所（SACO）誌》，（國防部情報局，台北市，民國 59 年）

張山鐘監修，《屏東縣志》卷一，頁 268-288（成文出版社，台北市，民國 60 年）

張之傑編著，《台灣全記錄》（錦繡出版社，台北市，民國 79 年 5 月）

張炳楠監修，《嘉義縣志》卷十二前事志，頁 57-59（嘉義縣政府，民國 65 年 5 月）

張維斌，《空襲福爾摩沙：二戰盟軍攻擊台灣紀實》，（前衛出版，台北市，民國 104 年）

郭志清、廖德宗，《左營二戰祕史：震洋特攻隊駐臺始末》，（高雄市政府文化局，高雄市，民國 107 年）

郭薰風主修，《桃園縣志》卷一，頁 118-119（成文出版社，台北市，民國 58 年）

陳文添編，《臺灣總督府檔案事典》，（國史館臺灣文獻館，南投市，民國 104 年）

陳正祥著，《台灣地誌》上、中、下冊（第二版，南天書局，台北市，民國 82 年）

陳庚金監修，《台中縣志》卷首二冊大事紀，頁 278-284（台中縣政府，民國 77 年 8 月）

陳奕齊，《打狗漫騎：高雄港史單車踏查》，（前衛出版，台北市，民國 104 年）

鈕先鍾譯，《第二次世界大戰戰史》，全 3 冊（麥田出版社，台北市，民國 84 年）

黃有興編，《日治時期馬公要港部臺籍從業人員口述歷史專輯》，（澎湖縣文化局圖資課，澎湖縣，民國 93 年）

黃拓榮主修，《台東縣志》卷一，頁 162-165（成文出版社，民國 53 年）

黃旺成監修，《台灣省新竹縣志》卷二大事紀，頁 70-99（台灣省新竹縣政府，民國 65 年 6 月）

黃福壽監修，《花蓮縣志》卷一大事記，頁 80-83（花蓮縣文獻委員會，民國 63 年 10 月）

楊作洲著，《南海風雲》（正中書局，台北市，民國 82 年 7 月）

劉文孝編，《中國之翼第二輯》，頁 106-118（中國之翼，台北市，民國 80 年 9 月）

劉文孝編，《中國之翼第三輯》，頁 10-16（中國之翼，台北市，民國 82 年 3 月）

劉廣英，《中華民國百年氣象史》，（華岡出版，台北市，民國 103 年）

賴熾主修，《彰化縣志》卷一，頁 66-69（成文出版社，台北市，民國 65 年）

謝問岑主修，《高雄縣志》卷一，頁 184-187（成文出版社，台北市，民國 57 年）

謝貫一監修，《基隆市志》沿革篇，頁 224-235（基隆市文獻委員會，民國 45 年 4 月）

鍾堅，《台灣航空決戰》，（麥田出版社，台北市，民國 85 年）

鍾漢波，《駐外武官的使命：一位海軍軍官的回憶》，（麥田出版社，台北市，民國 87 年）

中文雜誌報紙

白雲家，"往事說從頭"，中國的空軍月刊，604 期，頁 20-21（民國 79 年 5 月）

杜正宇、謝濟全，"盟軍記載的二戰台灣機場"，台灣文獻季刊 63 卷 3 期，頁 339-403（南投市，民國 101 年 9 月）

徐華江，"飛虎 50 年"，中國的空軍月刊，634 期，頁 10-11（民國 82 年 3 月）

高慶辰，"第二次世界大戰台灣所受的空襲"，中國的空軍月刊，659 期，頁 31（民國 84 年 4 月）

張天生，"志航蕩寇誌"，中國的空軍月刊，651 期，頁 10-11（民國 83 年 8 月）

張文，"前俄志願大隊長紀念羅英德將軍"，中國的空軍月刊，610 期，頁 24-25（民國 79 年 11 月）

曾令毅，"日治時期台灣少年飛行兵之研究—以特攻隊員劉志宏（泉川正宏）為例"，台灣史學雜誌第 2 期，頁 195-235（台北市，民國 95 年 12 月）

楊立傑，"台灣的糖和酒到現在還有日本味道 "，新新聞周刊雜誌，424 期，頁 99（國民 84 年 4 月 23 日）

劉文孝，"14 航空隊雷諾年會"，中國的空軍月刊，623 期，頁 18-19（民國 80 年 12 月）

蕭英煜、吳光中，"第二次世界大戰美日太平洋島嶼作戰之研究：以沖繩島、硫磺島及臺灣為例"，陸軍學術雙月刊 51 卷 543 期，頁 102-123（國防部陸軍

司令部，桃園市，民國 104 年 10 月）

鍾堅，"我海軍經略近一世紀的南海東沙島氣象情報"，中華軍史學會會刊 22 期，
　　頁 167-212（台北市，民國 106 年 12 月）

鍾堅，"來去臺灣 150 年的美軍"，傳記文學 112 卷 4 期，頁 4-27（傳記文學出版社，
　　台北市，民國 107 年 4 月）

鍾堅，"潛艇封鎖台海"，尖端科技，91 期，頁 114-120（民國 81 年 3 月）

鍾漢波遺作、鍾堅整理，"一、塵封半世紀的航海手札：加入海軍就可環遊世界
　　（下）"，傳記文學 114 卷 4 期，頁 38-53（傳記文學出版社，台北市，民國
　　108 年 4 月）

中央社訊，"一段鮮為人知的中美情報合作抗戰史"，宏觀報 5 版（台北市，民國
　　84 年 11 月 3 日）

林文義，"台籍日本兵成立組織索賠"，聯合報 4 版（民國 84 年 8 月 4 日）

洪金珠，"531 台北大空襲 50 年"，中國時報 23 版（民國 84 年 5 月 31 日）

洪金珠，"太平洋戰爭中的台籍日本兵"，中國時報 23 版（民國 84 年 4 月 17 日）

洪金珠，"徹底追討戰後日本對台債務"，中國時報 23 版（民國 84 年 7 月 11 日）

郭慰慈，"揭開抗戰祕密檔案－蘇聯志願隊確有功勞"，聯合報（民國 84 年 4 月
　　21 日）

傅鏡平，"台灣的林白回響篇"，聯合報（民國 81 年 12 月 11 日）

趙莒玲，"龍港風雲"，中國時報 19 版（民國 80 年 2 月 27 日）

潘國正，"美軍轟炸風城，市區滿目瘡痍"，中國時報 15 版（民國 84 年 7 月 12 日）

戴永華，"宜蘭又撈未爆彈，這顆是二戰遺物"，聯合報 A8 版（民國 108 年 10 月
　　23 日）

英文資料

B. Gunston, *Jane's Fighting Aircrafts of WWII* (Crescent Book, NYC, USA, 1994).

C. Molesworth and S. Moseley, *Wing to Wing: Air Combat in China 1943-45* (Orion Books, NYC, USA, 1990).

D. C. Gorham (translation), *Japanese Naval Aces & Fighter Units in WWII* (Naval Institute Press, Annapolis, MD, USA, 1989).

E. J. King & W.M. Whitehill, *Fleet Admiral King: a Naval Record* (Norton & Co., Inc., NYC, USA, 1952).

Edward Young, *Air Commando Fighter of WW II* (Specialty Press, New Branch, MN, USA, 2000).

Eric Hammel, *Air War Pacific Chronology* (Pacifica Military History, Pacifica, CA, USA, 1998).

F. C. Sherman, *Combat Command, the American Aircraft Carriers in the Pacific War* (Dutton & Co., Inc., NYC, USA, 1950).

J. D. Brown, *Carrier Operation of WW II* (Seaforth Publishing, Bransley, South Yorkshire, UK, 2009).

Jane's Information Group, *Jane's Fighting Ships, 1947-48* (Sampson Low, Marston & Co., London, USA, 1947).

Patrick S. Flannery, *Weather: In the World of Aviators* (Create Space Independent Publishing Platform, Colorado Springs, CO, USA, 2014).

S. E. Morison, *History of US Naval Operations in WWII, Vol I-XV* (Little, Brown and Co., Boston, USA, 1953).

Shigeru Fukudome, D. C. Evens ed., "The Air Battle off Taiwan", Chapter 10, pp.334-354, in *The Japanese Navy in WWII* (Naval Institute Press, Annapolis, MD, USA, 1969).

Shizuo Fukui, *Japanese Naval Vessels at the end of WWII* (Naval Institute Press, Annapolis, MD, USA, 1991).

Stephen G. Hyslop, *History's Greatest Conflict Revealed* (National Geographic Partner, DC, USA, 2018).

USAF Historical Division, *The Army Air Forces in WWII* (USAF, Chicago, USA, 1953).

Vega Rivern and G. Jose, *"The Expeditionary Air Force in WW II: The Organization, Training, and Operation of the 201st Squadron"* (The Research Department, Air Command and Staff College, Maxwell AFB AL, USA, March 1997).

W. D. Leachy, *I was There* (McGraw Hill Book Co., NYC, USA, 1950).

W. F. Halsey & J. Bryan III, *Admiral Halsey's Story* (McGraw Hill Book Co., NYC, USA, 1947)

Walter Gaylor, Don Evans, Harry Nelson, and Lawrence Hickey, *Revenge of the Red Raiders* (International Research and Publishing Corp., Boulder, CO, USA, 2006).

William Wolf. *The 5th Fighter Command in WW II* (Schiffer Ltd., Atglen, PA, USA, 2012).

J. W. Ballantine, "I lived on Formosa", *The National Geographic*, Vol.137(1), p.3(National Geographic Partner, DC, USA, Jan., 1945)

Jack Sweetman, *"Kamikaze Yamato"*, US Naval Institute Proceedings, Vol 121-4-1, pp. 82-83(Annapolis, MD. USA, April, 1995).

網路資源共享

"Charting a Course toward Rescue",

https://www.usni.org/magazines/navalhistory/2013-09/charting-course-toward-rescue

"Formosa Air Battle",

en.wikipedia.org/wiki/Formosa_Air_Battle

"Formosa Expedition",

en.wikipedia.org/wiki/Formosa_Expedition

"Operation Causeway, The Invasion that Never was…",

https://sites.google.com/site/operationcauseway/

"Operation Causeway, Allied Plan to take Taiwan",

https://tw.forumosa.com/t/operation-causeway-allied-plan-to-take-taiwan/89057

"The Loss of the *Benjamin Sewall*",

Takaoclub.com/sewall/BenjaminSewall.htm

"The Taiwan POW Camps Mcmorial Society",

 http://www.powtaiwan.org

"US Army Topographic Map Series: Formosa City Plans",

http://www.lib.utexas.edu/maps/ams/formosacityplans/txu-oclc-6565483.jpg

"War Plan Orange",

https://www.globalsecurity.org/military/ops/war-plan-orange.htm

日文資料

日本陸軍部隊総覧，別冊歴史読本（新人物往來社，東京都，日本，1998 年 8 月）

海軍航空英雄列伝，モデルアート臨時増刊第 439 集（モデルアート社，東京都，
　　日本，1994 年 11 月）

海軍航空隊とカミカゼ，別冊歴史読本（新人物往來社，東京都，日本，2000
　　年 11 月）

神風特別攻撃隊，モデルアート臨時増刊第 458 集（モデルアート社，東京都，
　　日本，1995 年 11 月）

陸軍特別攻撃隊，モデルアート臨時増刊第 451 集（モデルアート社，東京都，
　　日本，1995 年 7 月）

植野録夫編集，太平洋戦争戦史地 （日地出版，東京都，日本，1985 年 6 月）

台灣航空決戰
美日二次大戰中的第三者戰場

作者　鍾堅
主編　區肇威
特約編輯　張詠翔
封面設計　莊謹銘
內頁排版　宸遠彩藝

社長　郭重興
發行人兼出版總監　曾大福
出版發行　燎原出版／遠足文化事業股份有限公司
地址　新北市新店區民權路 108-2 號 9 樓
電話　02-2218-1417
傳真　02-8667-1065
客服專線　0800-221-029
信箱　sparkspub@gmail.com
Facebook　www.facebook.com/SparksPublishing/

法律顧問　華洋法律事務所／蘇文生律師
印刷　成陽印刷股份有限公司

出版日期　二○二○年二月／初版一刷
定價／四八○元

台灣航空決戰：美日二次大戰中的第三者戰場 /
鍾堅著 . -- 初版 . -- 新北市：燎原出版 , 2020.02
352 面；17×22 公分
ISBN 978-986-98382-1-4（平裝）

1. 空戰史　　2. 臺灣史

592.919　　　　　　　　　　108023081